赵氏食学三论

中华食学

Food Studies of China

赵荣光·著

中国轻工业出版社

图书在版编目（CIP）数据

中华食学 / 赵荣光著．—北京：中国轻工业出版社，2022.4

ISBN 978-7-5184-3804-4

Ⅰ．①中…　Ⅱ．①赵…　Ⅲ．①饮食—文化—中国　Ⅳ．①TS971.202

中国版本图书馆CIP数据核字（2021）第277410号

责任编辑：方晓艳

策划编辑：史祖福　方晓艳　　责任终审：张乃柬　　封面设计：奇文云海

版式设计：锋尚设计　　责任校对：吴大朋　　责任监印：张　可

出版发行：中国轻工业出版社（北京东长安街6号，邮编：100740）

印　　刷：北京君升印刷有限公司

经　　销：各地新华书店

版　　次：2022年4月第1版第1次印刷

开　　本：787×1092　1/16　印张：21.25

字　　数：400千字

书　　号：ISBN 978-7-5184-3804-4　定价：88.00元

邮购电话：010-65241695

发行电话：010-85119835　传真：85113293

网　　址：http://www.chlip.com.cn

Email：club@chlip.com.cn

如发现图书残缺请与我社邮购联系调换

201065K1X101ZBW

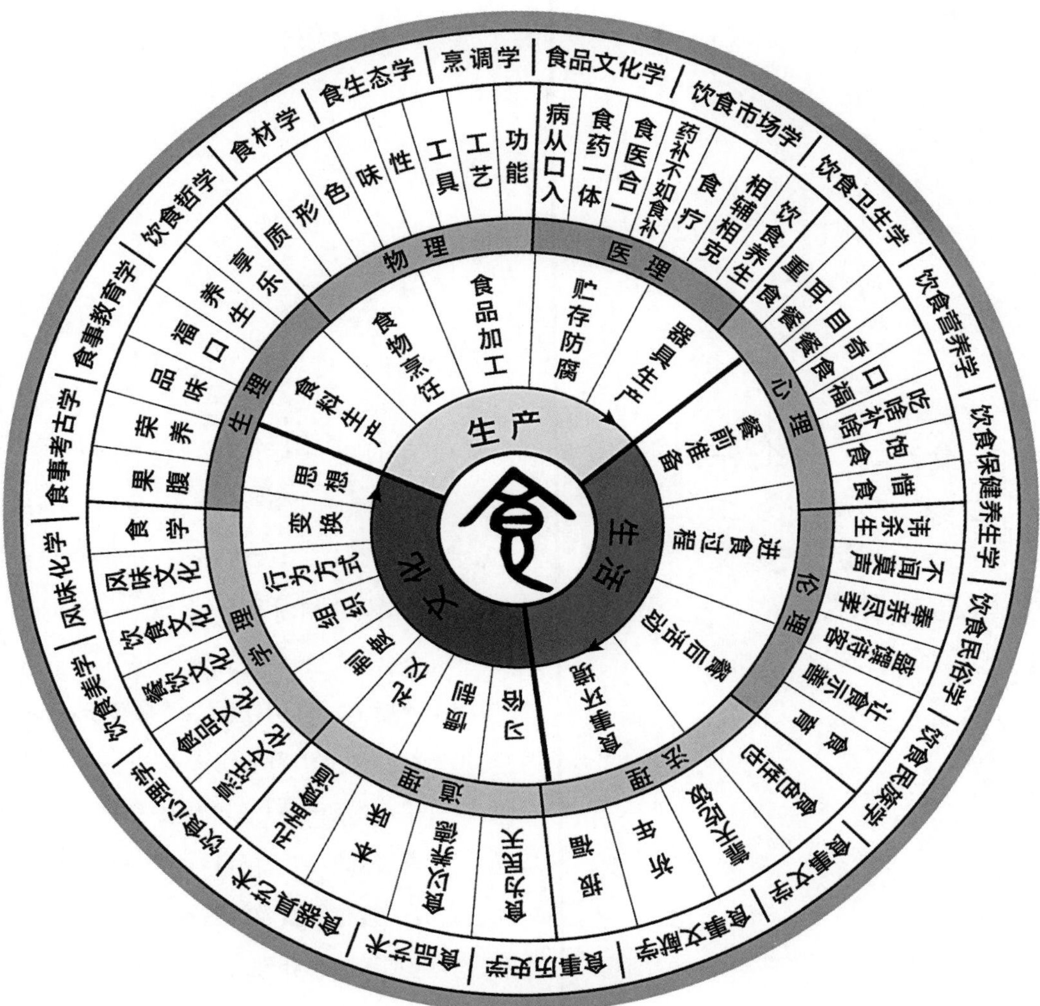

中华食学结构示意图（笔者构建）

目　录

第二章

圣火与祭祀：中华传统的食色世界

第三章

诚敬与隆重：人生仪礼中的宴飨庆娱

第六章

地域限定与等级制约的民族食性

第七章

“食无定味，适口者珍”：中国人的食道与味道

第八章

吃相：进食行为自觉与餐桌文明约束

第九章

宴会情结与菜谱学

插图目录

绪论　中华食学：一个东方古老民族食生产、食生活、食文化的思想脉络

第一章　八理：中华食学传统的理论支点

第二章　圣火与祭祀：中华传统的食色世界

第三章　诚敬与隆重：人生仪礼中的宴飨庆娱

第四章　理念与理想：中华饮食的象征意涵

第五章 “有朋自远方来”：洗尘与饯行

第六章 地域限定与等级制约的民族食性

第七章 “食无定味，适口者珍”：中国人的食道与味道

第八章　吃相：进食行为自觉与餐桌文明约束

第九章　宴会情结与菜谱学

第十章 近代以来的中华食学

绪论

中华食学：一个东方古老民族食生产、食生活、食文化的思想脉络

第一节

食学研究的对象与范畴

长时间以来，海内外学界同仁一直在讨论"'食'能否成'学'?"人们几乎无一例外地沿着时下的"学科"理论与设定思路在比照、推衍、思考，于是，就引发了一系列问题：首先是"食"应否成学？其次是"食"能否成学？再次是"食"是否成学？然后才是"食"何以成学……今天的简单常识告诉我们，地球上的生物仰赖氧气生存，有无限思考能力的人类在地球上繁衍了多少时光？但是人类最终认识到氧气的存在才多少时间？"众里寻他千百度，蓦然回首，那人却在，灯火阑珊处。"[①]人类认知的历史充满了习以为常的成见与偏见，每一次突破都是幡然悔悟的感慨，尔后又一切重复来过。同样道理，在经历了长期的困惑之后，我们伫步回头，突然醒悟：食学本就存在，而且早已以它特有的形态存在，只是由于思维定式，我们熟视无睹，"不识庐山真面目，只缘身在此山中。"[②]人类从来没有停止过"食"的思考与探索，因此，人类的"食学"——"学问"之学早就存在，只是没有被时下的"学科"思维"规范"化。"学问"与"学科"固是两个不同的概念，作为学问的食学，人类的思考从来没有停止过，研究的目标、范畴、理论、方法都是明确的，成果累积是不断丰厚的。没有这一切，食学的"学科"也就无从归纳、建构。"大历史"学者辛西娅·斯托克斯·布朗说："我们人类似乎具有一种与生俱来的生存本能，去发现自然界的模式规律，去理解我们的历史和周遭环境。"[③]关于自身赖以生存和种群繁衍的食事，人类从来没有停止过思考，并且其思考的触觉与脚步也从来不满足既有的广度与深度。

---

①（南宋）辛弃疾．青玉案·元夕//唐圭璋编．全宋词：三[M]．北京：中华书局，1965：1884.

②（北宋）苏轼．东坡全集：卷十三"题西林壁"//文渊阁四库全书：第1107册[M]．台北：商务印书馆，1984：217.

③ [美]辛西娅·斯托克斯·布朗．我们人类：大历史，小世界——从大爆炸到你[M]．徐彬，等，译．北京：中国出版集团，2017：11.

一、“食”已然成“学”

伟大的史学家司马迁（前145—？）认为：华夏的历史，自传说的“……虞夏以来，耳目欲极声色之好，口欲穷刍豢之味，身安逸乐，而心夸矜势能之荣使。俗之渐民久矣，虽户说以眇论，终不能化。”[①]也就是说“口欲穷刍豢之味”是人类的基本需求和“身安逸乐”的最大兴趣所在，“俗之渐民久”——规律、定势，任何力量“终不能化”——改变是不可能的。关于吃，中国有很多俗语、谚语和警句，“一方水土一方人”就是其中之一。“一方水土一方人”也作“一方水土养一方人”，在相当意义上可理解为人是一定地方的食料养育出来的，即地域决定了食料的生长与生产，而食物的生产、加工与消费的全过程则决定了人——人的习性、心理、生理的地域与食料特征，也就是那句流行的英语表述You are what you eat（人如其食）。这也就是时下已成人人皆知流行语的“饮食文化”。我们将饮食文化表述为：“饮食文化是指食物原料开发利用、食品制作和饮食消费过程中的技术、科学、艺术，以及以饮食为基础的习俗、传统、思想和哲学，即由人们食生产和食生活的方式、过程、功能等结构组合而成的全部食事的总和。”[②]可以说，饮食文化是关于人类或一个民族在什么条件下吃、吃什么、怎么吃、吃了以后怎样等的学问。我们习惯用食生产、食生活、食文化这样一些基本概念，来观察、解析、表述对食事的理解，我们又进而将一切食事事象及其相互关系的研究用“食学”的概念来把握与表述。

法国美食学家让·安泰尔姆·布里亚–萨瓦兰（Jean Anthelme Brillat-Savarin, 1755—1826）说：“社会美食主义是一门集雅典之优美、罗马之雍容、法国之精巧于一身，会聚高深的设计与高超的表演于一体，熔美食之热诚与明智之鉴别于一炉的大学问。”[③]萨瓦兰是距今两个多世纪以前律师出身的法国政治家。但他似乎更以美食家的形象让后人忆念追思。他的人生经历与生活情趣成就了他美食学家的事业。他的《厨房里的哲学家》，成了食学研究的传世之作。克劳德·列维–斯特劳斯（Claude Lévi-Strauss）认为“人类的烹饪富有象征意味，烹饪是人类区别于动物的一个基本象征符号。”[④]

公元1956年，台北世界书局出版了一本名为《食学发凡》的书。著者萧瑜（1894—1976），其于“自序”谓“研究饮食之道，宜单独成立一科学，非可以营养学或烹饪法等义

---

①（西汉）司马迁．史记·货殖列传：卷一百二十九[M]．北京：中华书局，1959：3253.

② 赵荣光．“饮食文化说”试论//赵荣光．中国饮食史论[M]．哈尔滨：黑龙江科学技术出版社，1990：37.

③ [法]让·安泰尔姆·布里亚–萨瓦兰．厨房里的哲学家[M]．敦一夫，等，译．南京：译林出版社，2013：93.

④ Edmund Leach，*Brain-twister*. In *Claude Lévi-Strauss: The Anthropologist as Hero*, eds. E.N. Hayes & T. Hayes, Cambridge, Mass: M.I.T. Press, 1970: 123–132.

尽之，故正其名曰‘食学’。”[①]“必就食之生理、心理、物理、哲理四大方面及其与教育经济社会人群各种关系综合而分门治理之，方足以尽其能事。”[②]其时，作者已是“著作如林，中外交誉”。虽然萧瑜先生在提出“食学”一词之后尚未更深入剖析讨论，但他微言大义的“发凡”之功不应漠视（图0-1）。后继踵前，基于治食学多年的体会与思考，笔者坚定地认为：食应当成学，事实上食已然成学——社会人生大学问，“八政，一曰食”[③]，治理国家的大政有许多，但第一位的永远是“食”，这是中国人拥有的至少三千年以上历史性认知。民有食则安，国有食则稳，不过中国历史上的这个关于“食”的学问，主要是国事民食政策的政治之学，或曰民食政治之学，还算不得学科学术的食学。

图0-1　萧瑜（前排右一）（1894—1976）

“食、色，性也。”[④]生命维系必须满足食的必要需求，生育才能继续种的传递，食从来都是人生与人种的绝大问题。于是，几乎自有觉悟智识以来，人类就没有停止过对食功能、方式、寓意、精神等的思考研究。食事重要如此，古往今来受重视如此，食固应当成学，成“金声玉振”集大成之学。

二、食学研究的对象与范畴

笔者认同萧瑜先生着眼于“食之生理、心理、物理、哲理四大方面及其与教育经济社会人群各种关系综合而分门治理之”的食学思维，但萧瑜先生的“四理”乃系理论方法驾驭其上的思维，若审视中华食学之历史演进实情，则可以清晰地看到生理、物理、医理、心理、法理、伦理、道理、学理的鲜明痕迹与特征，因此宜以“八理”予以概括论列，方能更深刻

---

① 萧瑜．食学发凡[M]．台北：世界书局，1956：1.

② 易价．重印本书缘起//萧瑜．食学发凡[M]．台北:世界书局，1956：1.

③ 尚书正义·洪范：卷十二//（清）阮元．十三经注疏[M]．北京：中华书局，1980：189.

④ 孟子注疏·告子章句上：卷第十二上//（清）阮元．十三经注疏[M]．北京：中华书局，1980：2748.

准确解读中华历史诸相与历史上的大众食生活。以我们对食事历史文献阅知和继萧瑜先生倡言“食学”半个多世纪以来国际食学界研究情态的看法，“食学”当是研究不同时期、各种文化背景人群食事事象、行为、思想及其规律的一门综合性学问[①]（图0–2）。

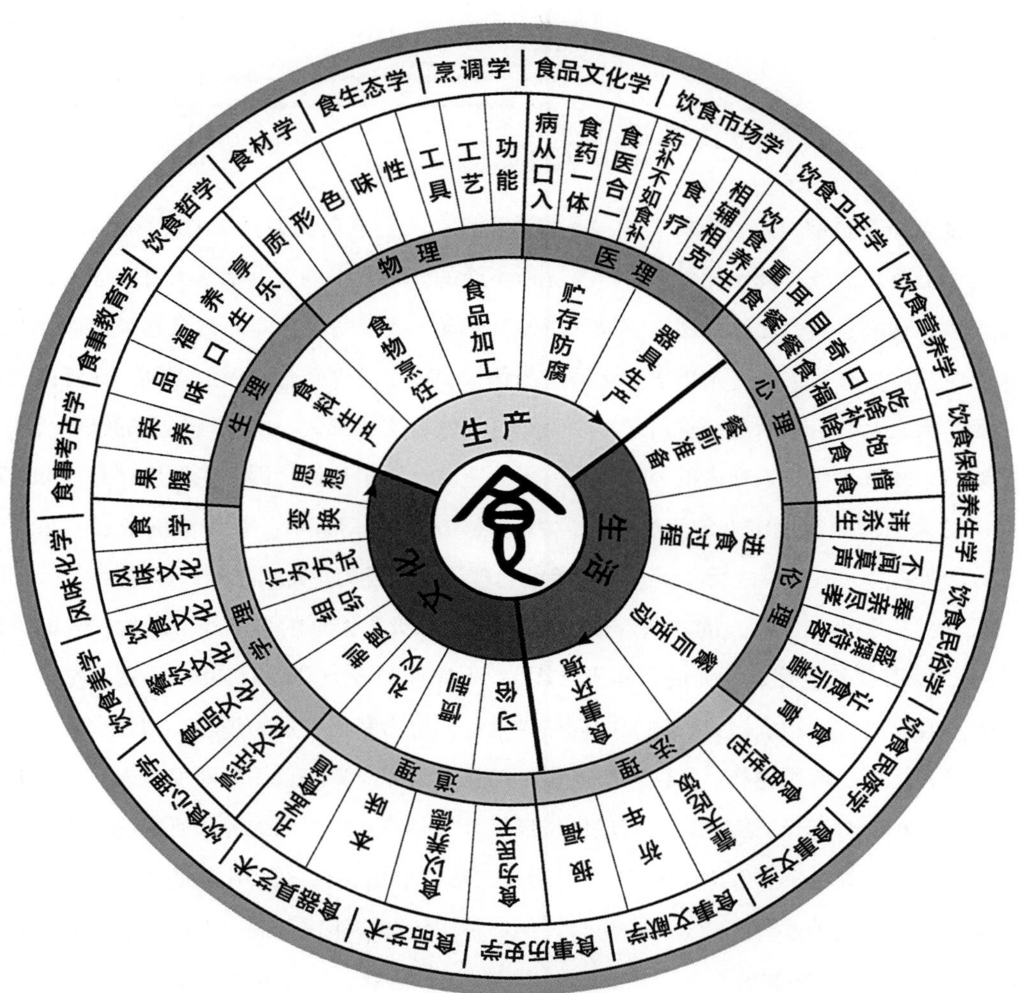

图0–2　中华食学结构示意图，笔者绘

① “食学”概念，是笔者治饮食史与饮食文化伊始就明确的研究思维与思想表述，屡见学术交流场合与文章中，形成国际学界和社会广泛影响则是自2011年开始的年会制“亚洲食学论坛”的隆重而卓有成效举行。

第二节

中华食学思想渊源

一、"天人合一"的食生态观

史前人类都是敬畏大自然的。中国人将坚实存在又空蒙莫测的自然力浑称为"天"，他们认为天是有意志的，既是无处不在，又无所不能的。冥冥中的人事都是天意的体现，天意支配人事，他们希冀自己的意愿能够被天感知并感动天意。每个人是不自觉地被造而存在，但须自觉地顺应投入天的怀抱以求完全适应与保护，以求高度契合、极致谐调，在感应互动中达到"天人合一"的状态，这就是早期人类任何族群文化都无一例外祭拜天的缘由所在。人们既然一致认为包括人在内的万物都是"天"造的，天造地设，因而人的生存必须仰赖这个天。对天意的顺逆决定人的生存状态，因此必须对天绝对诚敬，怀足够的敬畏。董仲舒据"易象所阐乃天人合一之旨"将这一原始信念理论化表述为"天人之际，合而为一"[①]，亦即"天人感应"论。中国人的"鬼""神"崇拜都是"天"崇拜的自然经济时代，人们只能顺应自然以谋食和生存，俗谚的"靠天吃饭"，不应作消极被动的贬义解。"靠天吃饭"其实是自然经济时代，小农敬天、顺天的谨慎，是他们努力和谐自然的理念。因为人力是有限的，在日月运行、四季轮换、江河奔流、雷电风暴、山呼海啸等自然力面前，人只有老老实实恭顺这一种应对选择。因此，人们珍惜从自然直接获取或经自己的劳作所得的一切果腹养生之物——它们都是天的造物与恩赐，中国人在珍惜节用、物尽其用方面可以说达到了极致，他们惜物节用的才智与行为可以说是任何一种文化都难能比拟的，中国人绝不会"暴殄天物"。对食材、食物的珍惜，因获取的艰难而加深、强化，因此对造物的天——大自然感恩敬畏，尊重、和谐生态于是顺理成章，中国人有悠久而牢固的"天人合一"食生态观。当代生态学、食学家大声疾呼："任何耕种土地或豢养牲畜的人，都是和大自然一起工作，所以不能剥削或戕害地球。"[②]而事实上，千百年前的人类都冥冥中恪守着这一原则。

---

①（西汉）董仲舒．春秋繁露·深察名号第三十五：卷十[M]．北京：中华书局，1992：288.

② [意]卡洛·佩特里尼著．农业及生态学：生产可持续性食物的技术//慢食，慢生活[M]．林欣怡，陈玉凤，袁媛，译．北京：中信出版集团，2017：73.

二、“民之质矣，日用饮食”的果腹观

三千多年前聚族而居的华人祖先们的生存状态是怎样的？他们是否像有些文著描绘的那样，每天轻松愉快，随处俯仰皆食，无忧无虑？当我们跟随考古学工具的缓慢掘进，一厘米一厘米揭示出那些久被土埋尘封的早已逝去岁月的遗迹，我们发现，我们祖先生活的劳累而艰难。宗法社会、专制政治、自然生育、有限土地、疲软劳力，这一切的综合就是辛勤劳作和艰难生活。“日出而作，日入而息”[①]的农田生活笔者有深刻的体会，那绝不是向阳花一样轻松自然，而是手脚胼胝，腰酸腿痛，饥肠辘辘，天天劳瘁，度日如年。那时生存十分艰难。因此，他们的时时期盼与最高理想，就是免除饥寒之忧，每天都能吃饱饭。以至于管理者都感慨地说：“民之质矣，日用饮食”[②]（图0–3）；百姓们没有更高的奢望，他们只希望艰苦的劳作能够不饿肚子！果腹观，是中国至少从三代时期以来农业社会中芸芸众生代代相因的饮食思想。20世纪50—70年代，笔者的母亲经常以无奈心情哀叹的一句话就是：“什么时候锅里不愁米，灶下不愁柴，这辈子就满足了……”每次望着妈妈可怜的表情听她这样说，笔者的心都在痉悸：“是啊，什么时候呢？”

天保定爾以莫不興
如山如阜如岡如陵
如川之方至以莫不增
吉蠲爲饎是用孝享
禴祠烝嘗于公先王
君曰卜爾萬壽無疆
神之弔矣詒爾多福
民之質矣日用飲食

图0–3 《诗经·小雅·鹿鸣之什·天保》书影

三、“无逸”的抑消费警惕

《无逸》是3100年前周公写给成王（前1042—前1021）的告诫文件，提醒必须牢记“稼穑之艰难”，不可以放纵消费（图0–4）。生活要严格恪守“俭”的原则，“俭”字充斥在先秦典籍中，节俭被认为是修养美德，节俭是高雅的生活方式。“勤俭持家”，是中国人世代循从恪守的人生态度与生活方式。在物资贫乏的情态下是不容选择的生存方式，富裕优越了之后

①（清）古逸：击壤歌//沈德潜．古诗源：卷一[M]．北京：文学古籍刊行社，1957：1.

② 毛诗正义·小雅·鹿鸣之什·天保：卷第九——三//（清）阮元．十三经注疏[M]．北京：中华书局，1980：412.

则是人生理念的坚持。而生产力低下、多人口、重赋税、可耕地少而贫瘠、严重灾害频发情态下的庶民大众，一直在准灾害、准饥饿心态下抑制性地饮食消费，如俗语所说：“丰年且作歉年，有时常想无时。”①

长久的严格教化与恪守循行，使士林将百姓节俭的生活方式上升为崇高的人生境界，李贽（1527—1602）的所谓“穿衣吃饭，即是人伦物理!”主张的是“百姓日用即道”。这种自然人性等同“人伦物理”的主张，是对国家意识形态潜移默化庶民百姓教化政治的回应。但两者本质上都是以伦理政治为本位的文化，形成生活方式的意识形态化。生活方式意识形态化的主要表现，是无所不在的等级序列维护。中国具有生活方式、等级序列、伦理道德三位一体的文化模式。

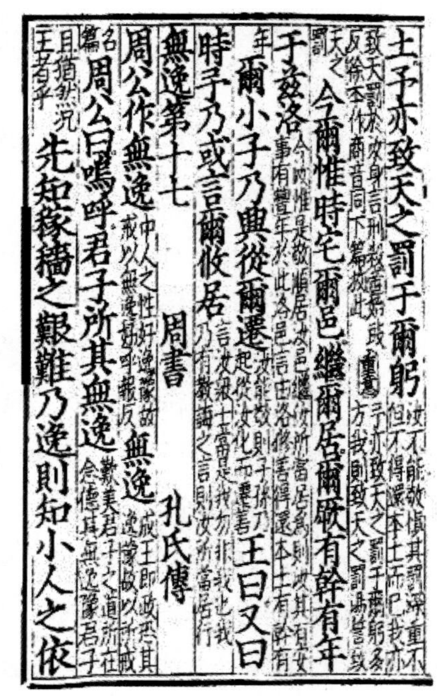
上予亦致天之罰于爾躬
今爾惟時宅爾邑繼爾居爾厥有幹有年
于茲洛
爾小子乃興從爾遷 王曰又曰
時予乃或言爾攸居
無逸第十七 周書 孔氏傳
周公作無逸 無逸
周公曰嗚呼君子所其無逸
先知稼穡之艱難乃逸則知小人之依

图0–4 《尚书·周书·无逸》书影

四、“君子远庖厨”的伦理界限

食事与食学重要如此，但中国历史上，由于民艰于食的压力，社会主导或历史主流的民食思维一直限定在满足果腹衍生基本需求基础之上的政治伦理层面，因此在对生命尊重心理的滋蔓过程中也同时伴生了对杀生的恐惧、避忌。然而，肉食美味的诱惑又难以抵挡，于是有食事政治伦理的支撑，“君子远庖厨”②心理滋生、蔓延，血腥与杀生忌讳终为社会行业分工所掩盖：食牲者既不手刃杀生，亦不践杀生之地，因而可以大嚼无虑。历史上的“君子”大多是士林或仕宦中人，对于广大庶民来说，“安于得食”则是一直以来的传统心态。

虽然猪、羊、鸡、鸭、鹅、鱼、蛤等是历史上中国人的肉食料主体，但普通百姓家一年到头也难得几次经历。比较而言，杀鸡待客倒是相对概率略高，于是有操刀者手缚待宰之鸡口中念念有词：“小鸡小鸡你莫怪，你本阳间一道菜，今年去了明年再回来!”当然，生活让中国人总有许多可以变通的“攘灾”方法跨越各种障碍，同样是鸡蛋——历史上人们一般认

① 赵荣光. 中国古代庶民饮食生活[M]. 北京：商务印书馆，1997：178-183.

② 礼记正义·玉藻第十三：卷二十九//（清）阮元. 十三经注疏[M]. 北京：中华书局，1980：1474.

为每一枚鸡蛋都意味着一个未来的生命，和尚吃的时候也会找出很好的理由："馄饨乾坤一口包，也无皮血也无毛。老僧带尔西天去，免受人间宰一刀。"[①]结果就可以心安理得地不受"戒杀生"戒律约束而享受了。杀牛被认为是罪过，即便是职业杀牛人也会被视为有损阴骘的行为。俗语有人怨艾命运家境原因云："我家祖上杀过大牛吧?"当然用于太牢之礼祭祀牺牲的杀生不在此列。汉代以后佛教文化的普及影响更加深了中国人远庖厨的心理，更强化了准素食状态的自觉认同。饮食伦理政治化的结果，将活命之需的人生有限口腹之欲纳入无限的伦理教育的轨道，使得人们从日日不离的吃饭行动中，处处感受伦理的规范和价值。

五、"饮食者鄙"的道德自尊

中国人食事政治伦理的极端必然导致道德自尊，于是儒学正统思想的"饮食者鄙"观念不断强化。这一观念是属于士阶层的，形成于春秋战国时期，流行于整个封建制时代，至今影响仍在。"饮食者鄙"观点的代表性人物是孔子与孟子，他们说过："君子谋道不谋食"[②]；"君子食无求饱，居无求安"[③]；"养其小者为小人，……饮食之人，则人贱之矣；为其养小以失大也。"[④]"饮食者鄙"是历史上中国士阶层鄙视、批评权贵阶级养尊处优生活状态与方式的族群心态，它同时有抚慰庶民大众心理与满足政治中枢抑制权贵消费、淳化民风利于统治的需要，因而成为社会主流意识、民族食文化历史传统，是在人口压力过大、供不应求历史情态下，食料匮乏生存状态下抑制消费心理的反映。

六、农战国策与民食政治观

农战（亦称"耕战"）政策与民食政治在春秋战国时代成为列国的基本国策。有粮则养民，民养则战备，故立国要在农战，春秋战国（前770—前221）5个多世纪"无义战"历史让人们深刻地认识到发展农业、备战强军的重要意义。"国之所以兴者，农战也"[⑤]；"富国以

① 袁枚．续子不语：卷四：禅师吞蛋//袁枚全集：肆[M]．南京：江苏古籍出版社，1993：68.

② 论语注疏·卫灵公第十五：卷十二//（清）阮元．十三经注疏[M]．北京：中华书局，1980：2518.

③ 论语注疏·学而第一：卷十二//（清）阮元．十三经注疏[M]．北京：中华书局，1980：2458.

④ 孟子注疏·告子章句上：卷第十一（下）//（清）阮元．十三经注疏[M]．北京：中华书局，1980：2752.

⑤ 商君书·农战第三．//（民国）国学整理社．诸子集成：五[M]．北京：中华书局，1954：5.

农，距敌恃卒。”[①]事实上，割据、对峙、战争贯穿了小农经济、宗法社会基础上的一姓家天下政权不断更替的历史，于是决定治国者均将发展农业生产、保障基本民食视为第一要政。

“重食”文化传统的形成，应当不会晚于距今4000年前，黄河中游一代的夏王国的统治者就已经有了民食是立国之本的经验与理念，“八政，一曰食”[②]，因而成了中国历史上历代王朝统治者治理国家的第一位大政方针，或曰“基本国策”——民食是全部政务的重心和国事思维的核心。标榜和追求“虽有凶旱水溢，民无菜色”[③]的稳定和谐社会。

统治者注重民食，“民人以食为天”[④]，而“王者以民人为天”，“以民为天”就必然以“民食”为天字一号的大事；精英阶层关注民食，官箴是“民不可有此色，士大夫不可无此味”；劳动大众则“日出而作，日入而息；凿井而饮，耕田而食。”[⑤]每日忙碌果腹之食，一如俗语所说：“稻粱谋”。于是，炎黄祖先的最初的食思想，都是与具体的农事和广大的农业紧密相连的。因为“重食”，所以“重农”，重农是重食的物质保障。于是，举国上下为食而动，谋食而合，因食而安。

七、养生实践与荣养理念

养生实践应当区分为认识自觉与盲从习惯两个层面，只有极少数人有不同程度的养生自觉，大众的认识与知识局限基本是“听天由命”的生活状态。自觉性的饮食养生，应当是通过特定意义的饮食调理达到健康长寿目的的理论与实践[⑥]。对于大众来说人生的最大理想就是俗语所说的“三饱一倒，知足到老”。每天能吃上三顿饱饭，晚上舒服地睡到第二天天亮。但是，认识自觉与听天由命二者又都是漫长历史上人们一路吃着走过来的自然筛选、天人调适的结果，也就是说：冥冥之中的合理性在支配着芸芸众生的养生饮食行为，虽然他们基本上是“只知其然，不知其所以然”。

“荣养”一词的文字记录已有两千年，作为口语的历史会更长，而荣养理念则不会低于

① 韩非子集解·五蠹第四十九：卷十九//（民国）国学整理社. 诸子集成：五[M]. 北京：中华书局，1954：345.
② 尚书正义·洪范第六：卷第十二//（清）阮元. 十三经注疏[M]. 北京：中华书局，1980：189.
③ 礼记正义·王制第五：卷第十二//（清）阮元. 十三经注疏[M]. 北京：中华书局，1980：1334.
④（西汉）司马迁.《史记·郦食其传》：卷九十七[M]. 北京：中华书局，1959：2694.
⑤ 古逸：击壤歌//（清）沈德潜. 古诗源：卷一[M]. 北京：文学古籍刊行社，1957：1.
⑥ 赵荣光. 中国饮食文化概论[M]. 北京：高等教育出版社，2003：23—24.

四千年以上的历史。《尔雅·释草》"草谓之荣"[①]，三千年前就有"黍稷无成，不能为荣"[②]的谚语，植物获取了足够的水、肥、光等养分就会繁茂茁壮，庄稼得到了充分的照料才会粮食丰收。

① 尔雅注疏·释草第十三：卷第八//（清）阮元．十三经注疏[M]．北京：中华书局，2009：5721.

② 国语·晋语四：卷十[M]．上海：上海古籍出版社，1978：352.

第一章

八理：中华食学传统的理论支点

第一节

生理：饮食养生

饮食养生，回答的是食学的生理问题，即活命所需的根本问题：不仅要维系生存，还要强壮肌体，也要享受愉悦。

一、“食、色，性也”

饮食，是人作为生物活在当下的基本保障、首要需求；而男女交媾繁衍，则是种群活到未来的绝对前提。所以，“食、色，性也。”①“饮食男女，人之大欲存焉。”②（图1–1）饮食活命，生育延种，人类生存本能与社会功能这两者，在今天看起来似乎没有多少紧密关系的两桩事，在历史上，尤其是在史前时代，却是紧密结合得如同一枚硬币的正反两面。

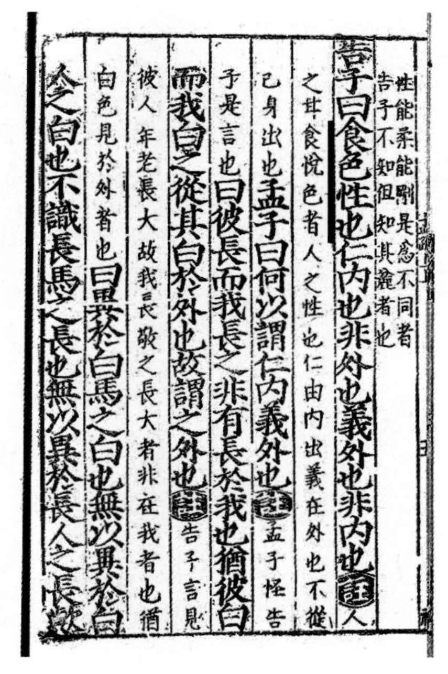
性能柔能剛是愈不同者
告子不知但知其麤者也
告子曰食色性也仁內也非外也義外也非內也〔注〕人
之甘食悅色者人之性也仁由內出義在外也不從
己身出也孟子曰何以謂仁內義外也〔注〕孟子怪告
子是言也曰彼長而我長之非有長於我也猶彼白
而我白之從其白於外也故謂之外也〔注〕告子言見
彼人年老長大故我長敬之長大者非在我者也猶
白色見於外者也曰異於白馬之白也無以異於白
人之白也不識長馬之長也無以異於長人之長歟

图1–1 《孟子·告子章句上》书影

“饮食”，“饮”在“食”先，实在是有道理。因为饮、食二者虽然都为活命基本，但人们知道，日常生活中，饥虽难耐仍可强耐，渴不可忍实不可忍。然而，通常情况下，相较于食而言解渴的水得之甚易，食则非经劳力付出、劳动创造则不易获得，于是“食”就显得更为重要，故现实生活中，“食”是位于“饮”之上的。当然，这个“饮”，是人类，或大众的赖以为生的“水饮”，而非成本很高的精制的酒、茶、咖啡等各种强劳动、高技术投入产

① 孟子注疏·告子章句上：卷第十一上//（清）阮元. 十三经注疏[M]. 北京：中华书局，1980：2748.

② 礼记正义·礼运第九：卷二十二//（清）阮元. 十三经注疏[M]. 北京：中华书局，1980：1422.

出的饮品。而较之一时或一日不可或缺的饮食而言，“性”则显然没有那么急不可耐，尽管“性”一旦发功起来也是来势凶猛、无可阻挡。但在史前时期，性的需求解决与行为完成，要比道德、法律屏障建构以后的时代轻松随意得多，无须“色胆包天”那样的勇气与代价。于是，活命之需，最重要的自然就是食了；于是才有“食为民天”之说[①]，“重食”成为自原始观念一路下来的中华历史最重要的人生与社会原则。

二、“五味调和”

“五味调和”有两大重要寓意：一是味觉的和谐，二是味性的合理。味觉的追求是食物入口之后刺激味蕾的美好惬意感觉，“调和之事，必以甘、酸、苦、辛、咸。”味性，既是古人对入口之物的味觉与嗅觉，也蕴含着古人对食材养生功用的理解，是古人尚不甚了了的各种食材所具有的各自不同、不尽相同的营养成分，“夫三群之虫：水居者腥，肉攫者臊，草食者膻。臭恶犹美，皆有所以。”[②]两重寓意既不矛盾，亦不可偏废，前者是福口、娱神，后者是养生、颐体，古人更重视的是后者：“五谷为养，五果为助，五畜为益，五菜为充，气味合而服之，以补精益气。”又必须把握原则：“谷肉果菜，食养尽之，无使过之，伤其正也。”[③]先秦时，“五”亦有多数泛指义，五谷、五果、五畜、五菜泛指对人健康必不可少的各种食料，它们对人的养生功用虽因物而异、各有不同，所谓“养”“助”“益”“充”，但都不可或缺。

第二节

物理：本味论

探索、发掘各种食材——食料或药料的自然属性，研究其成因，认识加工过程中的变

---

①（东汉）班固．汉书·郦食其传：卷四十三[M]．北京：中华书局，1962：2108.

② 吕氏春秋·本味：卷第十四//（民国）国学整理社．诸子集成：六[M]．北京：中华书局，1954：140—141.

③ 黄帝内经·素问：卷第七“脏气法时论篇”第二十二[M]．济南：山东科学技术出版社，1985：254.

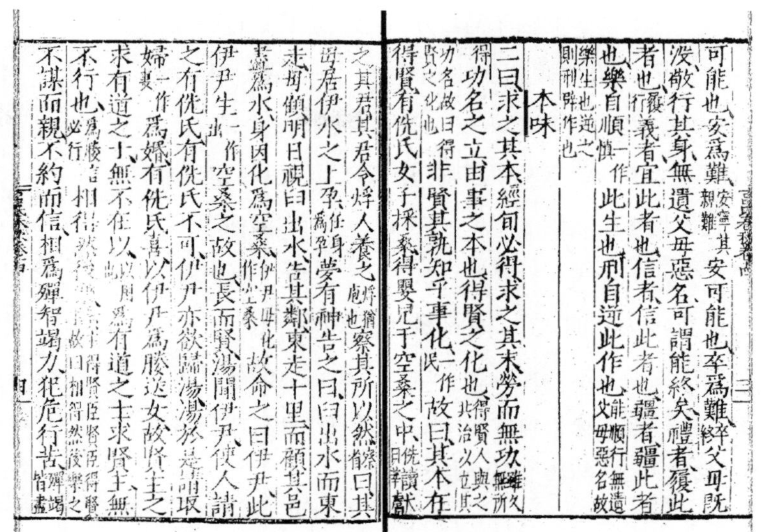

可能也，安為難（安寧其親難）；安可能也，卒為難（卒終）。父母既
沒，敬行其身，無遺父母惡名，可謂能終矣。禮者，履此
者也（履行）；義者，宜此者也；信者，信此者也；彊者，彊此者
也。樂自順（慎一作）此生也，刑自逆此作也（能順父母行無遺惡名故
樂生也逆之則刑辟作也）。

本味

二曰：求之其本，經旬必得；求之其末，勞而無功（難久無所
得）。功名之立，由事之本也，得賢之化也（得賢人與之共治以立其功名故曰得賢之化也）。
非賢其孰知乎事化（一作民）？故曰其本在
得賢。有侁氏女子採桑，得嬰兒于空桑之中（侁讀曰莘），獻
之其君。其君令烰人養之（烰猶庖也），察其所以然（察猶[illegible]），曰：其
母居伊水之上，孕（任身為孕），夢有神告之曰：臼出水而東
走，毋顧。明日，視臼出水，告其鄰，東走十里而顧，其邑
盡為水，身因化為空桑（伊尹母化作空桑），故命之曰伊尹。此
伊尹生（一作出）空桑之故也。長而賢。湯聞伊尹，使人請
之有侁氏，有侁氏不可。伊尹亦欲歸湯，湯於是請取
婦（一作妻）為婚。有侁氏喜，以伊尹為媵送女。故賢主之
求有道之士，無不以也（以，用）；有道之士求賢主，無
不行也（必行為媵言）。相得（[illegible]得賢臣得賢主故曰相得然後樂之）
不謀而親，不約而信，相為殫智竭力，犯危行苦（殫竭皆盡）。

图1-2 《吕氏春秋·本味》书影

化、彼此的消长关系，掌握其对人体的作用，应当是中华先民早在原始采集阶段就逐渐明晰起来的经验与知识。这种“本味论”①即“物理”的认知，明确见于先秦典籍，是古人对食材、食物物理属性的探索与理念（图1-2）。

一、“本味”

“凡物各有先天”②，准确认识各种食材的自然物性，充分发挥其养生功用，是古人的孜孜不懈追求与崇高理念。“本味”的本，指草木的根，《说文·木部》：“本，木下曰本。”喻事物的基础或主体。《广雅·释诂一》：“本，始也。”谓事物的起始、根源。近代科学以前，中国人将对食材物性的认识用经验感觉到的嗅觉与味觉的“味”来表述，即寒、热、温、良“四气”，以及辛、甘、酸、苦、咸“五味”。“五味”，是根据人口尝的感觉与经验判断的，“四气”则是依据人进食以后的反应确定的。阴阳五行说是中国古老的思想，“五行”最早见于《尚书》：五行，“一曰水，二曰火，三曰木，四曰金，五曰土。水曰润下，火曰炎上，木曰曲直，金曰从革，土爰稼穑。”③《周易》将其系统化，战国时阴阳家邹衍（约前324—约前250）将二者结合创论成阴阳五行说。

---

① 吕氏春秋·本味：卷第十四//（民国）国学整理社．诸子集成：六[M]．北京：中华书局，1954：139—143.

②（清）袁枚．随园食单·须知单·先天须知[M]．上海：上海文明书局藏版：1.

③ 尚书正义·洪范：卷十二//（清）阮元．十三经注疏[M]．北京：中华书局，1980：188.

中华本草学的临床与食疗理论就是基于这种经验论建构的。阴阳概念衍生出纯阴——太阴、阳中之阴——少阳、阴中之阳——少阴、纯阳——太阳，以及阴阳抵消的状态。中医则将阴阳二元关系的五种状态表述为寒（太阴）、凉（少阳）、平（阴阳抵消）、温（少阴）、热（太阳），以寒、凉、温、热表征人的体质称为“四气”，表征药性则呼为“性”。五行概念衍生了与木、火、金、水、土相对应的酸、苦、辛、咸、甘五味，自然界中的任何一种食材或药材都有其特定的一种或多种“味”。

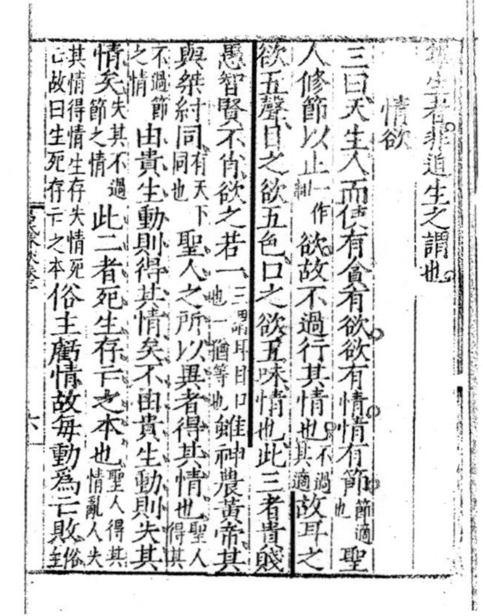

图1–3 《吕氏春秋·情欲》书影

在中国历史上，对食材的基本态度有两种：一种是探索并满足其自然物性的养生功能，老子的“味无味”[①]，即以恬淡无味为味，不耽于口欲，关注的是人的身体与生理的合理之需。另一种则是过度注重食物的味觉，孜孜追求的是所谓美味的享受：“故耳之欲五声，目之欲五色，口之欲五味，情也。”[②]（图1–3）

二、“致中和”

既要“物尽其用”，又要物用其当，禁忌“物极必反”，是中国人珍重食料、注重养生的牢固传统。两者都力求达到最佳状态，即“致中和”——人需与物性的平衡与和谐。而要达到致中和的目的，适当的烹调知识、烹饪技法就是毋庸置疑的应有之义。“烹者，鼎之所为也……故为烹饪调和之器也。”[③]公元前522年，鲁昭公与弼臣晏婴有一段对话，公曰：“和与同异乎？”晏婴答：“异。和如羹焉，水火醯醢盐梅，以烹鱼肉，燀之以薪，宰夫和之，齐之以味，济其不及，以泄其过。君子食之，以平其心。”[④]这个“和”就是老子的“卫生之经”[⑤]。《中庸》：“喜怒哀乐之未发，谓之中。发而皆中节，谓之和。”“致中和，

① 老子：上篇第六十三章//（民国）国学整理社．诸子集成：三[M]．北京：中华书局，1954：38.

② 吕氏春秋·仲春纪第二·情欲：卷第二//（民国）国学整理社．诸子集成：三[M]．北京：中华书局，1954：26.

③ 周易正义·鼎：卷五．王弼注//（清）阮元．十三经注疏[M]．北京：中华书局，1980：61.

④ 春秋左传正义·昭公二十年：卷四十九//（清）阮元．十三经注疏[M]．北京：中华书局，1980：2093.

⑤ 庄子·庚桑楚第二十三：卷六//（民国）国学整理社．诸子集成：三[M]．北京：中华书局，1954：184.

天地位焉，万物育焉。”[①]西周（前1046—前771）王廷已经设置负责食料物性鉴别、功用发挥的专职人员“食医”：“掌和王之六食、六饮、六膳、百馐、百酱、八珍之齐。凡食齐眂（shì）春时，羹齐眂夏时，酱齐眂秋时，饮齐眂冬时。凡和，春多酸，夏多苦，秋多辛，冬多咸，调以滑甘。”[②]（图1-4）食的“和”标准与境界就是恰到好处地物尽其用。直到20世纪初，孙中山（1866—1925）先生还赞誉倡导“饮和食德”。

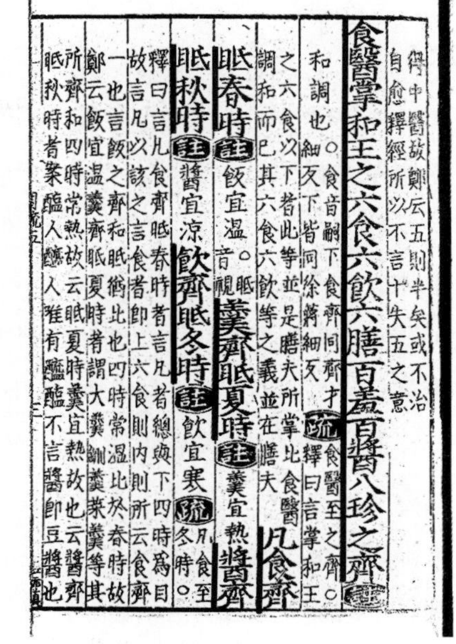
得中醫故鄭云五則半矣或不治自愈釋經所以不言十失五之意
食醫掌和王之六食六飲六膳百羞百醬八珍之齊【注】和調也○食音嗣下食齊同齊才細反下皆同餘齊細反【疏】食醫至之齊○釋曰言掌和王之六食以下者此等並是膳夫所掌比食醫調和而已其六食六飲等之義並在膳夫
凡食齊眂春時【注】飯宜溫○眂音視羹齊眂夏時【注】羹宜熱醬齊眂秋時【注】醬宜涼飲齊眂冬時【注】飲宜寒【疏】凡食至冬時○釋曰言凡食齊眂春時者言凡者總與下四時為目故言凡以該之言食者即上六食則內則所云食齊一也言飯之齊和眂猶比也四時常溫比於春時故鄭云飯宜溫羹齊眂夏時者謂大羹鉶羹菜羹等其所齊和四時常熱故云眂夏時羹宜熱故也云醬齊眂秋時者菜醢人醯人雖有醯醢不言醬即豆醬也

图1-4 《周礼·食医》书影

第三节

医理：食医合一

“食医合一”观念的形成，基于“食”“药”一体——医理的认知，其物质基础是食料一身兼有果腹之食与疗疾之药两种功用的不可分割自然属性，滋生于人类早期采集、渔猎的食生产、食生活实践之中。食医合一最初只是人们日复一日、年复一年、代复一代的盲目实践行为重复，久而久之才渐渐有了朦胧的意识，才最终明晰了任何食材—食物—食品都具有某种“药”性。人们日常的食物与食品，同时具有某种特定的药性，于是“医理”深入食材、渗入人们每日的食生活之中。

① 礼记正义·中庸第三十一：卷五十二//（清）阮元．十三经注疏[M]．北京：中华书局，1980：1625.
② 周礼注疏·天官·食医：卷五//（清）阮元．十三经注疏[M]．北京：中华书局，1980：667.

一、食药一体

图1-5 孙思邈（581—682）

人类学、民族学、食学等学科的研究都告诉我们一个基本的事实：认识植物、动物等食料的药性与医用是人类各种文化的共有经历与经验，从这种意义上说，每个民族都有或有过自己的“本草学”。“本草”一词应当出现在距今2500年前后，最迟在西汉初期就已经文本流行，“本草学”的萌芽事实上还会更早。但是，中华传统食思维、食思想与本草学的紧密结合又是独特的，这是由于原始农业发轫早，同时过早地形成单一农业经济的结果。宗族社会与专制制度两只手的紧密握合将人口牢牢约束在有限的土地上，人们的生活、生存、生命与各种栽培和采集的植物性食料休戚相关。这些食料的食用、医用价值被最大限度发掘与解读，“食药一体”“食医合一”就是中国人传统的食料实用价值，二者是不可分割的。9个多世纪之前，临床医学的发展使得医、药有了较明晰的分界，中国人饮食养生与饮食疗疾的实践自觉更趋增强。孙思邈（581—682）（图1-5）《备急千金要方·食治》、孟诜（621—713）《食疗本草》、忽思慧（13世纪末—14世纪前半叶）《饮膳正要》、贾铭（约1269—1374）《饮食须知》是经典的文字证明。“凡欲治疗，施以食疗，食疗不愈，后乃用药尔。”[①]食、药的关系与食、医的作用，演绎与实践贯穿、充溢在中华民族的全部既往食生活历史上，成为极具民族特色的食文化表征。

二、“病从口入”

“病从口入”，是长久流传的民间俗语，后又衍生成“病从口入，祸从口出”[②]的民谚。古人理解，口——人嘴两大基本功用：进食活命、出语交流。但这一入一进，却大有学问与

①（唐）孙思邈．备急千金要方·食治：卷第二十六[M]．北京：中医古籍出版社，1999：807.

②（宋）李昉．太平御览·人事部八·口：卷三六七引“传子曰”//文渊阁四库全书：第896册[M]．台北：商务印书馆，1984：366.

关碍，此即老子哲学的“福兮祸之所伏。”[①]“病从口入”的“病”，兼有疾病、弊病之义，用于饮食解读，则是：有害的食物对于人体就是病；无害的食物饮食不当也会招致病。前者强调慎选食料，后者则是主张科学合理饮食：“凡食之道，无饥无饱，是之谓五脏之葆”[②]；“口虽欲滋味，害于生则止。”[③]食应循本草是中华民族悠久传统的理念，不仅在知识族群，在庶民社会亦然，可谓“编户齐民”的共识。当然，真正能做到“食必稽于本草”的[④]，主要是历史上有条件养尊处优的权贵阶级中的绝少数人群，极个别的养生家。至于劳苦大众，虽然实践上只能是“不干不净，吃了没病”的自我宽慰窘况[⑤]，而在他们一旦食生活条件改善之后也会回归自然和上升为理想选择。

三、“药补不如食补”

“药补不如食补”是华人的传统食养、食补观。如果说“食养”（饮食养生的节略表述）已经具有了明确的超越生存维系的更高追求的话，那么“食补”就是针对人体某种营养欠缺状态的针对性择食的寓意了。也就是说，食补是比食养更进一步深化的认识。“药补不如食补”作为一句悠久俗谚，具有两层寓意：其一告诫人们，平时若不注重健康合理饮食，就很可能招致疾病上身不得已去吃药的糟糕后果；其二，疾病缠身才“有病乱投医”吃苦口之药，不如之前注重健康合理饮食以预防在先，可以避免吃药之苦。“食疗”（饮食疗疾的节略）是以特定食物作为医治手段针对已发疾病的治疗行为[⑥]。由食养，而食补，再进而食疗，是中国人“药补不如食补”认识的不断深化与理念逐渐强化。

---

① 老子：第五十八章//诸子集成：六[M]. 北京：中华书局，1954：35.

② 吕氏春秋·季春季第三·数尽：卷第三//（民国）国学整理社. 诸子集成：六[M]. 北京：中华书局，1954：26.

③ 吕氏春秋·仲春季第二·仲春：卷第二//（民国）国学整理社. 诸子集成：六[M]. 北京：中华书局，1954：14.

④（元）忽思慧. 饮膳正要[M]. 北京：人民卫生出版社，1986：11.

⑤ 赵荣光. 中国古代庶民饮食生活[M]. 北京：商务印书馆，1997：182.

⑥ 赵荣光. 中国饮食文化概论[M]. 北京：高等教育出版社，2003：23—25.

第四节

心理：君子远庖厨

对死亡的恐惧，应当是早期人类在见惯了野兽博食的惨烈和人类生存历经无数艰险之后逐渐滋生的思考与观念，随之则是对生命的敬畏和对生存的希冀。“君子远庖厨”的心理，深植于农耕社会、儒家思想土壤：“君子之于禽兽也，见其生，不忍见其死；闻其声，不忍食其肉。是以君子远庖厨也。”[①]（图1–6）不忍杀生的心理，在庶民大众一年到头很少吃到肉的中国历史上，十分强烈和普遍。自家饲养的禽畜待到肉食之际，也要请专司屠宰的人代劳，“眼不见为净”，“君子”“小人”于此本无区别。

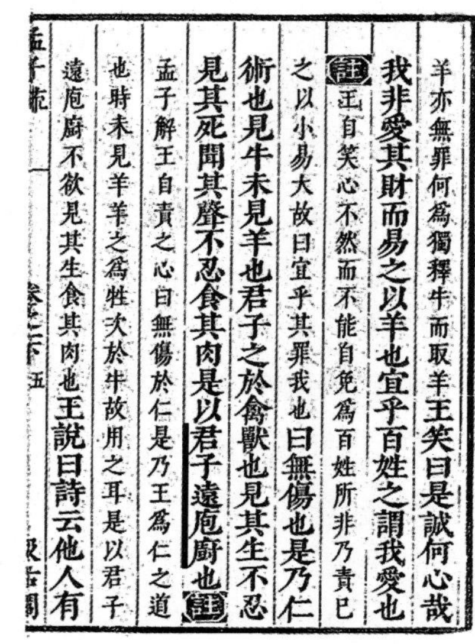
羊亦無罪何爲獨釋牛而取羊王笑曰是誠何心哉
我非愛其財而易之以羊也宜乎百姓之謂我愛也
【注】王自笑心不然而不能自免爲百姓所非乃責己
之以小易大故曰宜乎其罪我也曰無傷也是乃仁
術也見牛未見羊也君子之於禽獸也見其生不忍
見其死聞其聲不忍食其肉是以君子遠庖廚也【注】
孟子解王自責之心曰無傷於仁是乃王爲仁之道
也時未見羊羊之爲牲次於牛故用之耳是以君子
遠庖廚不欲見其生食其肉也王說曰詩云他人有

孟子疏　卷一下　五

图1–6 《孟子·梁惠王章句上》书影

一、不忍见其死

在民艰于食的漫长历史上，今日中国大地上的庶民百姓基本上是准素食者群，他们实在是一年四季都难得碗中有肉。而佛教在两汉之际传入中土后所以很快普及黎民百姓，根本原因还是儒化的贫困农民急需其心灵滋养[②]。佛教文化的悯生观念，与中华传统的“积善之家，必有余庆；积不善之家，必有余殃”[③]的善恶报应观不谋而合。当艰难贫苦的生活被赋予权力认可、精英赞美、社会认同的“仁心”“善行”“德业”等意义时，不得已的苦难被焕然成

① 孟子注疏·梁惠王章句上：卷第一（下）//（清）阮元．十三经注疏[M]．北京：中华书局，1980：2670.

② 赵荣光．略谈中国饮食史上的素食、素食主义、素食文化圈及其相关问题//中国饮食史论[M]．哈尔滨：黑龙江科学技术出版社，1990：95—128.

③ 周易正义·坤：卷一//（清）阮元．十三经注疏[M]．北京：中华书局，1980：19.

美德的自觉操守，于是，庶民大众心安理得地“安贫乐道”、尚“清俭”了[①]。安于贫困，厉行节俭，是历史上中国黎民百姓因应艰难饮食生活的生存方式。对自身的哀艾和对牲畜等生命的悲悯之情深深积郁，不能无动于衷地眼见畜禽被屠杀的痛苦挣扎，“不忍见其死”的悲悯情愫在历史上的中国人心灵中极大地强化了。

二、讳因我而死

然而，饥饿不是一件可以泰然处之的舒服事，“饥不择食”是生命本性、人之常情，更何况家畜的禽畜本来就是庖中之物。因此，人们饲养的禽畜以及猎获的野兽，最终还是要进入人腹。犁地的牛、骑乘的马、守夜的犬、产乳的羊、司晨的鸡、产卵的禽，即便与小农家的饲养者主人情有难舍，最终也脱不了一刀之灾。于是，“不忍见其死”转变成“不见其死”，心理轻松了。至于肉脯购于市，生命“不因我而死”，障碍就更易跨越了，小心地躲过了佛教“业障”“轮回”的警戒。然而，“君子远庖厨”自身的矛盾并没有完全解决，鸵鸟政策，心知肚明。人性虚伪的一面，性格、伦理、言行背离而双重，在餐桌上无法逃遁。

第五节

法理·伦理·道理：孔孟食道

“孔子食道”——“孔孟食道”，是集封建法理、儒家伦理、中华道理于一体的中华传统食学的核心理论[②]，是先秦时期形成的中华传统食学理论四大结构内容的核心和集大成发展。形成于春秋（前770—前476）末期的“孔子食道”，经由战国时期（前476—前221）的孟子坚持、强化、阐扬为孔、孟二人的饮食理念、实践原则、食学思想体系，是为“孔孟食道”。“孔孟食道”的法理、伦理、道理综合属性与功能，是由其基于人生得食活命天伦合

① （宋）范晔. 后汉书·韦彪传：卷二十六[M]. 北京：中华书局，1965：917—920.

② 赵荣光. 中国饮食文化概论[M]. 北京：高等教育出版社，2003：27—30.

理的思想、民族文化道学传统的信念、王权养民天赋职责的为政大法理想与理论蕴涵而成，并因孔孟思想在中国两千数百年皇权政治历史上的权威法理地位得以强化的。这种集封建法理、儒家伦理、中华道理于一体的孔孟食道因得到超越时空的全社会认同而具有了“天经地义”的合理性、真理性、权威性。

一、孔子食道

孔子（前551—前479）（图1–7）毕生深刻研究、总结了夏商周累积的文化，承传了他追索、思考的既往二十几个世纪之久的历史文化精髓，创立了基于中华文明道理、周代制度法理、人生伦理的儒家思想。作为一位恪于言行合一的理想主义者和社会改革家，儒家思想深刻地影响了他的社会食学思考与个人食事行为。孔子食道，是笔者对这位深刻影响中华文化传统与中华民族心理伟人饮食观点、思想、理论及其食生活实践所体现的基本风格与原则性倾向的概念性表述。“孔子食道”的总结，是笔者在春秋时代民族食生产、食生活与科技发展一般历史情态下研读先秦典献及后世相关研究对孔子的食事言行的结果[①]。

图1–7　孔子画像，（唐）吴道子绘

孔子的饮食思想散见于十三经及其他先秦诸子书等文献中，比较集中反映的，是人们熟知的下面一段话：“食不厌精，脍不厌细。食饐（yì）而餲（ài），鱼馁而肉败不食；色恶不食；臭恶不食；失饪不食；不时不食；割不正不食；不得其酱不食；肉虽多，不使胜食气；唯酒无量，不及乱；沽酒市脯不食，不撤姜食，不多食；祭于公，不宿肉；祭肉，不出三日，出三日，不食之矣。”[②]

---

① 赵荣光.“食不厌精脍不厌细”正义[J]. 中国烹饪，1990,（10）：20—21.

② 论语注疏·乡党第十：卷十//（清）阮元. 十三经注疏[M]. 北京：中华书局，1980：2495.

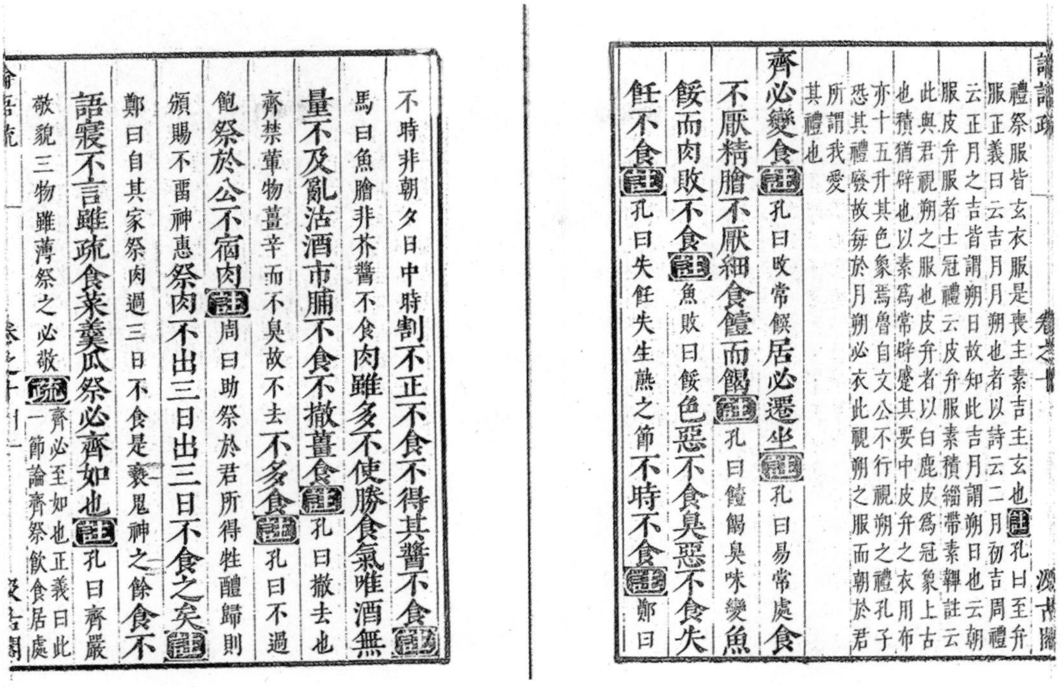

图1-8 《论语·乡党第十》书影

应当说，这是孔子饮食思想准确和比较完整的历史记录，然而非常遗憾的是，后人却没能正确地解读。首先，后来的研究者往往忽略了这是孔子针对祭祀食礼的意见与建议；其次，后来的研究者完全忘记了自己是在孔子之后几百年、一千几百年，甚至两千几百年之后，他们缺乏对孔子时代的科技史、社会习尚与文化的必要认知；再次，研究者往往脱离孔子自然人的历史真实，而仅仅将其视为特定的文化符号解读。由于历史真实的背离，时俗的隔膜，名物、语词误解，不可避免地导致了时下研究者在解析孔子的上述话语时陷入了“雾里看花”的臆想、望文生义的误判。对此，笔者早在20世纪80年代初就已经有匡正发覆意见，此不赘述。

简言之，“孔子食道”的精神与基本内容可以用32个字来概括性表述：“敬畏自然，感恩造物，珍惜食物，追求美好，遵时守节，注重卫生，讲究营养，恪守文明。”孔子食道既是孔子本人的饮食思想与食事行为风格，同时也是孔子对三代以下至其时代饮食文化的“述而不作”[①]的历史总结，并且代表了其时代诸子百家的基本共识。孔子之后直到19世纪中叶以前，中国社会的食生产方式与生产力基本水准、社会政治体制与机制能力等，均无本质变

① 赵荣光．中国饮食文化概论[M]．北京：高等教育出版社，2003：27—30.

革性进步，孔子食道事实上代表了中华食文化的一般情态和社会大众的食事思想与基本理念。正是由于孔子饮食思想理论的系统、全面、深刻、科学性的历史高度与深远影响，他才事实上成为了中华食学理论的奠基人[①]。传世东汉“大哉孔子”四神博局镜有缘带24字铭文：“大哉孔子志也，美哉厨为食也，乐哉居无事也（也字残缺），诗（残缺）哉兴入异也，贤哉掾掌吏也，喜哉贫人得也，善哉保七字也”（图1–9）。食事为人生社会之重，食理为学识修身之要，表明在2000年前已经成为大众常识。

图1–9 （东汉）“大哉孔子”四神博局铜镜，直径16.7厘米、缘厚0.5厘米、重700克。藏家品镜斋主人王济江提供

二、孔孟食道

孟子（约前372—约前289），孟子与孔子两人的诞生地今山东邹城市区与曲阜市尼山镇相距大约24公里，孟子是孔子之孙孔伋的再传弟子。孟子是战国时期伟大的思想家、政治家，儒家学派的代表人物，后世尊孟子为“亚圣”，与孔子并称“孔孟”。孟子与孔子二人的食生活实践具有相当程度的相似性，而他们的思想则具有明显的师承关系和高度的一致性。事实上，毕生“乃所愿，则学孔子也”[②]的孟子的一生经历、活动和遭遇都与孔子相似。他们的食生活消费水平基本是中下层的，这不仅是由于他们的消费能力，同时也因为他们的食生活观念，而后者对他们彼此极为相似的食生活风格和原则性倾向来说更是具有决定意义。他们追求并安于食生活的养生为宗旨的淡泊简素，以此励志标操，提高人生品位，倾注激情和信念于自己宏道济世的社会事业。

图1–10 孟子画像，自《南薰殿图像》，台北故宫博物院藏

① 赵荣光. 中国饮食文化概论[M]. 北京：高等教育出版社，2003：29.

② 孟子注疏·公孙丑章句上：卷三上//（清）阮元. 十三经注疏[M]. 北京：中华书局，1980：2686.

孟子以孔子的言行为规范，完全承袭并坚定地崇奉着孔子食生活的信念与准则，不仅如此，通过他的理解与实践，更使之深化完整为“食志——食功——食德”鲜明系统化的“孔孟食道”理论。他主张“非其道，则一箪食不可受于人；如其道，则舜受尧之天下，不以为泰。”①提出不碌碌无为白吃饭的“食志”原则，这一原则既适用于劳力者也适用于劳心者。劳动者以自己有益于社会的创造性劳动去换取养生之食是正大光明的：“梓匠轮舆，其志将以求食也；君子之为道也，其志亦将以求食与”，这就是“食志”。所谓“食功”，可以理解为以等值或足当量的劳动（劳心或劳力）成果换来养生之食的过程，即事实上并没有“素餐”——不劳而获白吃闲饭，“士无事而食，不可也。”“食德”，则是坚持吃正大清白之食和符合礼仪进食的原则，就是他所欣赏的齐国仲子的行为原则：“仲子，齐之世家也。兄戴，盖禄万钟。以兄之禄为不义之禄，而不食也；以兄之室为不义之室，而不居也。”②孟子认为进食遵“礼”同样是关乎食德的重大原则问题，认为即便在“以礼食，则饥而死；不以礼食，则得食”③的生死攸关面前，也应当毫不迟疑地守礼而死。孟子认为，仁和义两者，对于无论是大的国还是小的家，无论尊贵、卑贱的任何人，都是至高无上的原则，仁和义是人世间和谐与生机的维系，“仁义充塞而至于率兽食人，人将相食，谓之亡天下。”④孟子之生上距孔子之死约一百年，两者学术活动时期相距约为一百五十年，他们处于同一历史时代。由于孟子与孔子精神思想的高度一致、人生经历又颇相似，孟子几乎就是战国时代的孔子。孔子、孟子，人则为二，而其食的实践与思想则浑然为一：集中华传统的法理、伦理与道理于一体的“孔孟食道”。孟子一生的思想深受孔子影响，孔子一直是他思想行为自觉取法的榜样，孔子深入其心理，合一精神，近乎起卧相伴、形影不离。而孔、孟二人的思想有着共同的来源，那就是深刻影响着春秋战国时代士人阶层的三代圣王与往圣先贤的完美道德。因为他们都是“非功不食，非德不饱”理念与信仰的力行实践者⑤。

我们理解孔孟食道的思想、哲学、理论蕴涵，解析其对自汉以下两千年绵绵历史的主流意识、民族心理、社会风习的深刻影响，感觉到历史上民族食事法理、伦理、道理的存在。法理是封建制的，它被国家（一姓政权）制度、政府（执政者）律令所明确规定，“天下齐民”——社会大众的食事行为必须遵循恪守。食事伦理是儒家道德观的，社会各族群、阶层成员都内心认同的食事行为准则与规范。道理则是中华传统思维的，是对人生食事上升到哲

① 孟子注疏·滕文公章句下：卷第六（上）//（清）阮元．十三经注疏[M]．北京：中华书局，1980：2711.

② 孟子注疏·滕文公章句下：卷第六（下）//（清）阮元．十三经注疏[M]．北京：中华书局，1980：2715.

③ 孟子注疏·告子章句下：卷第十二（上）//（清）阮元．十三经注疏[M]．北京：中华书局，1980：2755.

④ 孟子注疏·滕文公章句下：卷第六（下）//（清）阮元．十三经注疏[M]．北京：中华书局，1980：2714.

⑤（清）陈立．白虎通疏证：卷三：礼乐[M]．北京：中华书局，1994：118.

学层面的理解。法理、伦理、道理三者被涵化包容在孔孟食道之中，具体来说，三者可以分别解读为：

食事法理：中国历史上由国家制度、政府律令所设定的社会大众食事行为必须遵循的规则。如食生产责任担当、社会食事活动的身份与行为限定等。

食事伦理：中国历史上社会人群内心认同的食事行为规范，有鲜明的儒家道德观特征。

食事道理：中国民众食事行为学的哲学理解与理念，包括人与宇宙自然、人与生活生命等广泛范畴。

春秋战国的五个半世纪，是中华民族历史上以知识精英为主角的空前的一次波及社会各个角落，持续的思想解放运动。士族群竞相检阅、总结既往文明史的全部遗存积累，天下百姓纷纷关注、审视民生，踊跃批评时政，整个中国社会呈现了一派热情奔放、激荡不已的文化生机。志士游学，诸子著说，百家争鸣，学问探讨与文化总结成春秋战国时代的社会主导风气和意识主流。中华民族历史食生活与传统饮食文化的早期四大基础理论："食医合一""饮食养生""本味论""孔孟食道"，就基本形成于这一时期。这四大基础理论——或理论性认知，是截止到战国末期，也就是秦武力统一中国之前，列国知识精英对口传上古历史以下，至少是自夏（前2070—前1600）开始的三代以下20个世纪的大众食生产、社会食生活的经验总结，是对历史食文化的学理性——食学的思考。其后，又是漫长的20个世纪，中华食学意义的饮食文化历史基本是因循迁延，社会食生产方式、大众食生活行为、研究者的食学思维，基本没有跳出传统模式，尽管烹饪工具与工艺有不断的缓慢进步。情况的改变，应当以"洋务运动"（19世纪60—90年代）为标记，近代食品科技知识与饮食思想自西方的逐渐浸入，从而开始影响并推动了中国人食学思维的现代化历程。而在此之前，则是袁枚承续了从孔子以下的中华食学思想，是袁枚对中华传统食学做了历史性的总结。

第六节

学理：袁枚传统食学的初步建构

袁枚（1716—1797）（图1-11）有中国古代"食圣"之誉，他的历时四十余年而成的《随园食单》被视为中国古代食书的经典——食经，代表了中国传统食学历史发展的最高水准。

他认为："学问之道，先知而后行，饮食亦然。"[①]袁枚有立食为学的明确目的，并为之孜孜努力，正如他自己所标榜的那样："平生品味似评诗，别有酸咸世不知。"[②]他的认识是时代的，而其局限则是历史的。

图1-11　袁枚云身像，据笔者设计理念塑，中国杭帮菜博物馆藏

一、《随园食单》——中国古代食经

《随园食单》初版于乾隆五十七年（1792）（图1-12），以后二百多年间曾多次再版，20世纪末以来伴随中国烹饪文化热，中文版本多达几十种。至于国际影响，则20世纪以来一直广被重视，据初步统计其外文版本资讯有：法语（1924）、德语（1940）、日语（1955, 1958, 1964, 1975, 1980）、意大利语（2006）、韩语（2015）、英语（2017）[③]。西

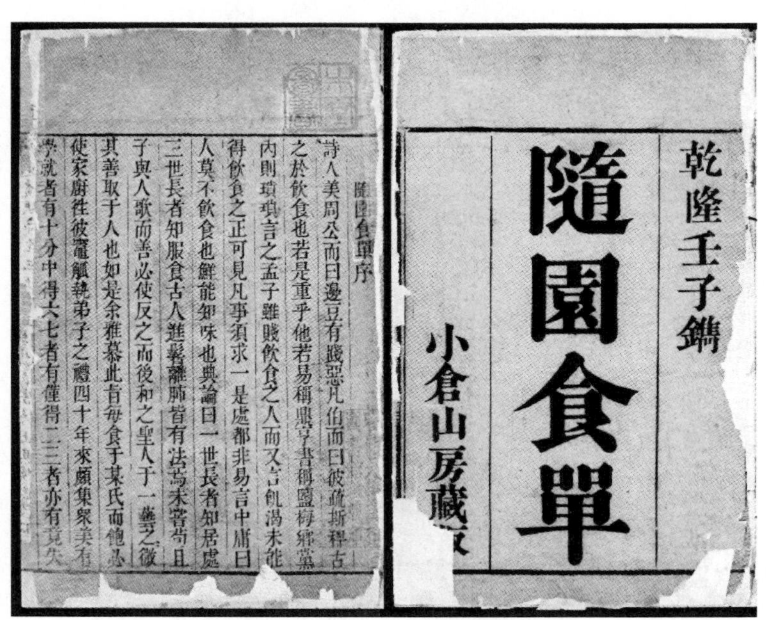

乾隆壬子鐫

隨園食單

小倉山房藏

隨園食單序

詩人美周公而曰籩豆有踐惡凡伯而曰彼疏斯稗古
之於飲食也若是重乎他若易稱鼎亨書稱鹽梅鄉黨
內則瑣瑣言之孟子雖賤飲食之人而又言飢渴未能
得飲食之正可見凡事須求一是處都非易言中庸曰
人莫不飲食也鮮能知味也典論曰一世長者知居處
三世長者知服食古人進鬐離肺皆有法焉未嘗苟且
子與人歌而善必使反之而後和之聖人于一藝之微
其善取于人也如是余雅慕此旨每食于某氏而飽必
使家廚往彼竈觚執弟子之禮四十年來頗集衆美有
學就者有十分中得六七者有僅得二三者亦有竟失

图1-12 《随园食单》书影

---

①（清）袁枚. 随园食单[M]. 上海：上海文明书局藏版，1.

②（清）袁枚. 品味：其一//小仓山房诗集：卷三十三[M]. 上海：上海古籍出版社，1988：938.

③ 由于笔者对大韩民国培花女子大学烹饪学申桂淑教授的一再建议促成了《随园食单》韩文版正式发行，英文版也是笔者对美国宝库山出版集团出版人沈凯伦女士劝说的结果。

方人最早知道袁枚便是因为翟理斯（Herbert Allen Giles, 1845—1935）在其编写的《古文精选》《中国文学史》以及其他关于中国文学的著述中，翻译了《随园食单》的一些段落。翟理斯是清末的英国驻华外交官，后为剑桥大学的第二位汉语教授。第一位是威妥玛（Thomas Francis Wade, 1818—1895）。翟理斯一生翻译了孔子、老子等多部经典文献。《随园食单》的法文翻译是一位署名Panking的译者发表在介绍中国风俗的连载画报上。法国学者推测这位化名的译者可能是有过中国生活经历的法国人。他将《随园食单》题目译成“一位美食诗人的食谱：中国的布里亚-萨瓦兰”，或许是为了便于法国人理解，进而成为西方世界称袁枚为“东方的布里亚-萨瓦兰”的渊薮。德文版的《随园食单》是由德裔人类学家、东方语言学家艾伯华（Wolfram Eberhard, 1909—1989）翻译的，德文版书名译为“随园先生的中国菜烹饪艺术”。《随园食单》在日本的译介人主要是青木正儿，分别译注了1958年、1964年和1980年三个版本，1975年的中山时子译本事实上也是在青木正儿版本基础上做了一些补正。青木正儿（Aoki Masaru, 1887—1964）是日本著名的汉学家，他最初专攻的是中国文学和戏剧，二战前在中国有过几年的生活经历，和胡适、王国维等中国知识分子都有交往[①]。

《随园食单》由十“单”一“序”结构，十单中的20“须知单”、14“戒单”，精要独到、生动深刻、系统完备地阐述了饮食理论和厨事法则，是中国古代食学理论和饮食思想的历史性总结。其他诸“单”所记各种烹饪方法制作的具体品种计420，膳食品种累计436，均确记原料、制法、品质、由来，时间跨度元（1271—1368）末至清（1644—1911）中叶，地域范围以下江地区为主，食材则广及全国并亚洲。

二、袁枚的食学思想

袁枚自认为学术生涯和成就相当一部分是食学，甚至宣称自己的食学成就不在诗学成就之下，既超越了古人的认识高度，也在世人的理解能力之上。袁枚认为人生与国家大事莫过于饮食，“饮食”也是一门可以与任何其他学科相类的大学问。他说：“夫所谓不朽者，非必周、孔而后不朽也。羿之射，秋之弈，俞跗之医，皆可以不朽也。……余雅慕此旨，每食于某氏而饱，必使家厨往彼灶觚，执弟子之礼。四十年来，颇集众美。”[②]袁枚的食学思想与食学研究成就大量散见于他的诗文著述中，《随园食单》《厨者王小余传》则是其典型代表。

---

① 王斯.《随园食单》的世界传播[J]. 餐饮世界，2018（8）：33—35.

②（清）袁枚. 与薛寿鱼书//小仓山房文集：卷十九[M]. 上海：上海古籍出版社，1988：1552—1553.

他被权贵阶级、上层社会视为无出其右的品味专家，“所至延为上宾”，公卿宴会多延请他对膳品宴事做鉴定评判，正如其诗文所说：“随身文史同商榷，到处羹汤教品题。”[①]泛泛理解“同商榷”的对象，自然是学识见的、气味相投个中人，近乎时下网络所谓的“圈子”中人，都是些教养身份近似和经历相同的文友与宴会场上的食客。而其确指则是清帝国前半叶两个最著名的满族大臣之一尹继善。尹继善（1695—1771）章佳氏，字元长，号望山。其一生凡一督云贵，两任总河，三督川陕，四督两江，曾三次在两江总督任上筹办乾隆南巡。江南物阜文蔚，尹继善延揽名士同游，诗酒赓和，略无虚日，其诗亦颇得意自矜：“幕府多才罕俦匹，儒雅风流谁第一。”袁枚与尹继善至交数十年，唱和诗200余首，尹继善的《和袁子才新春见赠》有句：“每有诗成先寄我，老来笔墨转相亲。”“到处羹汤教品题”的“教”者，最著名的当然也是这位乾隆朝声名显赫的“东南风流教主”[②]。袁枚视高层次的饮食生活是一种艺术化境界，肴馔的制作也能够并且应当追求极致化结果；这种境界和结果，需要他这样的美食行家与“良厨”的共同努力，是美食学家与鉴赏家指导忠于职事又精工技艺行厨者实践的结果。“良厨”不是一般的“烧菜”“做饭”人，而是兼具厨德、厨艺、厨绩的“三才厨者”。“良厨”是芸芸众生事厨者中的出类拔萃者，这样的职业餐饮人是勤行业界的凤毛麟角。由于历史与行业的局限，更多的厨业众人是“俗厨”“庸厨”“恶厨”，所谓“小人下材”，个人修养与行业习气使然。袁枚认为“作厨如作医”[③]，称厨德、厨艺、厨绩三者皆备厨者为如同史家称颂的良相、良将、良医一样的“良厨”，等而下之是名厨、名手、俗厨、恶厨。达到艺术化操作境界的肴品制作，不是一般意义的厨师烧菜，而是如治国、治军一样的“治菜”。认为世间万事万物“知己难，知味尤难。”[④]

三、袁枚的食学成就

袁枚的食学成就，可以简括为他所创造的十个“第一”：

1．袁枚以自己的成就与影响使后世的食学界和餐饮界普遍认同其为中国古代食学领域最为卓异的智者与知者——众人无可企及、历史无可替代的集大成至圣之人，是中国古代饮

①（清）袁枚．冬日寄怀望山公七律二首：之一//小仓山房诗集：卷十九[M]．上海：上海古籍出版社，1988：453.

② 赵荣光．随身文史同商榷，到处羹汤教品题——中国古代食圣袁枚美食实践暨饮食思想试论//赵荣光食文化论集[M]．哈尔滨：黑龙江人民出版社，1995：291—293.

③（清）袁枚．随园食单[M]．上海：上海文明书局藏版，1.

④（清）袁枚．厨者王小余传//小仓山房文集：卷七[M]．上海：上海古籍出版社，1988：1331.

食之圣——“食圣”，中国传统文化体系中最著名的饮食理论家和最杰出的美食家。

2．袁枚是中国历史上第一个公开声明饮食是堂皇正大学问的人。

3．袁枚是中国历史上第一个把饮食作为安身立命、益人济世学术毕生研究并取得了无与伦比成就的人。《随园食单》的价值不仅是食学的，它的思想哲学和语言文学价值同样得到崇高的时誉并至今盛行不衰。

4．袁枚是中国历史上第一个为厨师立传的人。一篇深寓哲理的《厨者王小余传》，使传主没有了那个时代厨人职业性和社会族群性的局限与陋习。人们读到的是一个心志高远、锐意进取、特立独行、技艺超群的不凡之辈，一个屈身于三尺灶台的大隐之贤。袁枚笔下王小余集厨德、厨艺、厨绩臻于一身而至美，“王小余”成了中国厨人的百代楷模，成了与袁枚“食圣”联袂并誉的“厨神”[1]（图1–13）。

5．袁枚是中国历史上第一个得到社会承认的专业美味鉴评家，赢得了“味许淄渑辨”的独特的社会身份与特异声誉[2]。

图1–13 《食圣厨神论菜图》，据笔者设计理念绘制，中国杭帮菜博物馆藏

① 参见中国杭帮菜博物馆《食圣厨神论菜图》。

②（清）袁枚．哭望山相公六十韵//小仓山房诗集：卷二十二[M]．上海：上海古籍出版社，1988：528.

6. 袁枚是中国历史上第一个系统提出文明饮食思想的人，他在《随园食单》中明确提出“戒耳餐”“戒目食”“戒暴殄”“戒纵酒”“戒强让”“戒落套”，以及反对吸烟等一系列文明饮食的观念和主张；将中国古代饮食文明认识提高到历史高度的，袁枚堪称是中国历史上第一人。

7. 袁枚是中国历史上第一个大力倡导科学饮食的人。袁枚在文明饮食思想的基础之上，又进一步倡导科学合理的饮食原则和良好的饮食行为规范。他在《随园食单》的“洁净须知”“本分须知”等有关节目中提出了系统的科学饮食主张。他明确反对以奢为贵、以奇为珍的错误观念和不良习尚。

8. 袁枚是中国历史上第一个敢于公开宣称自己“好味”的人①。自从孔子树立了简食薄食的榜样形象并为后世留下了“君子谋道不谋食”的圣人教诲之后②，更加上孟子的“饮食之人，则人贱之矣”的观点③，耻言和讳言个人食事成了中国历史上传统的社会主导意识、个人行为禁忌。于是中国饮食社会生活的文化中便出现了当面说一套背后做另一套的“假道学”现象。任何人也不敢公开谈论美食品味之事。而袁枚竟敢冒天下之大不韪，公然宣称自己平生有九大爱好，其第一好就是“味”：“袁子好味，好色，……又好书。”一个有大成就、大名气的读书人，竟然将“好书”殿于人生所有爱好的最后，相反却把犯道统时议大忌的“味”“色”列在首位，其用意显然是在挑战，是对来自上层社会责难压迫的无畏反击，是向踞有两千多年牢固统治地位的食禁锢主流意识的主动出击，这无疑是中国历史上第一声打破数千年牢固人生食事禁忌的自由呐喊。他将“食、色，性也”古代圣贤之论的人伦与自然本义还原历史真谛，人生食事正是在袁枚手里变成了庄重的学术。

9. 袁枚是中国历史上第一个将“鲜味”认定为基本味型的人。他对“鲜味”的独到理解：“味欲其鲜，趣欲其真，人必知此，而后可与论诗。”④一部《随园食单》频繁使用“鲜”字有近百处。袁枚和李渔（1611—1679）是中国饮食史上两个讨论鲜味最多、最深刻的饮食理论家和美食家，李渔的《闲情偶寄·饮馔部》记“鲜”36处，袁枚是继承了李渔且超过了李渔的鲜味论者。

10. 袁枚是中国历史上第一个把人生食事提高到享乐艺术高度的人。袁枚既不是那种只想满足个人口腹之欲的饕餮之徒，也不是中国历史上不乏其人的那种欣赏游戏笔墨型咏食文人，而且又与仅仅直录食事表象的人们很不同。食学在袁枚心里，食事在他的平居生活中，完全升华到精神体悟、艺术享乐的境界。

---

①（清）袁枚. 所好轩记//小仓山房文集：卷二十九[M]. 上海：上海古籍出版社，1988：1775.

② 论语注疏·卫灵公第十五：卷十五//（清）阮元. 十三经注疏[M]. 上海：中华书局，1980：2518.

③ 孟子注疏·告子章句上：卷第十一（下）//（清）阮元. 十三经注疏[M]. 北京：中华书局，1980：2753.

④（清）袁枚. 品味：之二//小仓山房诗集：卷三十三[M]. 上海：上海古籍出版社，1988：938.

第二章

圣火与祭祀：中华传统的食色世界

“食、色，性也”[①]；“饮食、男女，人之大欲存焉。”[②]饮食活命，生育延种，这是人类的生存本能与社会功能。食与性，这在今天看起来似乎没有多少紧密关系的两桩事，在历史上，尤其是在史前时代，却是紧密结合得如同一枚硬币一样的两个侧面。人类的饮食和生育两桩大事，伊始就与火塘紧密相关。但是，熟食应当并不是人类利用火的最初目的与最重要行为。上古时代，自燃现象频频发生，火的威力与猛兽对火的恐惧最终启发了早期人类的意识：只要一炬在手，无论如何凶猛的野兽都会逃之夭夭，避之唯恐不及。拥有了火种，就掌握了族种安全的最强大武器，于是他们将火种保存在聚居地，进而有了用以驱吓猛兽的昼夜不熄的篝火；篝火同时是明显的地标，外出采集、渔猎族群成员可以凭借上腾飘散的烟气、黑夜里的火光顺利返回居留地；篝火当然还可以祛寒；持炬前导，扩大了生存活动半径，也使长途跋涉与迁徙成为可能。总之，火的利用让人类开始在行为意义上成为万物灵长（图2–1）。

图2–1 《良渚先民聚餐图》，据笔者设计理念绘制，中国杭帮菜博物馆藏

① 孟子注疏·告子章句上：卷第十一（上）//（清）阮元. 十三经注疏[M]. 北京：中华书局，1980：2748.

② 礼记正义·礼运第九：卷二十二//（清）阮元. 十三经注疏[M]. 北京：中华书局，1980：1422.

第一节

火塘崇拜

为防火势蔓延的一圈围石，造成了最初的火塘，围石因而成了炙石，熟食作用得以充分发挥："后圣有作，然后修火之利。……以炮、以燔、以烹、以炙……"[①]原始人将大块的兽肉（以鹿科为主）挑或支架于篝火上，使食料直接与火接触，谓之烧；近火用热致熟则称为烤；炙，是将略小些的食料置于烧得温度很高的石块上致熟。炮，则是将不便于用烧、烤、炙等方法致熟的食料——如鼠、鸟、鱼、蛙等用泥包裹后投入火中或炭烬里间接致熟。至于富含淀粉质的植物块、根茎，则可以埋入灰烬中煨熟。在以水为传热介质的煮法出现之前，人类的熟食方法基本就是烧、烤、炙、炮、煨等数种。除了这些明火的致熟方法之外，在陶器发明并被利用熟物之前，也有利用炙石沸水以熟物的煮法。具体方法应当是：穴地成釜瓮状坑，以牛、鹿等大形体动物皮（有毛一面贴近坑壁）铺垫坑壁四周成一容水不外泄囊状，囊中实肢解后之兽骨肉、植物块茎等，充水，投入足够量炙石，沸水熟物。当然，为更有效率，囊坑上亦可覆盖兽皮等保温物，如是则煮之外又兼有了煨、焖的技法含义。这种穴地成坑的炙石沸水熟物法，依赖的是炙石，依然是火塘的依赖和火塘崇拜的延伸与强化（图2–2）。

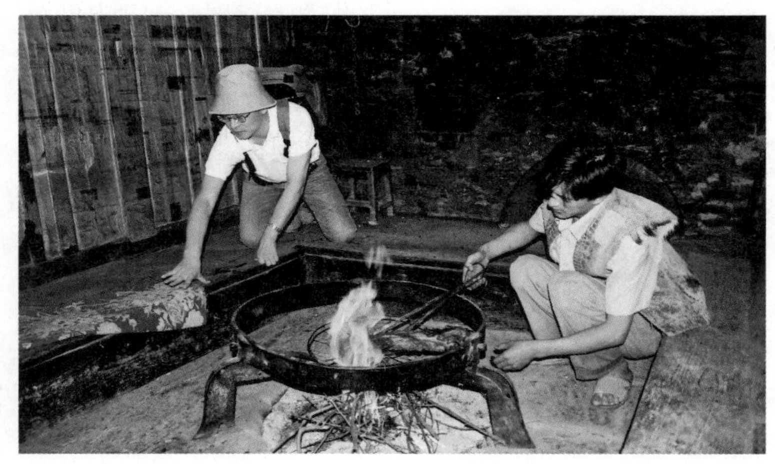

图2–2　笔者考察羌族火塘，摄于四川，1992年

① 礼记正义·礼运第九：卷二十一//（清）阮元. 十三经注疏[M]. 北京：中华书局，1980：1416.

火塘崇拜是人类共有的文化，直到今天，它还在许多民族生活中不同程度地保有遗存。中华传统的火塘崇拜，大约在新石器时代以降，开始解析成火与灶的双向或双重崇拜。

一、火神崇拜

火塘崇拜的核心是火崇拜，火崇拜应当在火塘崇拜之前。在中国古史传说时代火崇拜的神化偶像是“发明人工取火”的伟大人物燧人氏，燧人氏被奉为“火神”，是“三皇”之首。燧人“钻木取火，炮生为熟，令人无腹疾，遂天之意，故为燧人。”（图2–3）燧人是从自然现象转化为人格化后的炎黄族的神，应当是最初火崇拜——自然神崇拜历经漫长时间不断演化的结果。中国俗语说“水火无情”，最初的火神，也就是“燧人”人格神化之前，是专横跋扈、冷漠无情、肆虐残酷的，人们只有对其战战兢兢地畏惧。神，是人造的，最初是畏，因而具象化其为可视（当然是揣摩想象的视）的“神”以便足够戒备。由于相信（或一厢情愿地想象）逝去亲人的魂魄比活着的人更易于接近神，于是魂魄希冀与信仰的“鬼”被人造出来。继之是“鬼神”敬畏并祀，尔后“神鬼”（中世以后）祭祀延续。史前时代，无论是

图2–3　燧人氏钻木取火木刻浮雕

鬼，还是神，他们都不同于人类后来创造的高级宗教中对人类与生灵“充满博大爱”的神，他们都不会悲悯同情人类，他们只是在不留情面地惩罚人间罪恶、维持自然秩序。他们不会主动地，或无原因地造福人类。后来，鬼神们的这种“不近人情的”冷酷性逐渐被遮蔽、覆盖或被人为地改变了（本来意识形态的一切都是人为的），于是造就了炎黄的火神燧人。

中华民族的祖先掌握了火之后，照明、防卫、驱寒、熟食、传息、焙烧、冶炼等作用相继发生，从此人们的生活才跨出野蛮步入文明。火是燃烧产生的，燃烧就是毁灭，一切可燃者都可能被毁灭。早期人类敬畏火，他们视火神圣伟大，他们由衷敬畏火、崇拜火。早期人类对火的崇拜，就是源于对火可以毁灭一切的势不可挡之力的敬畏，继之才是对其能够改变物态与物性的“创造性”感悟与理解。许多文化中的“浴火重生”故事，应当都与燃烧过程中的各种幻象与神奇结果有关，火既是毁灭生存的力量，也是催生新物的力量，要在人的认识与掌控下。人类严格的饮食文化史，是从经常性用火熟食开始的，人工取火则是这种经常性的有力保障。这应当是几乎所有人种、各个民族、无数类型文化都无一例外曾有过火崇拜历史的根本原因所在。燧人氏作为中华文明播火者，一直被信仰与供奉，遍布各地的“火神庙”“火宫殿”就是证明。正因为如此，燧人氏被认定为中华饮食文化的历史伟人①。

二、灶神崇拜

中国历史上很早就有祭灶之俗。《五音集韵·号韵》：“灶，俗竈。”《说文·穴部》：“炊竈也”，段玉裁注“炊爨之处也”。“竈”字之构，《说文》谓“从穴”，即穴地为灶。今日中国西南、东北等很多地区许多少数民族仍保留着的火塘习俗即是其遗制。《周礼·春官》“大祝”职文：“掌六祈以同鬼神示：一曰类（皇天上帝），二曰造……”②郑玄注“膳夫”职文：“故书‘造’作‘竈’”；“造，祭于祖也”；对灶的崇拜理所当然地产生了“灶神”（图2-4）。

图2-4　民国彩印木刻年画-灶神一，纽约大都会艺术馆藏

古史传说“故炎帝于火而死为竈”，汉代学者认

① 赵荣光．中华民族饮食文化历史伟人评介//赵荣光．餐桌的记忆：赵荣光食学论文集[M]．昆明：云南人民出版社，2011：118—119.

② 周礼注疏·春官·大祝：卷二十五//（清）阮元．十三经注疏[M]．北京：中华书局，1980：808.

为“炎帝神农，以火德王天下，死讬祀于竈神”[①]。也就是说，灶神本是火神，对灶的崇拜源于对火的崇拜。原始人类穴居洞口或集体栖息地旁最初的火塘便应当理解为人类“厨房”的原始形态。火塘移入居处内之后，用于烧煮食物的食事功用和饮食文化色彩逐渐凸显，待加工的食料、食品、加工器具等与熟物的火塘在空间上更为接近，“厨房”的意义开始形成。这时，对食物的信仰和对火的崇拜紧密结合，也就是说厨房文化的形成始于人类对火崇拜和对食物信仰的结合，但祭火神和祭灶神却分离了：祭火神燔柴于室外，祭灶神则于室内（图2–5）。厨房文化的形成显然要后于对火的认识和火崇拜观念的出现。

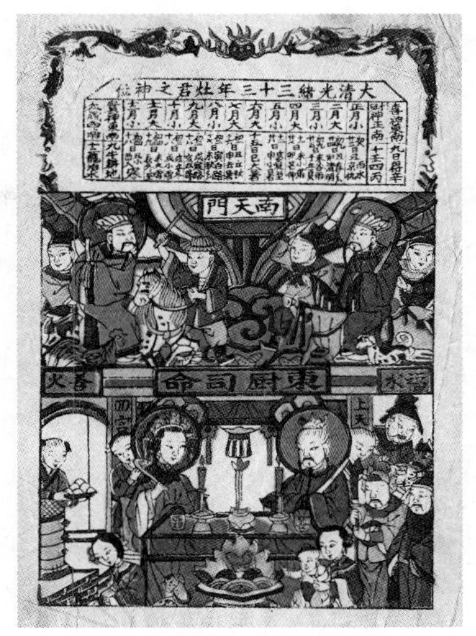

图2–5　清光绪年间木刻年画–灶神二，哈尔滨老厨家餐饮博物馆藏

对火种的保存，居处的保护，稳定食物的提供和餐事的组织，孩子（尤其是婴幼儿）的养育照料等决定氏族生存发展的一系列重大事务，女性无疑比男性发挥着更大的作用。也就是说，氏族居处之“灶”的使用与管理最初应当是有经验、有能力、有威信的妇女，她们应当是年长位尊的“老妇之祭也”。东汉大学者郑玄曾正确地指出：祭灶祀老妇，“老妇，先炊者也。”孔子也说过：“燔柴于奥，夫奥者，老妇之祭也。”[②]唐代大学者孔颖达疏：“夫奥者，老妇之祭也者……在夏以老妇配之，有俎及笾豆设于灶陉。”也就是说，夏代（前2070—前1600）时以“老妇配”祭火神。祭祀对象“老妇”是一个具体的人物而非泛指老年妇女群体，即“古之始炊者也”（图2–6）。商代（前1600—前1046）“天子祭五祀：户一、灶二、中霤（liù磟，中室）三、门四、行五也。”[③]西周（前1046—前771）：“王为群姓立七祀：曰司命、曰中霤、曰国门、曰国行、曰泰厉、

图2–6　灶神三“先炊”，作者绘

① 淮南子·氾论训：卷十三//国学整理社辑．诸子集成：七[M]．北京：中华书局，1954：233.

② 郑玄注．礼记正义·礼器第十：卷二十三//（清）阮元．十三经注疏[M]．北京：中华书局，1980：1435.

③（宋）郑樵．通志·礼略第二：卷四十三“天子七祀”//文渊阁四库全书：第373册[M]．台北：商务印书馆，1984：571.

曰户、曰竈；王自为立七祀。……庶士庶人立一祀，或立户，或立竈。”从至尊“天子”之王和社会最底层的庶民都重视祀竈。郑玄认为：“竈主饮食之事”[①]。

但是，西周以后情况开始发生了变化，“老妇”开始年轻了，春秋时人认为“灶有髻”，“灶神，著赤衣，状如美女。”[②]灶神由老妇向美女的异化，表明社会主体意识对“老妇”伟大劳动崇敬感谢原创意义的逐渐淡化，这时男子中心的审美观、价值观更关注的是被崇拜女性偶像的年轻漂亮。“著赤衣”视觉光鲜亮丽、尊贵显赫，而其象征当为火。但这位“美女”的好运时光似乎并没有多久，入汉后便逐渐再次异变，这次可是彻底的异变，“美女”摇身一变成了男人：“灶神名隗，状若美女。又姓张名单，字子郭，夫人字卿忌，有六女皆名察（一作祭）洽。常以月晦日上天白人罪状，大者夺纪，纪三百日，小者夺算，算一百日。故为天帝督使，下为地精。”[③]“灶神名禅，字子郭，衣黄衣。”[④]“许慎《五经异义》云：‘颛顼有子曰黎，为祝融火正也，祀以为灶神，姓苏名吉利，妇姓王名抟颊。”[⑤]灶神的这种异化演变，是人类历史文化的历史性造伪的结果。这种历史性的文化造伪，发生在春秋至西汉中叶的五个世纪左右时间。男子中心观念的进一步强化，君权至上权威的无限推崇，是从先秦的百家争鸣到汉武帝时经义讨论的社会思想基础，于是出现了对历史文化和习俗观念更新认识、重新解释的社会性行为，历史性文化造伪于是发生。灶神变成了男人，但围着灶台辛勤工作的却仍然是妇女，不过她们被排斥出了祭灶典礼之外。

史前创世英雄女性中心地位的逐渐暗淡是与男子中心社会发展进度同步的。入汉以后，一场尊崇男性权威、革别之命的“文化革命”在静悄悄的状态中顺利地进行，并最终取得了完满的成功。这一过程的代表性结果就是灶神老妇变成了灶王老爷；由皇帝率导天下的织女神崇拜礼祀变成了只属于妇女的娱乐活动；至高无上大神王母崇拜礼祀的主角变成了玉皇大帝；明确见于文献记载的中华最早酿酒者女性仪狄被男性化了的杜康取代了酒神地位；如此等等。这一革“性”命文化运行的结果，是社会男子中心观念合理性的进一步强化，是君权神授权威、家主与族长地位牢固的历史需要，而所有这些舞台的主角都无一例外是男性。

灶神“一家之主”地位的逐渐确定经过了一个较长的历史时间，这一时间过程约自汉代始。腊月祀灶，是这一时期厨房文化的阶段性标志之一。“此非大神所祀报大事者也，小神

---

① 郑玄注. 礼记正义·祭法第二十三：卷第四十六//（清）阮元. 十三经注疏[M]. 北京：中华书局，1980：1590.

②（清）王先谦. 庄子集解·达生第十九：卷五//国学整理社辑. 诸子集成：三[M]. 北京：中华书局，1954：118.

③（唐）段成式. 酉阳杂俎：前集卷之十四[M]. 北京：中华书局，1981：128.

④（南朝宋）范晔，（西晋）司马彪. 后汉书·阴识传：卷三十二//注引杂五行书[M]. 北京：中华书局，1965：1133.

⑤（南朝梁）宗懔. 荆楚岁时记引（东汉）许慎《五经异义》//文渊阁四库全书：第589册[M]. 台北：商务印书馆，1984：26.

居人之间”，表明史入汉代以后祀灶已成普遍的民间信仰。而所谓“司察小过作谴告者尔”，恰是灶神“一家之主”地位确定的理念依据。“灶神”由史前时代至三代时的“老妇”异变成了“一家之主”时代的男性，这是“厨房文化”历史演变阶段性的一个重要特征标志。流行至今的腊月祀灶之礼始于汉宣帝（前73—前49）在位。

灶神自史前时代起就受到民族大众极其普泛的礼拜信仰，但在这似乎永久不变的普泛崇拜表象之下，却是非常缓慢发生着的不断的文化异变。由最初的对火的崇拜，发展为火崇拜与食信仰的结合，这是远古时代至三代期的“厨房”文化演变的过程与特征。其间，随着人们对火认识与控制能力的不断深化提高，迷信恐惧心理逐渐消褪，于是火崇拜淡化而食信仰逐渐强化，“食为民天”思想所以能成为三代社会主导意识形态，正是人们食信仰逐渐强化的必然结果。食的信仰也逐渐演化为三餐果腹、得食为安的实际需要和现实理念。于是，郑玄所谓灶神“小神居人之间，司察小过作谴告者尔”的“一家之主”意义开始凸现。“门户灶三神在诸神之旁列位而祭”，灶神降至了“小神”的地位。但这一降的结果是使灶神“居人之间”，与天下百姓一日三餐、居家百事息息相关，使其神的职能更为明确具体，成了社会人生中最为现实的神之一。

按中国民俗的正统理解，灶神则是玉皇大帝派到人间各家观察记录每户人家一年期间善恶，并每年一度于年终赴天廷直接向玉皇大帝奏报该家功过的神，也就是说，灶神是玉皇大帝在民间百姓家的代表。春秋以下之于魏晋，许多著述“皆云天地有司过之神，随人所犯轻重以夺其算。算减则人贫耗疾病，屡逢忧患，算尽则人死。诸应夺算者有数百事，不可具论……”尽管天地之间“司过之神”不在少数，但天下百姓最害怕的还是灶神。因为灶神一年到头差不多360天寸步不离、双眼圆睁地盯着一家人的一言一行，是个时时处处都在冷酷监控我们的宪警工头，让我们没有任何一点隐私。玉皇大帝可以仅凭灶神一己之见的汇报就立刻实施奖罚：也就是说，玉皇大帝要根据灶神的汇报，计量每户人家成员过恶大小施以相应的惩罚：大者，一次减寿三百日，小者三天；功善大小自然也都在玉皇大帝的赏赐之内。神的赏罚都是以凡人的肉眼无法看到的，神的赏罚只以人可意会无法言传的方式于冥冥之中施行。但是，一家之主的灶神究竟怎样向决定我们命运的最高权威汇报？他讲的足够公正、客观吗？有没有误解和片面？最高权威有足够的精力和热心关注我们每一个小百姓吗？他会不会偏听偏信、疏忽误判？这样一想岂不可怕？但是小百姓太卑微了，所能做的只有老老实实不出一点过失，以尽可能避免厄运，惟有大善到底，顺从冥冥。既然监控各家各户一言一行、一举一动是灶神的特权职责，而玉皇大帝又只会听他最信任的监控员汇报，草芥之民、芸芸众生没有质疑、辩护权，也不被允许怀疑神的存在，那就只能恭敬畏从了。人们因敬畏至高无上、无所不能的玉皇大帝，也就理所当然地尊敬他的代表——自己家中的灶神——

“一家之主”“一家司命”的“灶王”“灶王爷”了。

历史上祀灶是猪、羊、鸭、鸡、鱼五供，普通百姓之家则仅以鸭、鸡、鱼三牲，甚至只供以几碗肉肴、饭食、点心而已。中世以后，无论富贵贫贱之家，祀灶的祭品中胶牙饧总是必备的。灶神还被厨行奉为祖师。中国农历的每年八月初三，厨子们都要纷纷前往“灶君庙”去拜祭，同时摆酒席宴请同行等。灶神崇拜的遗留在今日的广大乡村与城市仍然存在，作为中国“年”的要素，“灶君像”“灶糖”“灶果”等依然会热销。

第二节

祭祀与享福

“国之大事在祀与戎”①，自三代以下至近代文明以前，中国历代国家政权都将祭祀奉为第一位的国策（图2–7）。尽管随着历史文明脚步的不断前进，祭祀文化本身也在微妙地变

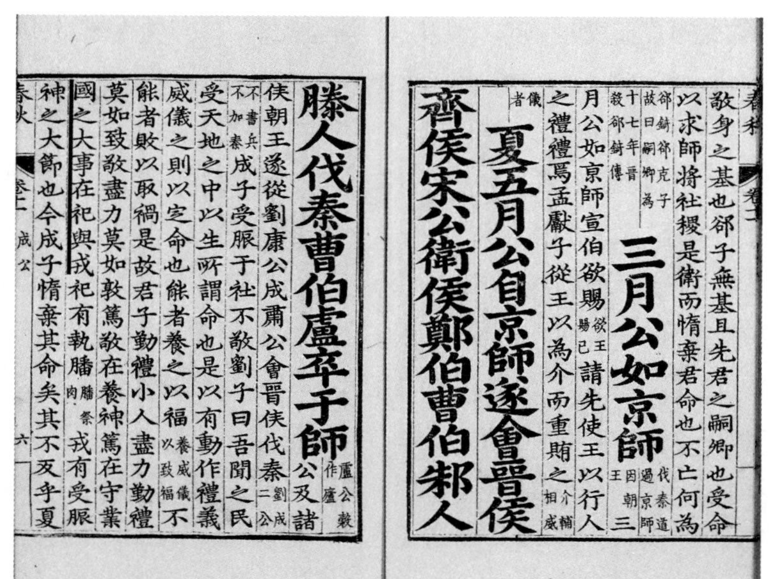
春秋 卷十

敬身之基也郤子無基且先君之嗣卿也受命
以求師將社稷是衛而惰棄君命也不亡何為
郤錡郤克子故曰嗣卿為十七年晉殺郤錡傳
三月公如京師伐秦道過京師因朝王三
月公如京師宣伯欲賜欲王賜己請先使王以行人
之禮禮焉孟獻子從王以為介而重賄之介輔相威儀者
夏五月公自京師遂會晉侯
齊侯宋公衛侯鄭伯曹伯邾人
滕人伐秦曹伯盧卒于師盧公穀作盧公及諸
侯朝王遂從劉康公成肅公會晉侯伐秦劉成二公
不書兵不加秦成子受脤于社不敬劉子曰吾聞之民
受天地之中以生所謂命也是以有動作禮義
威儀之則以定命也能者養之以福養威儀以致福不
能者敗以取禍是故君子勤禮小人盡力勤禮
莫如致敬盡力莫如敦篤敬在養神篤在守業
國之大事在祀與戎祀有執膰膰祭肉戎有受脤
神之大節也今成子惰棄其命矣其不反乎夏

春秋 卷十 成公 六

图2–7《春秋左氏传·成公十三年》书影

① 春秋左传正义·成公十三年：卷十//（清）阮元．十三经注疏[M]．北京：中华书局，1980：1911.

化，但形式与制度都在维系着。祭祀文化起源于上古时代，先民们无一例外地笃信主宰人生世事的鬼神的存在，他们敬畏、虔奉拥有神奇力量而又神秘的鬼神，畏惧鬼神的惩罚，希冀并祈求鬼神的福佑。“上古是人与鬼神呼应共存的时代”。食物丰足、族群繁衍是先民的最大祈愿，于是虔诚敬奉，贡献各种牺牲美食，然后再心满意足地郑重分享得到了鬼神恩顾福泽的食物。

一、献祭与享福

献祭给鬼神的食物自然要人尽其力、物尽其美：“祭者，荐其时也，荐其敬也，荐其美也，非享味也。”[①]即准时守节、出自诚心、充满敬意地将精心制作的美食献给鬼神。这样制出的祭祀之食，必然是非常洁净的。但是，“美”是没有固定标准的，可视献祭者条件而定，所以孔子赞赏大禹“菲饮食而致孝乎鬼神”[②]的模范榜样，主张“虽蔬食菜羹瓜祭必齐如也。”[③]

祭祀，在献祭者看来，是一桩收益大于投入的举措：既取悦了鬼神、获得无限放大的心理满足与期待，又可以尽欢饱餐享受。用于祭祀的最好食料和食物就是牛、羊、猪、犬、鹿等畜兽的肉，它们被称为“胙”。《说文·肉部》：“胙，祭福肉也。”取悦鬼神的目的达到了，祭祀之食转而成了鬼神的赐福，献祭者吃这些食物是享受鬼神的赐福与佑福。

“鬼”是先人的魂，敬祀鬼即是生时尽孝的继续。从远古一路下来的祭祀文化，其基本载体就是食品制作规制与宴飨仪礼，“夫礼之初，始诸饮食”，“礼”是规范制度，而这里的“饮食”就是祭祀饮食，而非日常饮食[④]。中华的筵席制度，就是从远古祭祀饮食仪礼逐渐发展下来的。上古祭祀宴飨——尽管初期不可避免的粗糙简陋，但已具严肃寓意、严格规法，主飨鬼神后及自飨；世禄贵族筵——夏、商、周三代的世袭贵族宴飨，世禄身份严格，飨鬼神仪式而重在自飨。秦（前221—前206）以下至近代的权贵精英宴飨，自飨而与宴者身份、教养要求严格。近代以下的公众宴飨，自飨，有条件者皆可与宴。中华传统宴会文化循序渐进的各个历史阶段，无疑是祭祀宴飨的流续，尽管鬼神色彩与祭祀痕迹渐趋淡薄，而宴飨的隆重、郑重和仪礼严肃、规范严格确是一脉相承的文化特征。世袭爵孔子嫡传长孙家的“衍

① 春秋谷梁注疏·成公十七年：卷十四//（清）阮元. 十三经注疏[M]. 北京：中华书局，1980：2423.

② 论语注疏·泰伯第八：卷第八//（清）阮元. 十三经注疏[M]. 北京：中华书局，1980：2488.

③ 论语注疏·乡党第十：卷第十//（清）阮元. 十三经注疏[M]. 北京：中华书局，1980：2495.

④ 礼记正义·礼运第九：卷二十一//（清）阮元. 十三经注疏[M]. 北京：中华书局，1980：1415.

圣公府祭祀筵”可谓中华宴飨文化的标本，流行于明清两代的筵式模式，都可以在现存的《衍圣公府档案》中找到记录[①]。

二、生育与性欲

中国历史上几乎全部官、私史书都讳言床帷桑间之事，都无一例外地宣扬“男女授受不亲”[②]的正统观念并严格规范世人的行为。同样，饮食之事若是超越了“礼”允许的范围内就会遭到谴责。于是，文字记录留给后世的表象就是主媒体沾沾自喜挂在嘴上的“泱泱大国”“文明之邦”。而事实上，恰恰就是在“人之大欲存焉”的“饮食、男女”二事上，至少在世界近代史以前，中国人无论在经验总结、技巧探索、意念思想、理论寻究的任何一方面几乎都居于世界的前列，而这一切都是行为实践的结果（图2-8）。权贵内控的“春宫”图画不计其数，秘而不宣的技巧书无虑数十百种，当然这一切都在道貌岸然的帷幕之后。明代中叶以后坊间文学性描写的肆滥和当代中国的性钱交、性权交、“二奶现象”的各种性滥滋蔓，都与美酒、美食活动结缘甚深。

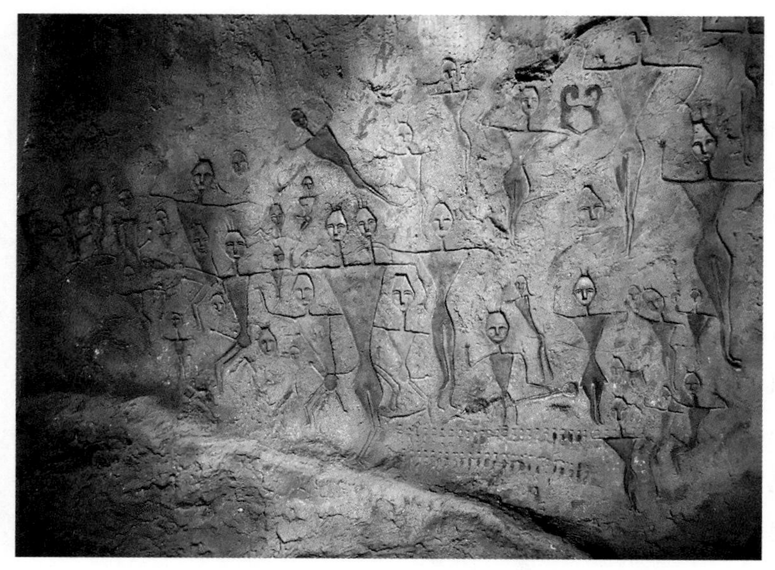

图2-8　新疆呼图壁生殖崇拜岩画，笔者摄

---

① 赵荣光.《衍圣公府档案》食事研究.［M］. 济南：山东画报出版社，2007：119—164.

② 孟子注疏·离娄章句上：卷七（下）//（清）阮元. 十三经注疏[M]. 北京：中华书局，1980：2722.

“食”和“色”二者，在中国人——无论是古代还是当代，都不是并行不悖的，不唯章台、秦淮本身就是“食”“色”二者的紧密融汇发酵地，寻常的酒会宴阵也往往与色难舍难割。这就首先要讲到酒。俗语说“酒是色媒人”，酒往往引发性事，饮酒往往是性行为的前导。人类最初对酒的认知与早期使用，主要是为了献祭沟通鬼神的灵媒作用。而发酵事务伊始并且相当长时间里无疑问地只能由女性来承担，则与原始生殖崇拜、女性生理崇拜紧密相关。正是由于生殖崇拜导致的妇女月经、乳汁迷信与劳动社会分工等原因，才决定了史前社会中华酿酒事务均由女性承担。夏（前2070—前1600）禹同时代的仪狄是中华文明史上最早见于文字记载的署名酿酒师，应当是已经生育过的女人。妇女垄断人类早期酿酒活动这一事象，这种清一色和严格的“性”别限定，只能从“性”中去寻求破解。《周礼》记载周天子王廷建置与各种职司，其中凡有关发酵的具体事务均由女性承担（图2–9），各项职司合计女（有一定独立身份的女性）141人、奚（女性奴隶）640人、奄（男性去势）33人，总共814人①。汉代以后，在封建王道与儒教主体文化外的少数民族社会还长时间保留着这种从远古时代流传下来的女性酒食事传统。1954年四川彭县出土的东汉酿酒作坊画像砖上还有似为女性搅拌酒糟的图像，那应当是汉代文化工作者尚未彻底完成的从文化领域清理女性历史影响的遗存。上古祭祀，献祭必备丰盛酒，酒既是女性所造，故献祭酒也就寓意献祭女性。成熟女性的两种特殊体液都有性的寓意：红色的月经是女子成熟的标志，是求媾的信号，是献

在家曰畜畜獸異矣而言獸牛馬者但此職云主治牛馬未必治其野獸而以牛馬為獸者對文則畜獸異散文通故爾雅又云兩足而羽謂之禽四足而毛謂之獸既不別釋畜則獸中可以兼牛馬是其牛馬亦有畜稱故云獸牛馬也

酒正中士四人下士八人府二人史八人胥八人徒八十人注酒正酒官之長疏酒正至十人。釋曰案其職云掌酒之政令以式灋授酒材與膳食相將故在此。注酒正酒官之長。釋曰此酒正與下酒人漿人為長注雖不言漿文略也

酒人奄十人女酒三十人奚三百人注奄精氣閉藏者今謂之宦人月令仲冬其器閎以奄女酒女奴曉酒者古者從坐男女沒入縣官為奴其少才知以為奚今之侍史官婢或曰奚宦女。奄於檢反劉於驗反徐於劒反奚如字又胡兮反坐才卧反疏酒人至百人。釋曰奄十人以其與女酒及奚同職故用奄人奄不稱士則此奄亦府史之類以奄為異也言女酒三十人則女酒與奚為什長若胥徒也奚三百人以其造酒人故須人多也。注奄精至宦女。釋曰案月令冬三月皆云其氣閉以奄獨引仲冬者以其十一月一陽初生以其奄人雖精氣閉藏猶少有精氣故也又云女酒女奴曉酒者云云鄭依秋官司厲從坐男女沒入縣官為奴則奴者男女同名以其曉解作酒有才智則曰女酒其少有才智給使者則曰奚已下云曉者謂曉解當職之物不復重釋也侍史官婢與漢法言之又云或曰宦女者漢時有此別號按左氏晉惠公之女名妾為宦女謂宦事秦公子亦云宦女也

图2–9 《周礼·天官·酒人》书影

① 赵荣光. 关于中国酒文化研究值得注意的几个问题.（2003东京·第五届国际酒文化学术研讨会论文）//赵荣光. 中国饮食文化研究[M]. 香港：东方美食出版社，2003：468—472.

祭的条件限制；白色的乳汁则是交媾繁衍后的结果。“酒”与“色”伊始就渊源紧密，在中国历史文献中“酒色”一词频频，世俗生活中则寓意象征与寓意明确。祭祀狂欢中，人皆饮酒。人既被酒则鬼神活灵现，臆想驱使人进入希冀梦幻的场景。祭祀所祈求者，一为食料生产，一为人口生产。食料生产是预期的和周期的，人口生产则是随时与即时的，祭祀之后的性事应当是仪式性行为郑重而普遍实行的。

酒在中国古代被认为是一种医治百病的灵药，“医”字的繁体——“醫”，下边的“酉”字，就是酒坛子的象形。历来本草、医案，无不著列阐释酒的药用，列为一类药品，并佐无数方剂。而除了“治百病”的功能外，酒还有“少饮则和血行气，壮神御寒，消愁遣兴”的作用。北宋哲学家、易学家邵雍（1011—1077）认为应当“美酒饮教微醉后，好花看到半开时。这般意思难名状，只恐人间都未知。”[①]这个“微醉”或“微醺”是耐人寻味的。酒助色胆，色借酒兴。酒有刺激作用这是毋庸置疑的。酒中的乙醇会直接刺激大脑、小脑，刺激脑垂体，从而引起雄性、雌性荷尔蒙的分泌。物极必反，等到雄性、雌性荷尔蒙达到足够量时，人的大脑就会进入半麻痹的“酒乱性”状态。这时的“酒乱性”所起到的是意念萌动、欲望冲动作用，此即“酒是色媒人”的本意。历史上，男人性欲的满足，除了家中的妻妾——有条件者往往“三妻四妾”“妻妾成群”，还会有青楼买欢、娈童相公等多种延伸与补充。历史上的乐坊伎、营妓、艺伎侑酒助兴，宋代的女乐售酒，总之酒与色、性的形影相随微妙关系，可谓说不清、道不明，剪不断、理还乱。美中考古学家联合进行的研究发现，中国古人在8600年前就已经能用稻米、蜂蜜、水果等原料酿酒了[②]。酒的发明，或曰饮酒文化的起源，与酒的功用——个人的生理功用与社会的心理功用有关，从远古的造人，直到现代的性欲，酒都深深介入其中助兴——助性。

---

① （北宋）邵雍．击壤集：卷十（安乐窝中吟）//文渊阁四库全书：第1101册[M]．台北:商务印书馆，1984:80.

② Patrick E. McGovern, Juzhong Zhang, Jigen Tang, Zhiqing Zhang, Gretchen R. Hall, Robert A. Moreau, Alberto Nuñez, Eric D. Butrym, Michael P. Richards, Chen-shan Wang, Guangsheng Cheng, Zhijun Zhao, and Changsui Wang. 2004 Dec 21. “Fermented beverages of pre- and proto-historic China”, *Proceedings of the National Academy of Sciences of the United States of America*, 101(51): 17593—17598.

第三节

壮阳与求子之食

性愉悦的追求，助性的需要，导致了中国传统而始终强烈的“壮阳”文化。壮阳文化固然有人类文化的普泛性，但久远、深厚、强烈如中国者可谓鲜见。孔子曾经感慨地说：“已矣乎！吾未见好德如好色者也！”[①]中国俗语说：“胆大包天”，色胆最大，故“色胆包天”；又说：“酒壮英雄胆”，其实更多的倒是“酒壮色胆”。男子中心社会，一向重男轻女。强壮男人性能力并渴望诞育男孩儿，也是“食”“色”二者牢固情缘。

一、壮阳观念

美国名厨、著名美食评论家Anthony Bourdain曾考察过世界上许多国家的美食，他很感慨自己在越南的经历：“用性来形容对食物的感受，对许多美食作家而言很自然……除了性隐喻，那真还没其他法子。”他调侃地说：“我在世界各地喝喝吃吃……我绘声绘色地写下这些放荡的食色性，用来激起读者最原始的欲望和妒忌。”[②]“我开始思考亚洲肯定有许多阴茎机能不良的人。只能这样解释了。几乎所有你能想到的东西都被研究过是否具有潜在的壮阳功能。如果侍者或朋友鼓励你把几周前还未想过要吃的东西放入嘴里，原因可能就是他们相信这会‘使你强壮’。在芹苴的迈康的饭店里用餐，你会非常担心自己的阴茎。侍者迎接我们，并自豪地引着我们游览公园，这是饭前必须做的功课……笼子里的动物就是供选择的菜单。这里的每种动物都可以用来做菜上桌。我一看到马来棕熊就顿时失去了胃口。这里有蛇、蝙蝠、蜥蜴、鳄鱼、鹤，一条8千克的巨蟒，猴子和狗。……公园中央建着可爱的小别墅，中国商人带着情人来此度周末。他们来吃的是大多数美国人只在《探索》频道里看到过的动物。我猜想在宰杀和烧吃之前，他们还要在旁边吸吸动物的气味。整个过程是——我只

① 论语注疏·卫灵公第十五：卷十五//（清）阮元. 十三经注疏[M]. 北京：中华书局，1980：2517.

② [美]安东尼·伯尔顿著，蔡宸亦译. 再赴美食之旅[M]. 北京：生活·读书·新知三联书店，2013：74—75.

能假设一下——迅速办好住宿手续，火速回到别墅，拼命努力着试图让阴茎勃起。”①

亚洲人，尤其是中国人“壮阳”理念牢固，食物、药物壮阳希求强烈。食物壮阳所以为许多中国人深信或乐信，是因为它集中了中国人的猎奇、炫耀、福口、性兴奋的多种希冀心理于一体。食物成分对正常吸收人体的一般意义营养、保健功用之外，“壮阳”作用究竟有多少，应当是现代人体与医科学回答的问题。至于前此的经验主义与形而上的中华本草、医疗、养生、保健知识与认识，实际上并不能真正解释壮阳食物的成分、功用与机理。事实上，中国历史上的壮阳食物知识，在相当程度上并不是严格的经验，准确来说更多的是语焉不详的情愿、意愿、执念。于是，在“吃什么补什么”理念驱使下，许多象形物、象征物便隐喻其中广被开发。各种兽畜的阳物是中国传统的壮阳食物首选：各种动物与牲畜的阴茎——“鞭”，鹿（继而是狎、獐、狍等鹿科）鞭、牛（黄牛、乌牛、水牛等）鞭、驴鞭，虎鞭、虎卵（二者很难得），猫科猛兽的鞭、山獭阴茎，“牡狗阴茎：伤中阴痿，令强热生子。”“白马茎：益丈夫阴气。阴干者末，和苁蓉蜜丸，空腹酒下四十丸，日再，百日见效。”②白马阴茎与灵猫阴、羊肾、羊肉、狗肉、腽肭脐“和苁蓉丸服，百日见效。”③（图2-10）

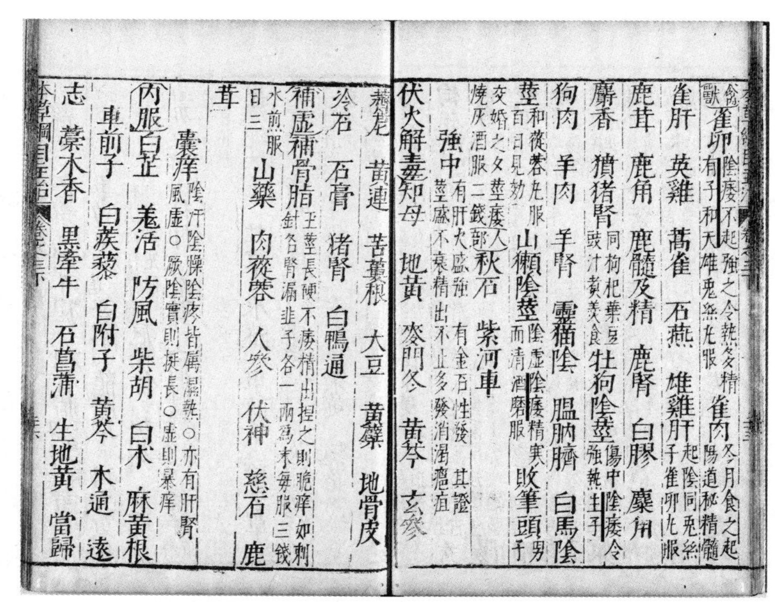
本草綱目主治 卷三下
禽獸 雀卵 陰痿不起強之令熱多精有子和天雄兔絲丸服 雀肉 冬月食之起陽道秘精髓
雀肝 英雞 鵲雀 石燕 雄雞肝 起陰同兔絲子雀卵丸服
鹿茸 鹿角 鹿髓及精 鹿腎 白膠 麋角
麝香 豶猪腎 同枸杞葉豆豉汁煮羹食 牡狗陰莖 傷中陰痿令強熱生子
狗肉 羊肉 羊腎 靈貓陰 膃肭臍 白馬陰
莖 和蓯蓉丸服百日見効 山獺陰莖 陰虛陰痿精寒而清酒磨服 敗筆頭 男子
交婚之夕莖痿燒灰酒服二錢 人部 秋石 紫河車
強中 有肝火盛強莖盛不衰精出不止 有金石性發多發消渴癰疽 其證
伏火解毒 知母 地黃 麥門冬 黃芩 玄參
薺苨 黃連 苦薏根 大豆 黃蘗 地骨皮
冷石 石膏 猪腎 白鴨通
補虛 補骨脂 玉莖長硬不痿精出捏之則脆痒如刺同韭子各一兩為末每服三錢水煎服日三 山藥 肉蓯蓉 人參 伏神 慈石 鹿
茸
囊痒 陰汗陰臊陰疼皆屬濕熱○亦有肝腎風虛○厥陰實則挺長○虛則暴痒
內服 白芷 羌活 防風 柴胡 白朮 麻黃根
車前子 白蒺藜 白附子 黃芩 木通 遠
志 藁木香 黑牽牛 石菖蒲 生地黃 當歸

图2-10《本草纲目·阴痿》书影

---

① [美]安东尼·伯尔顿著．王建华，等，译．厨师之旅——寻觅世上最完美的饮食[M]．北京：生活·读书·新知三联书店，2004：160—161.

②（唐）孟诜著．食疗本草[M]．郑金生，张同君译注．上海：上海古籍出版社，1992：189.

③（明）李时珍．本草纲目：主治第三卷“阴痿”[M]．北京：人民卫生出版社，1982：236.

卵，羊卵、牛卵，动物（家畜、野兽、禽鸟）肾脏，麻雀、海参、海马、蛤蚧、蟒、蛇、泥鳅，难以一一罗列。当然，狗肉、羊肉、动物内脏、鸡蛋、生蚝等海鲜、牛奶亦在不可忽略的选择之内。很多植物也被认为具有壮阳作用：韭菜、姜、胡萝卜、黑豆、黑米、菠菜、海带、枸杞、地黄、党参、苁蓉、香蕉、杏仁等。它们被时下中国人称为“天然伟哥”，服用者往往说“管事”“有作用”，究竟作用如何，大概也只是“诚则灵”的心理感觉成分更多。

二、求子之食

在中国人传统的潜意识里，一切“壮阳”的食物都有促孕的效果，但有些食物则具有更明确的性选择促孕功能。前引的雄性畜兽生殖器——阴茎与睾丸，就被认为具有既壮阳又能促孕男的功能。禽类中，麻雀则被理解是促孕男孩儿的最有效食物。民俗，麻“雀卵：阴痿不起，强之令热，多精有子，和天雄、菟丝丸服。”“雀肉：冬月食之，起阳道，秘精髓。”男人的外生殖器，在历史上被习称为“鸟”，又俗称为diǎo，与“屌”字同音、同义，明代小说《水浒传》中就经常用此。“鸡”，今日，人们口语表达仍将男孩的外生殖器谑称为“鸡鸡”或“小鸡鸡”。

李时珍（1518—1593）《本草纲目》主治“阴痿”症状诸多药材名目及其功用，石斛“并强阴益精”；车前子“男子伤中。养肺强阴，益精生子。”丝瓜汁“阴茎挺长。”菊花上水“益色壮阳。”甘草“益肾气内伤，令人阴不痿。”肉苁蓉“茎中寒热痛痒，强阴，益精气，多子。男子绝阳不生，女子绝阴不产，壮阳，日御过倍，同羊肉煮粥食之。”锁阳“益精血……功同苁蓉。”列当“兴阳，浸酒服。”何首乌“坚阳道，令人有子。”远志、巴戟天“益精强志，坚阳道，利丈夫。”仙茅“丈夫虚劳，老人无子，益阳道，房事不倦。”淫羊藿“阴痿茎中痛，丈夫绝阳无子，女人绝阴无子，老人昏耄，煮酒饮。”蓬蘽“益精长阴，令人坚强有子。”覆盆子“强阴健阳，男子精虚阴痿，浸酒为末，日服三钱，能令坚长。”蛇床子“主阴痿，久服令人有子”。五味子“强阴，益男子精，壮水镇阳，为末酒服，尽一斤，可御十女。”补骨脂“兴阳事”。艾子、木莲、韭、薤“壮阳”。山茱萸“兴阳道，坚阴茎。”硇砂“大益阳事”。雄蚕蛾“益精气，强阴道，交接不倦。”[①]

希冀奇异之食以求意外效果的思想，应当萌生于原始采集阶段早期人类对自然与食材的

---

①（明）李时珍．本草纲目：主治第三卷“阴痿”[M]．北京：人民卫生出版社，1982：236—237.

神秘幻想，至少在纪元前就已经成为很兴盛流行的大众社会意识，先秦方术之士的广泛受人尊重即是力证。一直以来，这种观念深入民心，广为流传，若陶弘景（456—536）就认为：老虎鼻子“悬户上，令生男。”[①]总之，传统的潜意识里，“壮阳”观念深深地影响了中国人的食材选择与兴趣爱好，形成了中国人特有的食文化思维。

---

①（明）李时珍. 本草纲目：“兽部”第五十一卷“虎”[M]. 北京：人民卫生出版社，1982：2822.

第三章

诚敬与隆重：人生仪礼中的宴飨庆娱

人生仪礼，是指人的一生中，在不同的生活和年龄阶段所举行的不同的仪式和礼节。在人生仪礼活动中逐渐形成了一系列饮食习俗。现代人往往将这一切认知为人生行为结果的欢乐庆娱，而在历史上，尤其是史前时代，先民们的思维逻辑似乎正好与现代人相反。他们认为，正是由于自己的笃诚执着，有了理念与信仰的坚持，才导致了造物与主宰于冥冥中的眷顾，“夫礼之初，始诸饮食”，不仅仅是视觉的时间顺序结果，更是事象前的原因，即“饮食蕴藉礼”，故“饮食”行为展示礼。也正因为如此，饮食行为，尤其是公众聚餐，就一向被视为具有严肃的政治意味，因此其操作运行被刻意理想化、艺术化、制度化。

尽管有中国历史上一直有“杀身成仁”①“舍生取义”②的士君子与仁人志士的生命价值观，而且它们也一直被官方媒体揄扬倡导，甚至也成为许多人公众语境下的交流语言。但事实上，还有另一种确实普遍和更有力的存在，那就是俗语所说：“好死不如赖活着。”没有生命，何谈生活？活着是最重要的；既然活着，食与色，两桩最重要的事就不能不做，尤其是在它们还有趣味诱惑的时候。而它们确实有诱惑，当一个人被食或色两者中的任何一项抑制不住的欲望鼓动、冲动，并且被痛苦地折磨着的时候，食欲铤险、色胆包天的行动就可能随时发生。中国古老的俗语说：“饿了吃糠甜如蜜”；时俚云：“当兵三年，见了母猪赛貂蝉。”于是，这原始的动物性本能，便披着各种文化的外衣“斯文”或不那么斯文地被心安理得、冠冕堂皇地一再演绎出来，并且获得了“传统”的自信和“风俗”的被尊重。

第一节 诞生食礼

诞生仪礼是开端之礼，婴儿的降生预示着血缘有所继承，因此父母及整个家族都十分重视，并由此形成了有关婴儿诞生的一些特别选料、特意制作、特征食用、特殊寓意的食俗。

① 论语注疏·卫灵公第十五：卷十五//（清）阮元．十三经注疏[M]．北京：中华书局，1980：2517.

② 孟子注疏·告子章句上：卷第十一（下）//（清）阮元．十三经注疏[M]．北京：中华书局，1980：2752.

诞生食俗的元初，则在既孕之后、未生之前，甚至更早在未孕之前、预孕之际。诞生仪礼不仅是生命的被尊重，更重要的是新生命创造过程中创造者内心的郑重与成功的庄重，于是诞生礼被演绎得尽可能的隆重，而这一切新生命几乎毫无意识——尽管不是毫无意义。当新生命被作为某种神圣理念的创造成果——而不仅仅是性欲的后果——被接受时，庄重与隆重的仪式便理所当然、顺理成章。

一、求子食俗

求子食俗，直白地说，就是为了生儿子的目的而选择性地吃食物，这很显然是男性中心宗法社会夫家的思想与意愿，其源头可以追溯到史前氏族社会。所以说中国自古以来就有求子习俗，并不过分。早期人类最初是向自然神灵求子，后来人们是向神佛求子，如孔子降生前其母颜征在祀求尼山之灵，如唐以后的祭拜观音菩萨（图3-1）、碧霞仙君、百花神等。人们祈求神佛赐以子女（主要是求儿子），一朝受孕，即用三牲福礼祭祀。有的是用某种食品或食物求子，如红鸡蛋、南瓜、莴苣、子母芋头、枣、栗子、花生、桂圆、莲子、石榴、葫芦等食物常作为求子之用。有些地区还有意不将食物煮熟，以示“生”。如满族人的新婚之夜，新娘要吃煮得半生不熟的“子孙饽饽”——有2000年以上历史的汉族传统食品饺子，当闹新房的人们问新娘饽饽“生不生”时，新娘自然会脱口说“生”。在山东滕州，有些老太太盼望早抱孙子，便在除夕之夜煮一个溏心鸡蛋给媳妇吃，讨媳妇口中吐一个“生”字。生熟的“生”与生产的“生”同音、同形而不同义，然而此时、此景则新娘应口、众人会心，寓吉达意，皆大欢喜。有的用某种物品求子，如筷子、泥娃娃（如惠山阿福）、灯笼、砖等。如苏北淮安一带民间有在元宵节至二月初二“龙抬头”节期间，给老年无子或成婚多年而不生育者送纸糊红灯笼或淮安城东门外麒麟桥头烧砖之俗，受者要以酒筵款待，将来若真得子，还要重礼相谢[①]。

图3-1　清初檀木雕送子观音坐像，美国大都会艺术博物馆收藏

① （民国）胡朴安．中华风俗志：下篇卷三[M]．上海：上海文艺出版社，1988：887—888.

二、孕妇食忌

妇人怀孕，民间俗称“有喜”，被认为是家庭中的一件大事，从此全家人，尤其是亲长，满怀祈盼与谨慎，这祈盼与谨慎首先就表现在孕妇饮食选择上。一般家庭，都强调给孕妇增加营养，俗话说，孕妇是“两个人在吃饭”。一些地区忌食部分食物，如认为孕妇不可吃兔肉，以免胎儿破相，生豁唇；不可吃生姜，以免胎儿生六个指头；有些地区不许孕妇吃狗肉、骆驼肉、葡萄等。有的根据孕妇的饮食嗜好判断生男与生女，民间有“酸儿辣女”之说。当然，许多饮食禁忌并无科学根据。中国更有注重胎教的优良传统，如要求孕妇行正坐端，不生杂秽之念，不动气，不出秽语，接触一切美好的事物，有条件的家庭还会令人于孕妇起居坐卧之处诵读诗书、陈以礼乐，以期对胎儿施加影响。怀孕待产期间的平和饮食，包括孕妇的进食仪态也在规范礼教之中。

三、诞后食俗

妇女生育之后，随着婴儿的呱呱坠地，一系列的诞生礼仪便正式开始了。这些礼仪大都含有为孩子祝福的意义。民间流行的生育礼仪最常见的有“三朝”“满月”和“抓周”等，产妇的饮食也有一番讲究。孩子出生后，女婿要到岳父母家“报喜”。因地域不同，具体作法稍异。如湖北通城家贫者用樽酒、月廷肉，家庭富裕者用猪羊报知产妇母家。浙江地区报喜时，生男孩另用红纸包毛笔一支，女孩则另加手帕一条。也有分别送公鸡或母鸡的。有的地方则带伞去岳父家，伞置中堂桌上为生男，置于大门背后为育女。陕西渭南一带则带酒一壶，上拴红绳为生男，拴红绸则为生女。安徽淮北地区女婿去岳家时，要带煮熟的红鸡蛋，生男，蛋为单数；生女，蛋为双数。

婴儿诞生之后，产妇的娘家则要送红鸡蛋、十全果、粥米等。送粥米也称送祝米、送米、送汤米。礼品中多有米，故名。有的还要送红糖、母鸡、挂面、婴儿衣被等。婴儿出生三天，要“洗三朝”。洗三朝也称三朝、洗三。是日，家人采集槐枝、艾叶、草药煮水，并请有经验的接生婆为婴儿洗身，唱祝词（图3–2）。洗毕，以姜片、艾团擦关节，用葱打三下，取聪明伶俐之意。在浙江，民间浴儿时，还配以草药炙婴儿肚脐；在山东，产儿家要煮面送邻里，谓之“喜面”；在安徽江淮地区，则要向邻里分送红鸡蛋；在湖南蓝山，要用糯糟或油茶招待客人。此俗起源甚早，唐代即已盛行。而最为隆重的则是婴儿出生三日的“汤饼筵”，又作“汤饼宴”“汤饼会”。“三朝洗儿，曰汤饼之会；周岁试周，曰晬盘之期。”①诞儿之家，设筵招待亲友，主食就是“汤饼”——麦面条。刘禹锡（772—842）有诗形象地描绘了唐代三朝汤饼宴的习俗和汤饼宴上吃面条的方法：“尔生始悬弧，我作座上宾。引箸举汤饼，祝辞天麒麟。”②生儿举行汤饼宴，请贺客吃面条，是有特别讲究的：面要和揉到最佳状态，面条线要韧劲、柔滑、均匀、绵长，寓意新生儿健康成长、祝福前途辉煌。历史上，由于人们大多营养不佳且医疗卫生水平较低，又早婚、多育，导致婴儿死亡率很高。因此，历史上的三朝汤饼宴与时下仍然普遍流行的生日庆贺“长寿面”寓意是相通的，都是祈盼、祝福长寿的吉祥寓意。出席汤饼宴的贺客，面对主人敬奉的一碗精制的面条，要满怀喜悦与感谢之情，郑重、规范地持箸，谨慎而牢牢地夹住一缕面条，然后动作斯文有致地在正前方高高举起，直至手臂——当然是右手臂——高至极限，然后精准缓移近至面前，同时面部顺应略昂，下颌微右移，嘴巴适度张开，面线底端对准缓缓落入，进食者可以略吸气进、咀嚼品赏，但不宜邻人闻声。显然，这种“引箸举汤饼”的宴会重要的不是美味——当然一定要美味——的一碗面，而在于庆娱祈福的仪式，在于进食者吃相的美姿仪。

图3-2　洗三习俗，李滨声绘

婴儿降生一个月称为“满月”。一般人家这天要“做满月”，或称“过满月”，置办“满月酒”，也称“弥月酒”。主家宴请宾客，亲友们要送贺礼，并给婴儿理发，俗称“剃头”。

婴儿出生满一年，称周岁。有“抓周”，或称“试晬（zuì）”“试儿”之俗。这是一种预测周岁幼儿性情、志趣或未来前途的民间仪式。一般在桌子上放些纸、笔、书、算盘、食物、钗环和纸做的生产工具等，任其抓取以占卜未来。或以盘盒盛抓周物品，其盘则谓“晬盘”。抓周时亲朋要带贺礼前往观看、祝福，主人家必具酒治馔招待。此俗至迟于北齐时即已形成。如北齐颜之推云：“江南风俗，儿生一期（即一周岁），为制新衣，盥浴装饰，男则用弓矢纸笔，女则刀尺针缕，并加饮食之物及珍宝服玩，置之儿前，观其发意所

①（明）陈登吉原本，（清）邹圣脉增补．幼学琼林：卷二//喻岳衡主编．传统蒙学书集成[M]．长沙：岳麓书社，1996：276.

②（唐）刘禹锡．送张盥赴举诗并引//（清）彭定求等辑．全唐诗：卷三百五十四[M]．北京：中华书局，1960：3970.

取，以验贪廉愚智，名之为试儿。”[①]此一风俗在宋代以下历代笔记及文学类文献中多有类似记述。

第二节 成年礼食俗

一、成年礼义

成年礼，或“成丁礼”，始于人类的远古氏族社会时代，主要基于对人口与丁力的重视。氏族中一般会有未成年者可以不参加生产、狩猎活动、不参加战争等习惯性规定，氏族负有哺育和保护的责任。而待他们到了成年，氏族则要用各种方式，通过严肃甚至神秘的仪式以确定他们获得氏族正式成员的资格。中国古代的“冠礼”——成年礼，应是对远古成丁礼的承续。周代实行以嫡长子继承制为核心的宗法制度，一般的士人如果没有行冠礼，也不得担任重要官职。《礼记·冠义》说：“凡人之所以为人者，礼义也。礼义之始，在于正容体，齐颜色，顺辞令。容体正、颜色齐、辞令顺而后礼义备，以正君臣，亲父子，和长幼。君臣正、父子亲、长幼和，而后礼义立。故冠而后服备，服备而后容体正、颜色齐、辞令顺。故曰：冠者礼之始也。”[②]冠礼具有现时代“公民权”的法律意义，权益、责任、义务同时产生。

二、成年礼仪

成年礼有严格庄重而繁复的仪式，等级制时代的权贵家族，尤其是权力代际继承人的成年礼仪。周代贵族冠礼分为五加冠、四加冠、三加冠不同身份等级，最低等级“士”（仅

① （北齐）颜之推．颜氏家训·风操第六：卷第二[M]．长春：吉林文史出版社，1998：104.

② 礼记正义·冠义第四十三：卷第六十一//（清）阮元．十三经注疏[M]．北京：中华书局，1980：1679.

高于平民）的成年礼实行三加冠，“古者冠礼：筮日、筮宾，所以敬冠事；敬冠事所以重礼，重礼所以为国本也。故冠于阼，以著代也。醮于客位，三加弥尊，加有成也。已冠而字之，成人之道也。见于母，母拜之；见于兄弟，兄弟拜之；成人而与为礼也。玄冠玄端，奠摰于君，遂以摰见于乡大夫、乡先生，以成人见也。成人之者，将责成人礼焉也。责成人礼焉者，将责为人子、为人弟、为人臣、为人少者之礼行焉。将责四者之行于人，其礼可不重与?”[①]冠礼是关系到血缘家族的传承和发展的大事，例在家庙郑重举行：“重冠行之于庙，行之于庙者，所以尊重事。尊重事，而不敢擅重事；不敢擅重事，所以自卑而尊先祖也。”[②]以祖先的名义行礼，向先祖郑重禀告——也自然是在列祖列宗的审查与监视下完成仪式，男子成人，可以承担起延续香火、再造子嗣、光耀门庭的家门与族群的责任了。将冠者之父作为冠礼的主人礼服在祢（父亲的）庙门前占筮加冠吉日，吉期确定后，将冠者之父作为冠礼的主人行“戒宾”程序：提前三天礼请相关人等，邀请他们届时前来观礼。出席观礼者身份、声望自然重要，要尽可能多邀来社会名流，不仅为了声势、观瞻，更重要的是意在社会接纳。“戒宾”程序之后是“筮宾”：主人再次通过占筮从允邀的观礼者中择一位德高望重之人担任加冠的正宾，并提前一日亲往正宾府上郑重邀请。正宾之外还要特邀一位“赞者”作为其助手协助成礼。行冠礼全部仪式都是郑重而隆重的：正宾依次将缁布冠（一块黑布）、皮弁（白色鹿皮缝制而成）、爵弁（赤而微红）等三种冠加于将冠者之首。

三、成年礼食仪

三加冠礼毕，是醴冠者仪式仪程繁琐，要之：冠者“筵于户西，南面。赞者洗于房中，侧酌醴，加柶覆之面叶。宾揖冠者就筵，筵西南面。宾受醴于户东，加柶面枋，筵前北面。冠者筵西拜受觶，宾东面答拜。荐脯醢。冠者即筵坐，左执觶，右祭脯醢。以柶祭醴三，兴。筵末坐啐醴。建柶兴。降，筵坐，奠觶拜。执觶兴。宾答拜。冠者奠觶于荐东，降，筵北面坐，取脯，降自西阶，适东壁，北面见于母。母拜，受子拜，送母，又拜。宾降，直西序，东面。主人降，复初位。冠者立于西阶东南面，宾字之，冠者对。宾出，主人送于庙门外。请醴宾，宾礼辞，许。宾就次，冠者见于兄弟，兄弟再拜，冠者答拜。见赞者，西面拜，亦如之。入见姑姊，如见母。……”[③]（图3–3）仪礼过程中，正宾向冠者敬醴酒，并致

---

① 礼记正义·冠义第四十三：卷第六十一//（清）阮元．十三经注疏[M]．北京：中华书局，1980：1679—1680.

② 礼记正义·冠义第四十三：卷第六十一//（清）阮元．十三经注疏[M]．北京：中华书局，1980：1680.

③ 仪礼注疏·士冠礼：卷二//（清）阮元．十三经注疏[M]．北京：中华书局，1980：952—953.

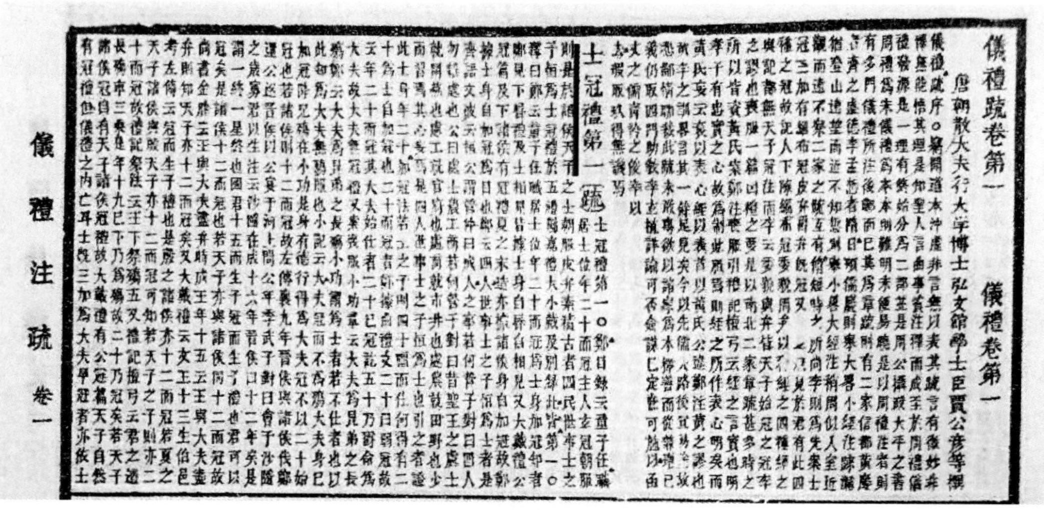
儀禮疏卷第一

唐朝散大夫行大學博士弘文館學士臣賈公彥等撰

儀禮卷第一

士冠禮第一

儀禮注疏 卷一

图3-3 《仪礼·士冠礼》书影

祝辞："甘美的醴酒醇厚，上好的脯醢（hǎi，酱）芳香。请下拜受觯（zhì，饮酒器），祭献脯醢和醴酒，以奠定你的福祥。承受那上天的美福，长寿之年犹不忘怀。"冠者按照规定的礼节饮酒，然后起身离席，为冠礼圆满完成而拜谢正宾，正宾答拜还礼。冠礼完毕，冠者要拜见有关的尊长。先从西阶下堂，折而东行，出庭院的东墙，面朝北，拜见在这里等候的母亲，并献上干肉，以表敬意。母亲拜受后准备离去，冠者拜送，母亲又拜。这一过程中，作为儿子的冠者只对母亲拜一次，而母亲却拜了两次，这是上古时代妇人对成年男子的拜法，称为"侠拜"。冠者又去见站在堂下的亲戚。亲戚向冠者行再拜之礼，冠者答拜还礼。然后出庙门、进寝门，去见姑姑和姐姐，仪节与见母亲一样。冠者拜见母亲、兄弟等，是表示在家中从此以成人之礼相见，所以《冠义》说："见于母，母拜之；见于兄弟，兄弟拜之；成人而与为礼也。"冠者拜会尊长完毕，主人用醴酒酬谢正宾，用的是一献之礼。所谓"一献之礼"，包括献、酢、酬，即主人先向宾敬酒（献），宾用酒回敬主人（酢），主人先自饮、然后斟酒再敬主人（酬）。为了表示对正宾的感谢，主人以五匹帛和两张鹿皮相赠。冠礼至此结束，正宾告辞，主人送到门外，再拜，并派人将盛有牲肉的礼俎送到正宾的家中。就文字记载而言，自周而下，男子的冠礼和女子的笄礼不断演变更易，宋代司马光的《书仪》、朱熹的《朱子家礼》均有过仪式厘定，其基本精神与原则仍在。先秦冠礼仪式中的食物、规制、礼仪分别是："……乃醴宾以壹献之礼。主人酬宾，束帛俪皮。赞者皆与，赞冠者为介。宾出，主人送于外门外。再拜。归宾俎。"① "若不醴，则醮用酒。尊于房户之间，两甒

① 仪礼注疏·士冠礼：卷二//（清）阮元. 十三经注疏[M]. 北京：中华书局，1980：953.

有禁，玄酒在西。加勺南枋。洗有篚，在西。南顺。始加，醮用脯醢。宾降，取爵于篚。辞，降如初。卒洗，升酌。冠者拜受，宾答拜如初。冠者升筵坐，左执爵，右祭脯醢，祭酒。兴，筵末坐啐酒。降筵拜，宾答拜。冠者奠爵于荐东，立于筵西。彻荐爵，筵尊不彻。加皮弁如初仪。再醮摄酒。其他皆如初。加爵弁如初仪。三醮，有干肉，折俎哜之，其他如初。北面取脯见于母。若杀，则特豚载合升。离肺实于鼎设扃鼏。始醮，如初。再醮，两豆、葵菹、蠃醢、两笾栗脯。三醮，摄酒如再醮，加俎哜之，皆如初哜肺。卒醮，取笾脯以降，如初。……"[①]食物诸如：醴、酒、玄酒、脯、醢、干肉、特豚、离肺、两豆、葵菹、蠃醢、栗脯；器具则爵、俎、豆、笾、鼎、鼏（mì，有盖的鼎）、勺、觯、篚，以及筵等。其中酒精饮料是最具象征意义的，醴——麦芽汁甜酒、酒——曲酿酒、玄酒——清水都不可或缺。当然不能没有肉，"酒肉"总是紧密连在一起的，庄重严肃的场合则尤其是如此。宾的冠礼祷词是寓意深刻的：

始加，宾祝曰："令月吉日，始加元服。弃尔幼志，顺尔成德，寿考惟祺，介尔景福。"再加曰："吉月令辰，乃申尔服，敬尔威仪，淑慎尔德，眉寿万年，永受胡福。"三加曰："以岁之正，以月之令，咸加尔服。兄弟具在，以成厥德。黄耇无疆，受天之庆。"醴辞曰："甘醴惟厚，嘉荐令芳。拜受祭之，以定尔祥。承天之休，寿考不忘。"醮辞曰："旨酒既清，嘉荐亶时，始加元服。兄弟具来，孝友时格，永乃保之。"再醮曰："旨酒既湑，嘉荐伊脯。乃申尔服，礼仪有序。祭此嘉爵，承天之祜。"三醮曰："旨酒令芳，笾豆有楚，咸加尔服，肴升折俎，承天之庆，受福无疆。"字辞曰："礼仪既备，令月吉日，昭告尔字。爰字孔嘉，髦士攸宜。宜之于假，永受保之。曰伯某甫、仲、叔、季，唯其所当。"郑玄注曰："酌而无酬酢曰醮，醴亦当为礼。"[②]孔颖达疏云："受爵者饮而尽之，又不反相酬酢，直醮尽而已，故称醮也。"[③]醴既指甜酒，亦通"礼"，这里只是受贺者仅仅举爵沾唇示意而非真饮；醮则是受贺者自饮干而不回敬。受贺者在仪式中有了名以外的表字，字是男子成年并被社会接纳的标志，社交往来，人呼表字而非"直呼其名"是敬重礼貌的表现。中国历史上流行早婚，所谓"早娶媳妇早得子"，"早生儿子早得继"。因此，许多情况下都是冠礼、婚礼同时举行。

由于整个社会高度重视成年礼——男子的冠礼与女子的笄礼，因而形成了中国历史悠久、传统牢固、程仪庄重繁琐的成年礼文化。男子中心社会更重视的是男子的冠礼，冠礼的施行，不仅仅是成人标志的仪式过程，重要的是通过这一过程实现了当事人与社会双方在伦

---

① 仪礼注疏·士冠礼：卷三//（清）阮元．十三经注疏[M]．北京：中华书局，1980：956—957.

② 仪礼注疏·士冠礼：卷三//（清）阮元．十三经注疏[M]．北京：中华书局，1980：957.

③ 礼记正义·昏义第四十四：卷六十一//（清）阮元．十三经注疏[M]．北京：中华书局，1980：1680.

理与法理双重意义上的责任与义务明确。当事人担当意识与行为责任，社会的接纳与约束，同时明确。

酒在中华传统冠礼仪式中的意义是独特而不可替代的，其最初的寓意功能，无疑就是灵媒，具有沟通人与鬼或神对流信息路径类似人世间门钥、护照作用的道具。所以，冠礼仪式中的当事人受“醴”是恭敬惕惕地接受，象征性沾唇；而“醮”则是郑重饮尽，意味着承诺与担当。笔者数十年来在许许多多讲课与演讲场合都不遗余力地倡导恢复“中华成年礼”，中华成年礼或曰“成人礼”，理当重新建构、认真实行。重新建构实行的中华成人礼程仪，无疑不应让酒缺位。不过，中华成年礼程仪中的酒，应当严格明确为玄酒、醴酒、黄酒三种。所以如此限定，寓意根据为：玄酒，中国古代祭祀中的清水，“玄酒，谓水也。以其色黑，谓之玄。而太古无酒，此水当酒所用，故谓之玄酒。”[①]上古溪、泉、湖、川，绝少污染，捧饮、瓯盛之水绝为清冽，本无色臭，“以其色黑”是古人远望之的色感。玄酒的寓意，水是生命的孕育、生存的依赖，水在酒先，水为酒体，在于警告本源、本质、本色、本份。醴，《说文・酉部》：“醴，就一宿熟也。”是微微有酒味而又略有甜味的酒。汉代学者解释：“醴者，以蘖与黍相体，不以曲也，浊而甜耳。”[②]醴，是炎黄先祖发明最早的酒（麦芽为之），是中华酒的始祖，醴寓意孕育转化，在于昭示担当、责任、承续、发展。黄酒是真正意义的“国酒”，始于黄河流域以黍米为原料的酿造酒，因原料上好黍米色泽灿黄，酒液色亦如之，故名。后凡曲酿造酒（非蒸馏工艺）泛称“黄酒”，尽管原料与酒体未必黄色。“黄酒”是后来的称谓，古代最重要而珍贵的酒，祭祀时称为“事酒”——冬酿春成的新酒。周王廷设重要的职官“酒正”管理其事，《周礼・天官・酒正》：“辨三酒之物，一曰事酒，二曰昔酒，三曰清酒。”“事酒，有事而饮也。”对于古人来说，人生、家庭、家族或社会最大的事就是祭祀。“事酒，冬酿春成”，及时备用。黄酒的寓意，在于策励修养持重、创造建树、光前裕后。毫无疑问，历史上成年礼程仪的陈冗繁琐不可取，但成年礼的庄重仪式是必要的，其积极细节寓意的程仪也应与时俱进地演变。“宾”的角色既不可虚位，亦不可滥竽，入选者必是饱学鸿儒、德行人望，三冠祷辞亦必须煌煌经典、大气浩然，绝不可阿时趋炎、意识敷衍。中世以后，中华成年礼，随着封建专制政权精英集团与日益庞大庶民族群的疏离加大，冠笄礼的庄重性在下层社会是逐渐淡化的趋势，以至到近现代几近乎全社会的逸失冷漠。

中华成年礼应当重构，最终会被重构。因为是中国社会大众的心底祈盼，是人类历史文

① 孔颖达疏．礼记正义・礼运第九：卷二十一//（清）阮元．十三经注疏[M]．北京：中华书局，1980：1416.

② 吕氏春秋・重己：卷第一//国学整理社．诸子集成：六[M]．高诱注．北京：中华书局，1954：7.

明运行的大势所趋。毫无疑问，这是民族心灵化育陶冶的天字号大事，言传身教、旁观比照、潜移默化固是其一般规律，而作为社会文化建设工程则离不开各种社会力量协调支撑。因此，中华成年礼应当并且只能是立足于人类文明、民族传统、社会责任、人格修为这样4个基点。20世纪末以来，有些中心城市的中学校，当学生满16周岁时，学校行政管理者会为他们举行成人礼（仪式）大会，并将家长们请去参加。届时，学生代表讲话，宣读相关成人内容的优秀作文，学生成人宣誓。但总体来说，时下各自为政试行阶段的成人礼欠缺组织与仪式的严肃性、科学性、规范性。

第三节

婚礼食仪

婚礼，是人生仪礼中的又一大礼，历来都受到个人、家庭和社会的高度重视。神圣性和永恒性，是中国古代很早便已形成的婚义观念。婚礼，在近现代，基本是一对结连理男、女双方当事人的事儿，而在古代中国则不然。在中国古代，婚礼首先是当婚男、待嫁女父母的事，所谓“父母之命，媒妁之言”，当事人的男、女根本没有或基本没有自主权，只能“听之任之”。既婚之后，男方或有“七出”再选择，而女方则只能是“嫁鸡随鸡，嫁狗随狗，嫁了木头抱着走。”“木头”是夫主的灵牌，订婚后未嫁而名分之夫死，若仍履行婚约则只能是“嫁了木头抱着走”了。婚姻是父母包办的家庭的事，表面上“合二姓之好”的婚礼，是旨在男方“上以事宗庙，而下以继后世也，故君子重之。是以昏（婚）礼，纳采、问名、纳吉、纳征、请期，皆主人筵几于庙，而拜迎于门外。入，揖让而升，听命于庙，所以敬慎重正昏礼也……敬慎重正，而后亲之，礼之大体。而所以成男女之别，而立夫妇之义也。男女有别，而后夫妇有义，夫妇有义，而后父子有亲，父子有亲，而后君臣有正，故曰，昏礼者，礼之本也。”①

---

① 礼记正义·昏义第四十四：卷第六十一//（清）阮元．十三经注疏[M]．北京：中华书局，1980：1680—1681.

一、聘礼食规

华人传统婚姻有必须遵行的六种仪礼程序：纳采、问名、纳吉、纳征、请期、亲迎，“新人进门”“拜堂”后象征性完成，此即所谓“六礼”。最早的六礼形成于周代，历代都有变更。

纳采就是发动婚议，男家请媒人到女家说明来意，征求女方家长意向。若女方认为所提的男方堪称“门当户对”，尚合“东床之选”时，则开具女子的年庚八字，交媒人持返男家合算。问名相当于近代“订婚”，要互换庚帖。主要仪式是双方交换正式年庚，除写明男女生辰八字外，更详注各方三代及主婚人姓名、荣衔、里居等。纳吉在古时为卜吉，后演变成“小聘”。小聘是指男家致送女家的订婚礼物，一般为女子所用的衣饰，如簪珥指环之类，或附以衣服布帛，及小量财礼。纳征即“纳币”“下财”“聘礼”，是男家依照订婚时所议定的财帛、礼饼、衣服、布帛、首饰等物，按原议数量在迎娶之前数日，盛饰仪仗送到女家。请期是男家决定某月某日迎娶时，将吉日预告女家。亲迎是新郎躬率鼓乐仪仗彩舆，迎娶新娘以归。在整个婚礼过程中，纳采、问名、纳吉、请期、亲迎皆用雁，只有纳征用玄纁（xūn熏）。“……用雁者，取其随时南北，不失其节，明不夺女子之时也，又取飞成行、止成列也，明嫁娶之礼，长幼有序，不逾越也。”[①]可见，雁在古代婚礼中的重要地位。这也同时反映射猎经济所占社会生活的比重和生态结构的状况。

近代婚礼一般从下聘礼开始，到新娘三天回门结束。历代聘礼有所不同。自先秦至东汉聘物多至三十种。史载，“后汉之俗，聘礼三十物，以玄纁、羊、雁、清酒、白酒、粳米、稷米、蒲、苇、卷柏、嘉禾、长命缕、胶、漆、五色丝、合欢铃、金钱、禄得、香草、凤凰、舍利兽、鸳鸯、受福兽、鱼、鹿、乌、九子蒲、阳燧钻，凡二十八物；又有丹为五色之荣，青为东方之始，共三十物，皆有俗仪。”[②]聘礼所选各物均有其义，有的取其吉祥，以寓祝颂之意，如羊、禄得、香草、鹿等；有的取各物的特质，以象征

嫁娶 男子幼娶必冠女子幼嫁必笄禮曰女子許嫁笄
而字御覽百十八
謹案是書據書目答問注有聚珍本福本字樣香濤
尙書既富收藏又復博覽其謂爲聚珍有此自必己
曾經眼特閩刻實向無此種則所稱福本或出於一
時誤記耳茲故據以補刻因取鄂中崇文書局本覆
板惟鄂刻所據似即程榮漢魏叢書本故書中譌脫
不勝枚舉業經刻成無可改補乃從杭州丁氏借得
明刻傅鑰楊祜兩本對勘一過同異寥寥續借到盧
氏抱經堂本精刻精校非諸本所能及爰屬沈司馬

图3-4 《白虎通义·嫁娶》书影

①（东汉）班固．白虎通义·嫁娶：卷下[M]．北京：中华书局，1985：253.

②（清）陆凤藻．小知录·礼制篇：卷六[M]．上海：上海古籍出版社，1991：180.

夫妇好合，如胶、漆、合欢铃、鸳鸯、凤凰（以鸡代）等；有的取各物的优点、美德，以资勉励，如蒲、苇、卷柏、舍利兽、受福兽、乌、鱼、雁、九子归等。至南北朝、隋唐，聘礼品种已大为减少，仅剩九种，但其中有两种与后汉时不同。唐人释当时纳采礼物说："有合欢、嘉禾、阿胶、九子蒲、朱苇、双石、棉絮、长命缕、干漆，九事皆有词：胶漆取其固，棉絮取其调柔，蒲苇为心可屈可伸也，嘉禾分福也，双石义在两固也。"[①]唐代以后，茶也列为重要礼物之一。用茶作聘礼，是因为人们习惯认为："凡种茶树必丁子，移植则不复生，故俗聘妇必以茶为礼，义固有所取也。"[②]由此看来，行聘用茶，并非取其经济的或实用的价值，而是暗寓婚约一经缔结，便铁定不移，绝无反悔，这是男家对女家的希望，也是女家应尽的义务。故聘礼称"下茶"，而称订婚之礼为"茶礼"；女子受聘，则谓之"吃茶"，已经受过人家的"茶礼"，便有信守不渝的义务。聘礼中，一般还有鸡、鱼、肉、酒、鹅、羊、衣帛首饰、酒钱等。女家受礼后则要设筵款待客人。

二、合卺礼俗

当代中国世俗婚礼流行新婚夫妇饮"交杯酒"风习，此习系由古代"合卺（jǐn）"之礼演变而来，意为新人自此已结永好。所谓"合卺"，是指新婚夫妇在新房内共饮合欢酒，古人曾对合卺下定义说："合卺，破匏（páo）为之，以线连柄端，其制一同匏爵。"[③]可见，合卺并非交杯，而是指破匏为二，合之则成一器，故名合卺。一匏瓜剖分为二，用以象征夫妇虽然分为二形，实则源本一体。破瓠而又以线连柄，则寓意由婚礼将两人复合一体，因此分之则为二，合之则为一（图3-5）。新人用破匏作饮器一同进酒的原因，清人解释说："匏苦不可食，用之以饮，喻夫妇当同辛苦也；匏，八音之一，笙竽用之，

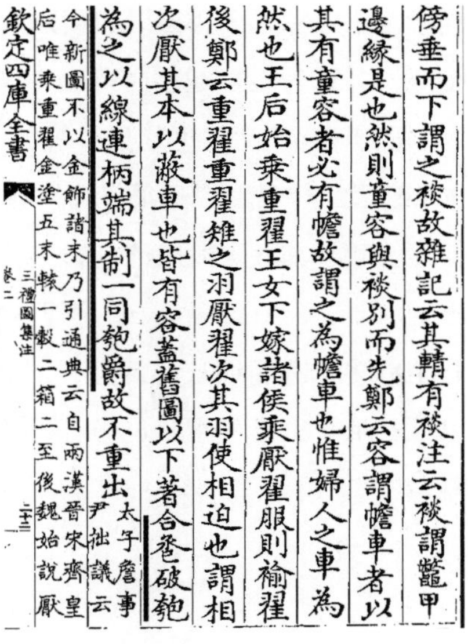

傍垂而下謂之裧故雜記云其輤有裧注云裧謂鼈甲
邊緣是也然則童容與裧別而先鄭云容謂幨車者以
其有童容者必有幨故謂之為幨車也惟婦人之車為
然也王后始乘重翟王女下嫁諸侯乘厭翟服則褕翟
後鄭云重翟重翟雉之羽厭翟次其羽使相迫也謂相
次厭其本以蔽車也皆有容蓋舊圖以下著合巹破匏
為之以線連柄端其制一同匏爵故不重出太子詹事尹拙議云
今新圖不以金飾諸末乃引通典云自兩漢晉宋齊皇后唯乘重翟金塗五末轅一轂二箱二至後魏始說厭
欽定四庫全書 卷二 三禮圖集注 二十三

图3-5 《三礼图·合卺》书影

---

①（唐）段成式. 酉阳杂俎：卷一[M]. 北京：中华书局，1981：8.

②（明）陈耀文. 天中记：卷四十四//文渊阁四库全书：第967[M]. 台北：商务印书馆，1984：145.

③（五代宋之际）聂崇义. 三礼图集注：卷二//文渊阁四库全书：第129册[M]. 台北：商务印书馆，1984：31.

喻音韵调和，即如琴瑟之好合也。”[①]匏既然“苦不可食”，拿来盛酒，而酒也当会变成苦酒，确有提示新婚夫归应当同甘共苦的意思。“合”，不单有合成一体之意，而且也提示既为夫妻，就该如琴瑟之好合（图3–6）。合卺改名“交杯酒”，到宋代已成通行的名词，所用的是普通的酒杯，不是破匏为二的匏爵，新婚夫妇在新房相对互饮，改名“交杯酒”，只是借其好合之意而已，与古礼本义已有相当差距。

图3–6　明代子刚款玉合卺杯，北京故宫博物院藏

三、撒帐果寓意

新娘进洞房后有“撒帐”习俗。文献记载：“李夫人初至，帝（汉武帝）迎入帐中共坐，欢饮之后，预戒宫人遥撒五色同心花果，帝与夫人以衣裾盛之，云得果多，得子多也。”[②]“撒帐”习俗盛行民间，一般是新娘从娘家带来很多花生、栗子、枣子、桂圆、瓜子、橘子等，俗称“子孙果”，而由牵娘把这些果子取出放在床上，故称“撒帐”，儿童们争先抢夺，并认为抢得越多越好。中国传统社会是以园艺式农业为基础的宗法制社会，人们以为“多子多福”“早生儿早得济”，早婚早育成为传统。婚礼中使用花生、栗子、枣子、桂圆等以及“中秋节”送瓜等均体现了人们的这种心态。人们利用这些食物的名称谐音或生物特性等赋予其一定的感情色彩、象征意义，并把自己美好的愿望寄托于斯。如栗子寓立子；枣子、栗子合用寓早立子；枣子、栗子、桂圆合用寓早生贵子；花生寓既生男也生女；瓜因有结籽多、藤蔓绵长的特点，加之《诗经·大雅·绵》中有“绵绵瓜瓞”的诗句，后人多以瓜、瓜子寓世代绵长，子孙万代；因橘与“吉”字音相近，民间谐音取义，以橘喻吉祥嘉瑞。

---

①（清）张梦元．原起汇抄//申士垚，傅美琳．中国风俗大辞典[M]．北京：中国和平出版社，1991：73.

②（清）陈元龙．格致镜原：卷五十三“帷帐”//文渊阁四库全书：第1032册[M]．台北：商务印书馆，1984：94.

第四节

寿仪食礼

一、“五福一曰寿”：长寿祈盼

希冀长寿，是人类普遍的追求，《尚书》云：“五福，一曰寿，二曰富，三曰康宁，四曰攸好德，五曰考终命。”孔颖达疏文：“五福者，谓人蒙福佑有五事也。‘一曰寿’年得长也，‘二曰富’家丰财货也，‘三曰康宁’无疾病也，‘四曰攸好德’性所好者美德也，‘五曰考终命’成终长短之命不横夭也。”①（图3-7）美好人生的五大指标中的第一项、第五项都是关于寿命的，可谓华人的人生观自远祖以来自始至终关心追求的都是长寿，长寿被视为美满人生的至高理想。而且长寿还被认为是“修”来的“善有善报”的人生结果，是人生“懿德”的证明。尽管，俗语有“好人不长寿，坏（歹）人活不够”之说。华人对长寿的理解，可以从庄子对深山中弃伐大木现象的哲学思考得到很好诠释：“庄子行于山中，见大木枝叶盛茂，伐木者止其旁而不取也。问其故，曰‘无所可用’。庄子曰：‘此木以不材得终其天年。’”②活着总是好的，这就是常人的理解。因此，人们一直在思考人寿能多长和怎样更长寿的问题。屈原就为此苦苦思索，企图获得人“受寿永多”的答案，并且希望在饮食中发现秘密③。中华传统文化虽然认为“生死有命”，但并不是消极的宿命主义，同时也怀着“事在人为”的积极人生态度。那就是“上天佑德”“善有善报”，认为人的长寿是可以通过好的修养与行为获得的。但是，人究竟能

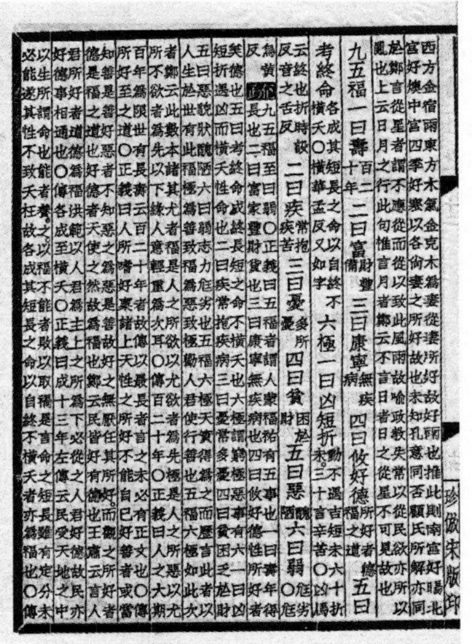
九五福一曰壽 二曰富 三曰康寧 四曰攸好德 五曰
考終命
六極一曰凶短折 二曰疾 三曰憂 四曰貧 五曰惡 六曰弱

图3-7 《尚书·洪范》书影

① 尚书正义·洪范：卷第十二//（清）阮元. 十三经注疏[M]. 北京：中华书局，1980：193.

② 庄子集解·山木第二十：卷五//（民国）国学整理社辑. 诸子集成：三[M]. 北京：中华书局，1954：121.

③（战国）屈原. 天问. //（宋）洪兴祖撰，白化文等点校. 楚辞补注[M]. 北京：中华书局，1983：116.

活到多大年龄？根据只能是实证与科研，见于文献记载的历史“实证”未必都很准确，而科研则基本是近代以来的事，古人则只能是想象与臆测。

人们都渴望自己能活到生命的自然终止——“考终命”，也就是“颐养天年”。“天年”是“上寿”的极限，那么，“天年”究竟是多少？《左传·僖公三十二年》载：“尔何知？中寿，尔墓之木拱矣。”唐·孔颖达疏文引《正义》云：“上寿百二十岁，中寿百，下寿八十。”①汉·孔安国《传》亦引《正义》注《尚书·洪范》“五福：一曰寿”云“百二十年。”唐·孔颖达疏文同。但先秦文献记载，亦有不同说法：《庄子》：“人上寿百岁，中寿八十，下寿六十。”②《吕氏春秋》：“人之寿久之不过百，中寿不过六十。”③《素问》记黄帝与岐伯对话，黄帝发问：“余闻上古之人，春秋皆度百岁，而动作不衰。今时之人，年半百而动作皆衰者，时世异耶？人将失之耶？”岐伯回答：“上古之人，其知道者，法于阴阳，和于术数，食饮有节，起居有常，不妄作劳，故能形与神俱，而尽终其天年，度百岁乃去。今时之人不然也，以酒为浆，以妄为常，醉以入房，以欲竭其精，以耗散其真，不知持满，不时御神，务快其心，逆于生乐，起居无节，故半百而衰也。”④黄帝与岐伯的对话，审其认识、思想、语词、文风，可知内容系杜撰，而文化信息当在春秋以下至汉，其要在言及“天年”“百岁”“食饮有节”。历代学人概算其数，认为“百岁”当是常人难登人生的上寿，所谓“百岁者，天年之概。”⑤因此有俗语“百年以后”喻指死亡。于是，中华传统文化对长寿的希冀、生命的珍惜，便有许多寿数的雅驯美称，如“花甲”：六十岁，中华传统以天干和地支相互配合纪年，六十年周轮一回，谓之“一花甲”，亦称一个甲子。“喜寿”：七十七岁，因“喜”字的草书近似竖写的“七十七”故称。“米寿”：八十八岁，因“米”字拆开来可视为数字“八十八”，故称。“白寿”：九十九岁，因“白”字系“百”字缺“一”而雅称。“茶寿”：一百零八岁，因茶字的草字头即双“十”，相加即“二十”，中间的“人”分开即为“八”；底部的“木”即“十”和“八”，相加即“十八”；中底部连在一起构成“八十八”，再加上字头的“二十”，共凑成总数“一百零八”。

---

① 春秋左传正义·僖公三十二年：卷十七//（清）阮元．十三经注疏[M]．北京：中华书局，1980：1832.

② 庄子集解·盗跖第二十九：卷八//（民国）国学整理社辑．诸子集成：三[M]．北京：中华书局，1954：198.

③ 吕氏春秋·孟冬纪第十·安死//（民国）国学整理社辑．诸子集成：六[M]．北京：中华书局，1954：98.

④ 周凤梧，张灿玾编．黄帝内经·素问语释：卷第一[M]．济南：山东科学技术出版社，1985：1.

⑤（明）张介宾．类经·卷一·摄生类一：注//文渊阁四库全书：第776册[M]．台北：商务印书馆，1984：5.

二、祝寿：寿庆的期盼

图3-8 晚清《麻姑献寿图》波兰华沙国家博物馆藏

“祝寿”，也称“做寿”，通常指为老年人举办庆寿的活动。一般从50岁开始，也有从40岁开始的，每10年做一次。民间为年满60岁、80岁及其以上的长辈举行的诞生日庆贺礼仪称为“做大寿”。而为年龄在50岁以下的人举行的诞生日庆贺礼仪，一般称为“做生日”。10岁、20岁时多由父母主持做生日，30岁、40岁一般既不做生日，也不做寿。50岁开始的做寿活动，一般人家均邀亲友来贺，礼品有寿桃、寿联、寿幛、寿面等，并要饮寿酒，大办筵席庆贺。做寿一般逢十，但也有逢九、逢一的。如江浙一些地区，凡老人生日逢九的那年，都提前做寿。九为阳数，且九之后又归○，故民间以九为吉祥数。届时寿翁接受小辈叩拜。中午吃寿面，晚上亲友聚宴。席散后，主人向亲友赠寿桃，并加赠饭碗一对，名为“寿碗”，俗谓受赠者可沾老寿星之福，有延年添寿之兆。做寿要用寿面、寿桃、寿糕、寿酒。面条绵长，寿日吃面条，表示延年益寿。寿面一般长1米，每束须百根以上，盘成塔形，罩以红绿镂纸拉花，作为寿礼敬献寿星，必备双份，祝寿时置于寿案之上。寿宴中，必以捞面为主。寿桃一般用米面粉制成，也有的用鲜桃，由家人置备或亲友馈赠。庆寿时，陈于寿案上，9桃相叠为一盘，3盘并列。寿桃之说，起源很早。相传“东方有树，高五十丈，叶长八尺，名曰桃。其子径三尺二寸，小核味和，和核羹食之，令人益寿。”[①]神话中，西王母做寿，在瑶池设蟠桃会招待群仙，因而后世祝寿均用桃（图3-8）。蒸制的寿桃，必用色将桃嘴染红。寿糕多用面粉、糖及食用色素制成，做成寿桃形，或饰以云卷、吉语等祝寿图案。因“酒”与“久”谐音，故祝寿必用酒。酒的品种因地而异，常为桂花酒、竹叶青、人参酒等。寿宴菜品多合“九”“八”之数，如“九九寿席”“八仙菜”。除上述面点外，还有白果、松子、红枣汤等。菜名讲究，如“八仙过海”“三星聚会”“福如东海”“白云青松”。八仙菜并无固定成例，因地因人而异，但均有象征寓意。

① （西汉）东方朔．神异经//文渊阁四库全书：第1042册[M]．台北：商务印书馆，1984：267.

第五节

丧仪食礼

一、“魂兮归来”：人生的最后慰藉

丧葬仪礼，是人生最后一项“通过仪礼”，或谓最后一项“脱离仪式”。丧礼，民间俗称“送终”“办丧事”等，古代视其为“凶礼”之一（图3-9）。对于享受天年、寿终正寝的人去世，民间则称“白喜事”——意既丧家可以不甚过分哀伤表示。

图3-9　祭奠，《清代宫廷民间生活图典》(第八册)，成都：巴蜀书社1998，85页

二、事死如事生："孝"的隆重表达

居丧之家，家人的饮食多有一些礼制加以约束，还有一些斋戒要求。到清代，早期的一些严格的斋戒礼仪虽渐至简约，但许多遇丧之家的饮食生活仍有一些特殊要求，茹斋蔬食的大有人在。而吊丧的宾客往往较少受限制，丧席中不仅有肉，有的还有酒。民间遇丧后要讣告亲友，而亲友则须携香楮、联幛、酒肉等前往吊丧，丧家均要设筵席招待客人。各地丧席有一定的差异。整个席面郑重而不热烈，主人尽待客之道，而客人则应"食于有丧者之侧未尝饱"[①]。

关于居丧期间丧家的饮食，不同时期不同地区也有所差异。清代湖北安陆民间居丧的情况是：

> 古者父母之丧，既殡食粥，齐衰，疏食水饮，不食菜果。既虞卒哭，疏食水饮，不食菜果。期而小祥，食菜果。又期而大祥，食醢酱。中月而禫（dàn），禫而饮醴酒。始饮酒者，先饮醴酒；始食肉者，先食干肉。古人居丧，无敢公然食肉饮酒者。[②]

这段引文讲述了古代人居父母之丧所通守的仪礼，及清代士大夫居丧不守丧礼的情况。这段话的意思是：古人居父母之丧，已经殡葬只食粥（在居丧的头三天，严格的连粥都不吃），在齐衰期（居丧的头一年），只食疏饮水，不食菜果，甚至不食或很少食盐。既葬而祭亡者应哀哭，只食疏饮水，不食菜果。服丧一年后可以食菜果，服丧二周年后可以食鱼、肉做的酱。除服后可以饮甜酒。开始饮酒，先饮浓度不高的甜酒；开始食肉，先食干肉。古人居丧，没有敢公然食肉饮酒的。

关于禫的含义，《仪礼·士虞礼》云："中月而禫"。"禫"即丧家除服的祭礼。汉代郑玄以二十五月为大祥（居父母丧二周年的祭礼），二十七月而禫，二十八月而作乐。王肃以二十五月为大祥，其月为禫，二十六月而作乐。晋代用王肃议，历朝用郑玄议，宋以后民间大祥后称禫，即除服。居丧饮食的变化，丧礼的"沦丧"，一般、首先和主要发生在中上层社会。包括士大夫在内的中上层社会成员的不守丧礼、饮酒、食肉行为，一方面是因为他们具有较好的经济条件，饮酒食肉已成为日常的饮食习惯，突然要他们极力克制自己，在较长的居丧时期内不吃荤而茹斋，是不太容易做到的，破斋吃荤也就成了必然。另一方面，由于

① 论语注疏·述而第七：卷第七//（清）阮元．十三经注疏[M]．北京：中华书局，1980：2482.

② 安陆县志补//丁世良，等．中国地方志民俗资料汇编·中南卷[M]．北京：书目文献出版社，1991：350.

他们有条件受到较好的教育，具有较高的文化水平和开化的思想，能率先破旧立新、倡导新风而不太固守传统。士大夫居丧时食肉饮酒，在当时看来是丧礼的沦丧，在今天看来却是很正常的事。因为死者一去不再返，如果子孙在长者生前不行孝道，人死之后苦苦食斋数载，只能是因营养不良而有害身体，于生者无益，于死者无补。在古代，相对来说下层民众居丧食斋却是比较容易做到和坚持到底的。因为普通平民因贫穷而平日很少有肉可吃，粗茶淡饭是他们日常饮食的本分，且数千年没有多大改观，所以民间居丧食斋能坚持几千年之久，而丧礼未曾“沦丧”，这恰从一个侧面反映出历史上中国社会下层人民饮食水平的低下、生活清苦的严酷史实。

三、盂兰盆祭：丧与孝的持续和延伸

人死为鬼，生—死，人—鬼，在古人理解彼此是处于同一大空间中对应转化的一体，生而孝亲，孝则顺，则事，则奉；死而敬鬼，敬则畏，则祭，则祀。奉与祀都要借助饮食。鬼节，是中国古老的习俗，并且是中国流行数千年的民俗。但是，鬼节同时获得了道教与佛教的认同与强化，在道教被称为“中元”，佛教则名为“盂兰盆节”，时间都在夏历的七月十五日。佛教在两汉之际进入中国，历经数百年的散布浸淫，从知识阶层扩衍到大众族群，终于与中华文化融合，在这个社会扎根。完成之一转化的关键节点就是佛教对中华孝文化、鬼信仰、善恶观的认同，或者说佛教文化与中华本土文化有天缘的一致性。佛教中的目连救母故事与中华孝文化本质上同一，鬼世界的观念建构彼此可以参映，中华善恶报应观与佛教的轮回理论顺应通融。盂兰盆节因此成了最具代表性的中国式的丧与孝结合延伸的饮食文化。佛教认为：“纵令从地聚珍宝上至二十八天，悉以施人，所得功德，不如供养父母一分功德也。”①孝德与孝功被推重到如此地步，使得儒对释的接纳，民对佛的亲近，也就没了基本障碍。佛经有冥间十廷的鬼蜮世界理论，经文中有佛陀要求生民向冥间十王布施的规定，声明：人死之后，后人只有向十王布施才能让死者免于生前恶行导致的刑罚而再生于天。人死后的四十九天布施七次，对象是冥间头七王，百日施第八王，周年施第九王，三年施十王。具体是：死后第一七日布施秦广王，死后第二七日布施初江王，死后第三七日布施宋帝王，死后第四七日布施五官王，死后第五七日布施阎罗王，死后第六七日布施变成王，死后第七七日布施太山王，死后百日布施平等王，死后一年布施都市王，死后三年布施五道轮转

① [美]太史文著. 中国中世纪的鬼节[M]. 侯旭东译. 上海：上海人民出版社，2016：51.

王[①]。按佛经教义的阐释，对死去父母亲人冥间刑罚免除以及对所有亡灵超度的祈愿，只能通过僧伽作为中介，僧人被认为具有这样的特异功能，能够放大生者祈愿的功德，生人直接向祖先献祭则不能通达。这些布施的结果，能保证现在的父母、七世父母及六种眷属“得出三途之苦，应时解脱，衣食自然。”因此，“供养十方大德众僧”“以百味饮食安置盂兰盆中，施十方恣僧”就成了中世纪以下中国社会的普遍性习俗。“佛敕十方众僧皆先为施主家咒愿七世父母，行禅定意然后受食。初受盆时，先安在佛塔前，众僧咒愿竟，便自受食。”[②]

中国人最恐惧“饿鬼”的故事，因为世世代代饱尝了饥饿的痛苦。因此，在佛教设定的五、八、九、十八、二十四、三十、六十四各层地狱中，最可怕和难以忍受的折磨似乎都无过于饥饿。目连的母亲青提因为生前违背了布施乞食僧人的基本原则，竟被罚在最底层的阿鼻地狱作饿鬼，被用四十九根长钉钉在铁床上。目连向阿鼻地狱主请求自己要在阿鼻地狱替母亲受罚，但狱主说个人必须承担自己行为的报应不能替代。目连向佛陀求救，佛陀也答复他“业报不可逃脱”。目连拿饭食给她的母亲，饭食立刻变成了猛火；领母亲到恒河饮水，水立刻化作脓河；只能无休止地遭受饥饿和各种刑罚。目连母亲的人间之恶就是拒绝善心的食物施舍，而这是对所有人饮食行为的考验。珍惜食物，对自己、对父母和对别人一视同仁，这是人生的最大功德。盂兰盆节事实上成了中国最重要的传统节日之一，每年的盂兰盆节，都是祭祀追荐祖先，布施佛门的隆重庆典，是丧与孝结合的食事演绎，并且其功能既关乎先人的轮回优选，也在为现实人生传播声誉，为来世累积功德。

① [美]太史文著．中国中世纪的鬼节[M]．侯旭东译．上海：上海人民出版社，2016：144.

② [美]太史文著．中国中世纪的鬼节[M]．侯旭东译．上海：上海人民出版社，2016：161.

第四章

理念与理想：中华饮食的象征意涵

食物无禁忌，食事多禁忌，是历史上餐桌旁中国人的普遍心态与习俗。食物无禁忌，是因为祖祖孙孙的累代民艰于食的严酷现实；于是，饥不择食，一切能够果腹充饥之物皆上餐桌，一部中华民族的饮食史，充满了食不宜食之物和食不能食之物的悲苦与悲惨记录，因此食物无禁忌。正是世世代代的华人——主要是在有限耕地上高密度集中的汉族群，对食物活命意义感受痛楚、充满希冀与担虑，故食事郑重谨慎，行为又多有禁忌。梳理中华饮食史的文字记录，田野经历见闻，以及笔者半个多世纪的食生活记忆，可以说，华人的食事充满了象征意涵。

第一节 食物的原料寓意

一、珍奇食材

中国有句俗语，称作“山珍海错”，那是珍贵食材的代名词，有机缘染指是幸运、“口福”，也是身份等级的标识。“曾经吃过什么（珍异食材）”，可能成为一个人终身的欣慰或炫耀资本。韦应物夸张性地描述唐帝国京师长安贵家的奢华：“山珍海错弃藩篱，烹犊炮羔如折葵。”[①]这些贵家服用器物，一切“奉生送死之具”[②]尽皆追求精美极致。吃过什么庶民大众无缘染指食物的经历是重要的，让别人知道自己曾经吃过珍奇的食物是重要的，那是等级社会“高人一等”的社会身份标识，也是当事人宿命“尊贵”的某种证明。因此，猎奇是进食者的普遍心态，于是造成悠久深厚的耽溺珍奇食材的民族文化传统，尽管它并不一定意味着才智与文明。如西晋贵戚王济以“钱千万”与晋武帝舅哥王恺的“八百里驳”奇牛赌博，“一发破的，因据胡床，叱左右速探牛心来”炙而食之[③]。清初著名文学家蒲松龄（1640—

①（唐）韦应物．长安道//全唐诗：卷十八[M]．北京：中华书局，1960：196.

②（西汉）司马迁．史记·货殖列传第六十九：卷一百二十九[M]．北京：中华书局，1959：3254.

③（唐）房玄龄，等．晋书·王济传：卷四十二[M]．北京：中华书局，1974：1206.

1715）《聊斋志异》中有《鸽异》一文，讲述鉴蓄鸽之名家邹平张公子故事。张公子因广罗珍爱异鸽以至感动鸽神以绝品二白鸽见赠，公子虽珍视呵爱而不知其异。公子有父执某公贵官，见鸽而爱，恳求。公子不得已，以“不可重拂。且不敢以常鸽应，选二白鸽，笼送之，自以千金之赠不啻也。”然“他日，见某公，颇有德色；而某殊无一申谢语。心不能忍，问：‘前禽佳否？’答云：‘亦肥美。’张惊曰：‘烹之乎？’曰：‘然。’张大惊曰：‘此非常鸽，乃俗所言‘鞑靼’者也！’某回思曰：‘味亦殊无异处。’”①此贵官非是爱鸽形态品质，而是趣在染指经历，故只在“肥美”与“味”有“无异处”间思量。虎是威武无敌象征，与外饰在座椅上的虎皮被理解为威权尊贵的道理一样，“虎卵”——雄虎的外肾被理解为具有特异功能的阳刚雄健之物，能内服之则被视为大幸运。满清帝国的玄烨（1654—1722，1661—1722在位）、弘历（1711—1799，1736—1799在位）两任祖孙皇帝一生都在例行围猎活动中射杀过许多只虎，因此也就独享这道“天赐”的战利品，不过它不被记录在“节次照常膳档”中。康熙皇帝就亲手猎杀135只虎，乾隆皇帝亦有猎虎57只的记录。

“象鼻”，亦被视为神奇之物，“烧象鼻”直到20世纪初的西南地区菜谱上还赫然标榜着奇珍名肴。1990年笔者出席第三届中国社会史会议后应云南省烹饪协会之邀在昆明市星火剧场作专题演讲，以云南版“滇菜”谱“烧象鼻”一道菜品对华人猎奇饮食心理与行业售奇习俗态度鲜明予以批判。鉴于中国大陆餐饮业界特殊消费群体的奢求和经营者的追求，珍稀动物入馔之风自20世纪中叶以来仍一直流行，20世纪80年代以后更是盛行。这种盛行之风，既有各类大小饭店的推助，更有特殊的餐饮运营实体的支撑，后者既不受一般市场因素影响，亦能相当程度上无虑其他社会因素干扰。长时间来，烹食珍稀动物恶习一直被国际舆论与华人世界良知所诟病，幸好近年来这种恶习渐成减刹之势。2001年4月18日，笔者以“泰安饮食文化论坛评委会主任”的身份起草、提议，并由本人于中国五岳独尊的泰山极顶向中餐业界和国际社会宣布了《珍爱自然：拒烹濒危动植物宣言》，该文件以《泰山宣言》的名义为世人传颂。《泰山宣言》的要点是“三拒”：餐饮企业拒绝经营、厨师拒绝烹饪、消费者拒绝食用②。理念提出、思想宣传、文件起草、宣读者皆为笔者本人③。同时按我的意见发起了“百万厨师签名‘三拒’”迎接北京奥运会的“绿色大使”活动，随后又邀请野生动物保护协会介

---

①（清）蒲松龄. 聊斋志异：卷六：鸽异[M]. 上海：上海古籍出版社，2010：274.

② 赵荣光. 我是怎样提出“三拒”倡议的？//餐桌的记忆：赵荣光食学论文集[M]. 昆明：云南人民出版社，2011：85.

③《泰山宣言》宣布的前一日，当笔者前一日在组委会议上提出这一建议时，与会者始则皆默然，论坛支持者厨师L明确异议：“赵先生，不经营珍稀动物我们拿什么卖钱？厨师要靠这个出名，老板要靠这个营利，这个不行！”我随即回答：“不理解也要执行，慢慢理解吧！记住：跟了我以前你再努力也不过是‘做事儿’，以后才是‘做事业’！”笔者的强势说明得到了一致认可。

图4-1 笔者演讲中回忆《泰山宣言》，2017年上海“米其林”食想大会主旨演讲

入，并深度媒体宣传（图4-1）。应当承认，至少从“神农尝百草”的文字记录以下，华人自古以来就有什么都敢吃的经历，这其中不乏勇气、智慧、经验、知识，但这是“饿出来的”历史与扭曲的创造，既不足以作讴歌式的全面肯定，更不宜今日不加分析的张扬与承续。自《神农本草经》以下的历代“本草”书都极尽能事地记录各种具有某种特异“药性”的奇异可食之材，它们都是华人既往“吃”的经验积淀与憧憬想象。知道自己祖先“吃”文化的过去是必要的，检讨现时代族群的饮食思想行为是必须的，因为这一切都关乎我们的未来。

二、重要食材

中国还有句百姓口口相传的俚语俗谚，称作“百菜不如白菜”。“百菜不如白菜”，不是说白菜就真的好到何种程度，不意味着白菜具有如何丰富的营养、美好的口味。不是这样，它的真正寓意是：广大平民百姓事实上没有可能选择其他更美味、更珍贵的蔬菜，白菜实在是百姓还勉强能够消费得起的大宗品种。可以说，白菜就是普通老百姓的菜，是上天对芸芸众生的恩眷品种。“白菜”因谐音“百财”而被幻化为吉祥物，商家往往陈列着玉石、玛瑙、翡翠、彩陶或人造玉石制成的大大小小的白菜形态工艺品。其始，那不过是与庶民大众的“不干不净吃了没病”说法同样意义的安贫自慰，而后既大众习俗，于是渐成后人口碑与文人润色的文化品位。同样，黄河流域的北方，传统的主食料一向是粟米，一般民众是很难吃到小麦粉和精白稻米的，于是“小米养人”的说法就成了牢固的传统观念。而与此同时，将小米称为“鸟食”则是南方人讥讽北方人的习惯用语。事实上，这种对赖以为生的某种或某些食材的特别情感，在相当大程度上是感情逐渐培养的结果，是认知不断强化的积淀而成的结果。笔者的血缘是不知经历了几代的贱民，是注定了要世世代代做牛做马的贫寒之家，从记事时起，一家人就在为果腹活命挣扎。一日三餐的顿顿饭都是极糙的粗粮——小米、玉米（苞米面、苞米茬子、小茬子）、高粱米，菜则是永久的“老三样”：土豆、萝卜、大白菜。虽然也有一些其他品种的蔬菜，但因季节限制与数量的极少，因而也就几乎微不足道。因为小米、玉米、高粱米、土豆、萝卜、大白菜是活命的必需，人们依赖因而看重。

第二节 食物的数字寓意

华人迷信数字，“占卜算术”——“数字命理学”在中华民族历史上的存在和影响悠久而深厚。数字命理学相信每个数字都有独特的共鸣频率及其特殊的属性和意义，相信任何事都并非出于偶然，而是由数字的影响和作用所决定，这些属性和意义能够揭示一个人的行为或预测某种特定人际关系的协调度，甚至可以为大千世界的所有迹象和趋向提供解读与启示。

尽管数字命理学并非缘起中国，而且它事实上是人类文明史上的普遍现象，但华人的理解却有尤其鲜明的特性。

一、吉祥数字

在华人理解，最寓意吉祥的数字为六（6）——寓意顺利；八（8）——谐音“发”，寓意发达、发财；九（9）——谐音“久”，寓意长久。但在筵式的菜品格局设计上，则一般奉行“好事成双”的原则，即4、6、8、10、12……偶数升级的结构。因此，民间素有“四大碗”“八大碗”“十大碗”“四碟八碗”“四四席”“四六席”“六六席”等筵式的说法。历史上亦有“严亲不过五”[①]说法和回族“九碗三行子”等习俗筵式模式，虽是奇数，但“五”“九”

①（明末清初）陈确．陈确集·从桂堂家约·宴集[M]．北京：中华书局，1979：517.

都有“完满”意义。这些数字，都洋溢着吉祥如意、顺利圆满、富足长乐、皆大欢喜等美好的寓意。

二、凶煞数字

日常生活中，不同语境下会有一些禁忌，如七（7）品菜肴是丧席之数——寓意“七星落地”，不可用于喜庆宴会场合。“白喜”事宴会菜品只可上奇数，不可走偶数，人们希冀“好事成双”，凶煞之事一足以伤人至极，岂容联翩而至？同理，给病人和丧家送礼，也忌送双数。而在隆重的喜庆场合，肴品偶数的四（4）也有忌讳，首先是数量太少，不足以彰显隆重，其次“四”与“死”谐音。

第三节

食物的色彩寓意

五色指青、黄、赤（红）、白、黑五色，即黑白加三原色。中国古代以此五者为正色，但“五”又是先秦时代的泛指之数，故又可泛指各种色彩。中国人传统的五色理论，五色不仅对应着具体的物质，而且有具体的方位指向；色彩被理解为特定的物性，因而显示相应的病理与药用。《老子》认为人若不能慎辨并恰到好处地利用五色，就会反受其害：“五色令人目盲，五音令人耳聋，五味令人口爽。”①（图4–2）传统中医认为，人的五脏反映在面部会呈现五种气色。据以诊断疾病。高明的医生能够通过“五色诊病，知人死生”，“望色听声写形，言病之所在。”②因为“五藏有色，皆见于面，亦当与寸口尺内相应也。”③《御纂医宗金鉴》“察色”谓：“欲识小儿百病原，先从面部色详观，五部五色应五脏，诚中形外理昭然。”

---

① 老子．老子：十二章//（民国）国学整理社辑．诸子集成：三[M]．北京：中华书局，1954：6.

②（西汉）司马迁．史记·扁鹊仓公列传第四十五：卷一百五[M]．北京：中华书局，1959：2788.

③（西汉）司马迁．史记·扁鹊仓公列传第四十五：卷一百五[M]．北京：中华书局，1959：2785.

注：“五色者：青为肝色，赤为心色，黄为脾色，白为肺色，黑为肾色也。”[①]著名经学家孙星衍（1753—1818）疏《书·益稷》：“五色，东方谓之青，南方谓之赤，西方谓之白，北方谓之黑，天谓之玄，地谓之黄，玄出于黑，故六者有黄无玄为五也。”[②]中医诊病讲究望、闻、问、切，望色又称“色诊”，《难经》说：“望而知之者，望见其五色，以知其病。”根据五色与五脏的联系推断病位所在。《灵枢·五色》：“青为肝、赤为心、白为肺、黄为脾、黑为肾。”“青黑为痛，黄赤为热，白为寒。”[③]。因此，华人饮食传统理念，注重食材本色，慎择食物正色，奉行“色恶不食”的原则[④]。正色的食物，不仅意味着造物本质的纯粹和功用的足当，同时也预示着健康与吉祥。袁枚的《随园食单》就将色的鉴别明确定为食材与食物品质重要指标：“嘉肴到目到鼻，色臭便有不同，……不必齿决之舌尝之，而后知其妙也。”[⑤]中国民间传统的丧席又称“豆腐席”，因为豆腐是贫苦大众能够勉强吃得起的奢侈物，如俗语说：“贵人吃贵物，贱人逮豆腐。”而且豆腐本色白，白色正应“白事”——丧事习称“白事”或“白喜事”，尤其是老人高寿去世。同样道理，“红事”或“红喜事”——寿宴、婚宴、晋职、入学等各种喜庆主题的宴会，则肴品多艳丽色彩，不可过于素淡。俗话说“豆腐不上席”，就是因为其不仅价廉，在世俗观念中，豆腐往往与寒俭、贫贱、穷酸、败落寓意相关，而且因其纯白的颜色。当然，“糟熘鱼片”（白糟）、“芙蓉鸡片”等菜品例外，不过，即便如此喜庆宴会上也不宜白色菜肴过多。

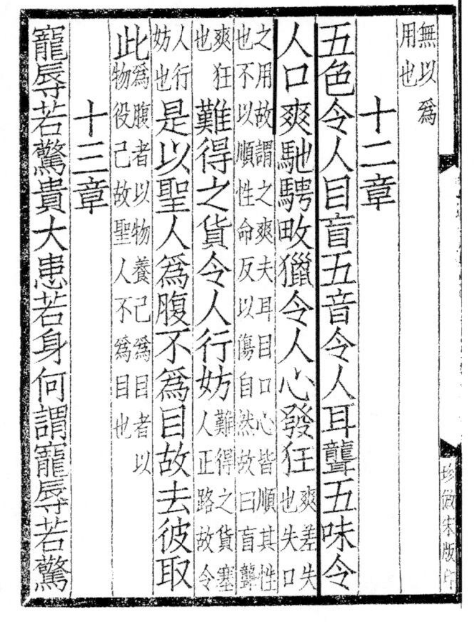
無以爲用也
十二章
五色令人目盲五音令人耳聾五味令
人口爽馳騁畋獵令人心發狂爽差失也失口
之用故謂之爽夫耳目口心皆順其性也不以順性命反以傷自然故曰盲聾
爽狂也難得之貨令人行妨難得之貨塞人正路故令
人行妨也是以聖人爲腹不爲目故去彼取
此爲腹者以物養己爲目者以物役己故聖人不爲目也
十三章
寵辱若驚貴大患若身何謂寵辱若驚
珍做宋版印

图4-2 《老子》十二章书影

① （清）吴谦. 御纂医宗金鉴：卷五十“幼科杂病心法要诀·察色”//文渊阁四库全书：第781册[M]. 台北：商务印书馆，1984：359.

② （清）孙星衍，撰. 陈抗，盛冬铃. 点校. 尚书今古文注疏：皋陶谟第二（中）[M]. 北京：中华书局，1986：102.

③ （宋）史崧音释. 灵枢经：卷八“五色第四十九”//文渊阁四库全书：第733册[M]. 台北：商务印书馆，1984：387.

④ 论语注疏·乡党第十：卷十//（清）阮元. 十三经注疏[M]. 北京：中华书局，1980：2495.

⑤ （清）袁枚. 随园食单·须知单·色臭须知[M]. 上海：文明书局藏版，2.

第四节
食物的形态寓意

迫于生活艰难与自然崇拜、鬼神迷信的华人族群，具有形而下与形而上交错思维的心理特征，对食材与食物形态的执念，形成民族独特的审美情趣与传统。

一、异食奇效理念

罕见的食材或习常食材的罕见形态，会引发人们莫名的幻想，“它是什么？它何以至此？它有何预示？吃了它会怎样？”重异食，冀奇效，中华民族有久远的神话传说与深厚的民俗基础。《史记》记载“亲人之先，帝颛顼之苗裔孙曰女修。女修织，玄鸟陨卵，女修吞之，生子大业。”“大业是皋陶”[①]，皋陶（gāo yáo）是中国上古传说中的伟大政治家、思想家、教育家，是与尧、舜、大禹齐名的“上古四圣”之一。春秋时期（前770—前476）的秦越人医术高明，被誉称为轩辕黄帝时代的神医“扁鹊”，他所以医术出神入化，据说是因为得到了神人的指点，“饮是（神药）以上池之水”获得了能够透视人体“尽见（人）五脏症结”[②]病之所在（图4-3）。汉人项曼都“好道学仙”喝了仙人给他的“流霞一杯”，竟至于“数月不饥”[③]。广有影响的王母娘娘三千年一次的“蟠桃会”民间故事，吃了蟠桃都会长生不老，此故事《西游记》中有载。

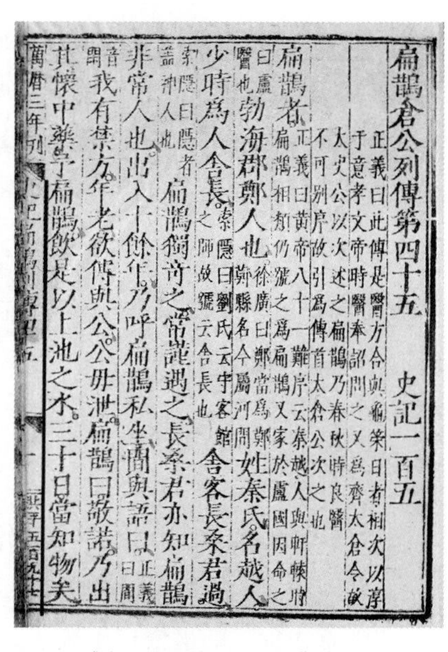
扁鵲倉公列傳第四十五　史記一百五
正義曰此傳是醫方合與龜策日者相次以序于意孝文帝時醫奉詔問之又爲齊太倉令故
太史公以次述之扁鵲乃春秋時良醫不可別序故引爲傳首太倉公次之也
扁鵲者正義曰黄帝八十一難序云秦越人與軒轅時扁鵲相類仍號之爲扁鵲又家於盧國因命之曰盧醫也勃海郡鄭人也徐廣曰鄭當爲鄚鄚縣名今屬河閒姓秦氏名越人
少時爲人舍長索隱曰劉氏云守客館之師故號云舍長也舍客長桑君過
索隱曰隱者蓋神人也扁鵲獨奇之常謹遇之長桑君亦知扁鵲
非常人也出入十餘年乃呼扁鵲私坐閒與語曰正義曰閒音閑
我有禁方年老欲傳與公公毋泄扁鵲曰敬諾乃出
其懷中藥予扁鵲飲是以上池之水三十日當知物矣

图4-3 《史记·扁鹊仓公列传》书影

① （西汉）司马迁．史记·秦本纪第五：卷五[M]．北京：中华书局，1959：173.

② （西汉）司马迁．史记·扁鹊仓公列传第四十五：卷一百五[M]．北京：中华书局，1959：2785.

③ （东汉）王充．论衡·道虚篇//（民国）国学整理社辑．诸子集成：七[M]．北京：中华书局，1954：70.

满族族源神话则是“始祖布库里雍顺，母曰佛库伦，相传感朱果而孕。”[①]。史载，西晋武帝司马炎（236—290，265—290在位）到贵戚王济府上作客，“供馔甚丰，悉贮琉璃器中。蒸肫甚美，帝问其故，答曰：‘以人乳蒸之。’”[②]用人乳蒸乳猪的想象已经离开食物荣养、保健甚至味道追求的理性路数，用意旨在猎奇与炫耀。这种历史上鲜见文字记载的奢侈不伦，在现时代中国却一度极致夸张：至今网络上还可以见到湖南长沙一家餐馆推出“中国第一桌‘人乳宴’”的文字与图片介绍，“研发”的菜品有“人乳鲍鱼”“奶汤鲈鱼”“人乳河蚌”“人乳鱼头火锅”“人乳肚花”“乳香藕片”等60多个菜品[③]。

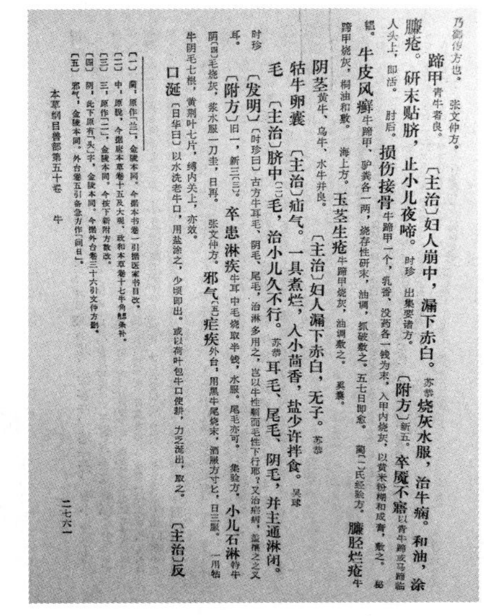
乃爵传方也。张文仲方。
蹄甲青牛者良。〔主治〕妇人崩中，漏下赤白。苏恭 烧灰水服，治牛痫。和油，涂臁疮。研末贴脐，止小儿夜啼。时珍 出集要诸方。〔附方〕新五。卒魇不寤以青牛蹄或马蹄临人头上，即活。肘后。损伤接骨牛蹄甲一个，乳香、没药各一钱为末，入甲内烧灰，以黄米粉糊和成膏，敷之。秘韫。牛皮风癣牛蹄甲、驴粪各一两，烧存性研末，油调，抓破敷之。五七日即愈。蔺〔一〕氏经验方。臁胫烂疮牛蹄甲烧灰，桐油和敷。海上方。玉茎生疮牛蹄甲烧灰，油调敷之。奚囊。
阴茎黄牛、乌牛、水牛并良。〔主治〕妇人漏下赤白，无子。苏恭
牯牛卵囊〔主治〕疝气。一具煮烂，入小茴香，盐少许拌食。吴球
毛〔主治〕脐中〔二〕毛，治小儿久不行。苏恭 耳毛、尾毛、阴毛，并主通淋闭。时珍
〔发明〕〔时珍曰〕古方牛耳毛、阴毛、尾毛，治淋多用之，岂以牛性顺而毛性下行耶？又治疟痢，盖催之之义耳。
〔附方〕旧一，新三〔三〕。卒患淋疾牛耳中毛烧取半钱，水服。尾毛亦可。集验方。小儿石淋特牛阴〔四〕毛烧灰，浆水服一刀圭，日再。张文仲方。邪气〔五〕疟疾外台：用黑牛尾烧末，酒服方寸匕，日三服。一用牯牛阴毛七根，黄荆叶七片，缚内关上，亦效。
口涎〔日华曰〕以水洗老牛口，用盐涂之，少顷即出。或以荷叶包牛口使耕，力乏涎出，取之。〔主治〕反

〔一〕蔺：原作「兰」，金陵本同。今据本书卷一引据医家书目改。
〔二〕中：原脱，今据証本草卷十五及大观、政和本草卷十七牛角䚡条补。
〔三〕三：原作「二」，金陵本同。今按下新附方数改。
〔四〕阴：此下原有「头」字，金陵本同。今据外台卷三十六引文仲方删。
〔五〕邪气：金陵本同。外台卷五引备急方作「间日」。

本草纲目兽部第五十卷 牛 二七六一

图4-4 《本草纲目》第五十卷《兽部》书影

浙江“黄鳝将军”民间故事，讲述一位普通的农民因为吃了河塘里的一只大黄鳝鱼而获得了无穷神力。现实人生的餐桌上，则是对特殊可食之物（在华人传统里几乎无物不可吃）的希冀憧憬。这种心理投映在中华传统本草学上，就是一切自然物都具有药性，并且几乎一切都可入药；反过来，传统本草学又有力地强化了人们“异食奇效”的理念，“以意用药”与“以意为食”相得益彰。只要略微比较自《神农本草经》（约前5世纪—前2世纪）到《唐本草》（659），再到《本草纲目》（图4-4）（1603）的一路走向，就不难发现这一点。《本草纲目》几乎无所不包的药材中，有许多的临床经验与验证是颇令人怀疑的。

二、“吃什么补什么”迷信

“以意为食”的世俗口语表述，就是“吃什么补什么”。动物肌体中的肾、心、肺、脾、胃、肝、生殖器等脏腑，因其功用与人脏器相类，甚至形态亦相近，于是被用来对应人体所需的补治。唐代医药学家孙思邈（541—682）注意到动物内脏和人类内脏无论在组织、形态还是在功能方面都十分相似，因此在临床实践中主张“以脏治脏”和“以脏补脏”的用药施治之法，

① （清末民初）赵尔巽，等. 清史稿·太祖本纪：卷一（第二册）[M]. 北京：中华书局，1976：1.

② （唐）房玄龄，等. 晋书·王济传：卷四十二[M]. 北京：中华书局，1974：1206.

③ 百度百科词条：人乳宴，https://baike.baidu.com/item/人乳宴/712941?fr=aladdin，[2020-5-17].

此即中医食疗中的“以形补形”法则，俗称“吃啥补啥”。民间流行的“猪腰煲杜仲”（冬季服用）、“核桃仁煲猪脑”（冬季服用）、“夏枯草煲猪肺”（夏季服用）等可为代表。中医认为猪腰可填精补肾，杜仲能温阳补肾，两者搭配成肴可起到辅助治疗因肾虚所致的腰、膝酸软无力之症；核桃仁、猪脑则可以养脑益智；夏枯草、猪肺有助于润肺泄火。现代医学科学认为，动物脏器因其营养成分对人体具有相应的滋补作用，但与意念作用无必然联系。如民间信仰的“牛鞭”“羊卵”“狗肾”“鸭腰”“鸡冠”“麻雀”等各种特异“填精壮阳”食材，更多是意念的执着，其极致发展则是服食“长生”丹药。苏东坡（1037—1101）曾经嘲讽一位张姓国家医官的“服食绢长生”的荒唐主张：“医官张君传服绢方真神仙上药也。然绢本以御寒，今乃以充服食，至寒时，当盖稻草席耳。世言着衣吃饭，今乃吃衣着饭耶?”①这位国家医官固然愚蠢，但值得深思的是那个时代有信奉其说的深厚土壤，在黎庶和许多智者中都不乏盲从信众。

三、条食情结

民和回族土族自治县位于青海省东部边缘，地理坐标为东经102°26′ ~ 103°04′，北纬35°45′ ~ 36°26′，海拔最高4220米，最低1650米，平均海拔2100 ~ 2500米。境内沟壑纵横，“八条大沟九道山，两大谷地三大垣”。有“东方庞贝”之称的喇家遗址，位于该县官亭镇喇家村，是一处新石器时代的大型聚落遗址。遗址位于黄河河谷地带北岸的二级阶地上，黄河由西向东从遗址南部通过，遗址处于官亭盆地中部，所处盆地北面有拉脊山，南面是小积石山。地理坐标位置：东经102°85′02″ ~ 102°81′11″，北纬35°85′90″ ~ 35°86′41″。海拔1786 ~ 1809米。4000年前喇家人遗留下来的一碗条形食物——“喇家索面”——为中华面条文化树立了一座文化地理坐标②（图4–5）。

图4–5　喇家索面，青海喇家遗址出土

然后，条形食品的习俗沿着滔滔黄河漫延而下，中亚小麦的传入给了它决定性的物质支撑，于是幻化成《饼赋》③（图4–6）的繁花似锦，演变成至今的

① 东坡全集：卷一百一“修养”//文渊阁四库全书：第1108册[M]．台北：商务印书馆，1984：606.

② “Millet noodles in Late Neolithic China: A remarkable find allows the reconstruction of the earliest recorded preparation of noodles” in *Nature*, Vol 437, 13 October 2005, p.967.

③（晋）束皙．饼赋//（清）严可均，校辑．全晋文：卷八十七[M]．北京：中华书局，1958：1962—1963.

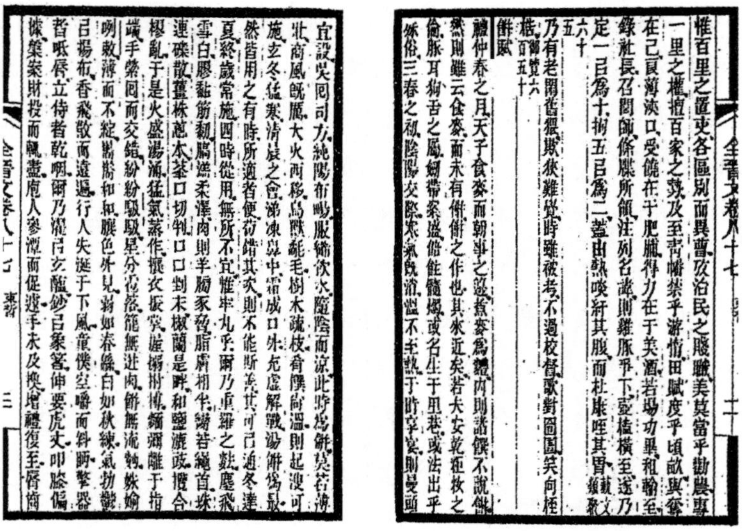

图4-6 《饼赋》书影

百千形态。小麦种植遍布北方大地之后，又极力南伸，最终在岭南和云贵北线放缓了脚步，因为那里两季和三季稻具有填饱芸芸众生肚子的更大优势。“贡面”“长面”“索面”“垂面”或“坠面”等在豫、浙、赣、湘等地区一带的经典留存，标志着中华面条本土南下之路的辉煌。当小麦种植在这条南端线上伫足时，炎黄祖先的“条食情结”却轻而易举地普被了南国全部疆域，稻米以粉质形态将炎黄族群的条食情结演化成米线，于是造成了东亚两河——黄河、长江地区举世无双的面线、米线中华民族条食文化壮丽景观。

面条之路向东延伸，陆路进入朝鲜半岛，海路进入日本列岛，严肃的学者对此没有异议。至于通过陆路和海路向西传播也是毋庸置疑的。西方人往往关注马可·波罗（Marco Polo，1254—1324）有没有将中华面条带到地中海。是的，迄今为止，没有明确的文字记载或其他确凿无疑的证据证明这位伟大的旅行家将中华面条带向了他的故乡威尼斯。但是，这应当是毋庸置疑的历史事实。太阳在那里，没必要寻求一万年前先民沐浴阳光的“直接证据”——文字的、图画的或其他肉眼可见的什么的。“挂面”在元代（1271—1368）已经很流行，《饮膳正要》（初刊1330年）明确记载（图4-7），并且为蒙古族嗜尚，同时是远行人

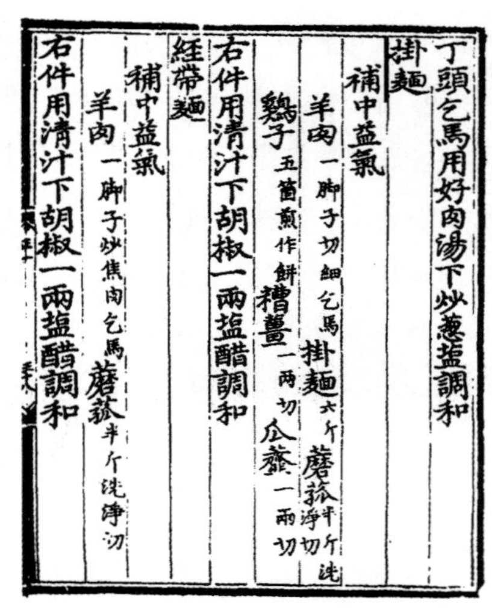
丁頭乞馬用好肉湯下炒葱鹽調和
掛麵
補中益氣
羊肉一脚子切細乞馬 掛麵六斤 蘑菇半斤洗淨切
雞子五箇煎作餅 糟薑一兩切 瓜虀一兩切
右件用清汁下胡椒一兩鹽醋調和
經帶麵
補中益氣
羊肉一脚子炒焦肉乞馬 蘑菇半斤洗淨切
右件用清汁下胡椒一兩鹽醋調和

图4-7 《饮膳正要·挂面》书影

与航海者的必备食粮①。当然，用悬挂的方法将面条晾干的方法早在元代之前就已经流行，唐代（618—907）西北广大地区的“须面”应当就是证明②（图4-8，图4-9）。

除了小麦粉制作的粗、细、宽、窄、长、短各异的缤纷形态“面条”之外，其他各类淀粉质食料几乎都被用来制作成了形形色色的条形食品。稻米为原料的各种米线，几乎与小麦粉平分秋色。此外，马铃薯、红薯、山药、绿豆等都成了条形食品的重要原料，它们主要被用作菜肴原料。至于荞麦、青稞、燕麦、莜麦、玉米、高粱、粟、黍、穄等“百谷”也无一不被用来条食。就食物的形态而言，除了长长的线条形态以外，膏环、馓子、麻花、花卷、套环许多食品也都是条形变化形态。可以说，华人有根深蒂固的条食习俗，这一习俗又有悠久的历史传统。那么，华人这种广泛普及、根深蒂固的习俗与传统的文化根脉是什么呢？这就不能不重回到“喇家索面”的坐标上来。

4000年前的喇家人所食用的“喇家索面”，应当是近似《齐民要术》所记载“馎饦”的最初形态。贾思勰记叙的“馎饦”是小麦粉制作的，因此可以“著水盆中浸”，能够“挼使极薄”，急火逐沸熟煮的效果才会“光白可爱”“滑美殊常”。如果仅仅是“挼如大指许，二寸一断”③，那不就很适合粟、黍谷粉糅合料吗？不容易搓合很长，事实上也没有一定的必要搓合很长。正如今天广大北方许许多多地区人们长久以来一直习惯的各种谷粉条食品不一定都是“龙须面”的长度一样。“喇家索面”不是用小麦粉制作的，但是，4000年前的喇家人却将它搓制成了均匀细长条形状，笔者认为这应当是“喇家索面”的非常食形态。发掘者对笔者说：他们通过视觉观察只发现一个端头，认为“喇家索面”是一根米线，而且线

图4-8 家庭作坊晾晒索面，浙江丽水青田县北山镇，王斯摄于2017年

图4-9 挂面庄晾晒挂面，北京（1924—1927），引自Sidney D. Gamble摄影集

①（元）忽思慧，著. 刘玉书，点校. 饮膳正要：卷第一“聚珍异馔”[M]. 北京：人民卫生出版社，1986：31.

② 高启安. 唐代敦煌饮食文化研究[M]. 北京：民族出版社，2004：157.

③（北魏）贾思勰，著. 缪启愉，校释. 齐民要术：卷第九“饼法”第八十二[M]. 北京：农业出版社，1982：509—511.

条形态均匀规则，长度约50厘米。笔者认为它应当是熟练并且非常认真操作的结果。这样做，真的是费时又费力。因此，它不是用于日常生活的方便食品（图4-10）。正如现实生活中的情况那样：妈妈为了节省时间，她会匆匆忙忙地和小麦面粉做“面疙瘩”“面穗儿”“手拉面儿”“揪面片儿”或“耗子尾巴”之类短而碎的面食品。我们清楚，长而规则的面条，饼、饺子、包子、馄饨等面食品的制作都要面板、擀面杖、刀具等的参与，而且都要费时费事得多。今日的小麦粉利用尚且如此，更何况4000年前的喇家人了。那么，4000年前的喇家人为什么如此费时、费力、费神地刻意制作这样一碗工艺精细、难度极高的均匀而绵长的条食品呢？笔者的推测是：为了祭祀鬼神的特殊目的。2014年第三届亚洲食学论坛上，笔者向喇家遗址发掘人王仁湘先生表达这一理解时，王先生感兴趣地回应：“啊，我们还没这样想！”那么，没有延展性的粟粉和延展性有限的黍粉是怎样才在4000年前的喇家人手里变成了均匀的细长条呢？

图4-10　作者考察北山索面，2017年11月，王斯摄

以笔者依据民俗与生态田野考察基础的研究，认为是沙蒿参与的结果。沙蒿（*Artemisaarenaria DC*），是菊科蒿属多年生半灌木状植物，主要分布于中国西北部的腾格里沙漠、毛乌素沙漠、巴丹吉林沙漠地区及青海省等地，有黑沙蒿（*Artemisia lrdosiakrasch*）、白沙蒿（*Artemisia Sphaerocephalakrasch*）、黄蒿（*Artemisia salsoloidewild*）和差巴戛蒿（*Artemisia halodendron*）等多个品种。可食用和药用的沙蒿籽主要是白沙蒿和黑沙蒿的种籽，这两种沙蒿在我国内蒙古西部、陕西北部、甘肃北部及宁夏等地有广泛的分布。据初步测定，沙蒿籽粒中粗脂肪含量为21%～24%，蛋白质含量为20%～24%，淀粉含量10.3%，可溶性糖含量为4.5%，水分为7.6%，灰分为5%～7%，纤维素含量为15.4%。沙蒿粉具有明显的改善谷粉制品加工性状的功能，改善淀粉制品的色泽和表现状态，尤其是有提高粉条韧性、弹性，降低断条率的明显功效。鉴于沙蒿在中国西北地区广泛分布和时至今天仍普遍被用于粟、黍、麦、粱等各种谷粉中利用的民俗，我们有理由认为：采集食料仍占日常食料很大比重的4000年前的喇家人同样不会拒绝沙蒿的利用的，因此“喇家索面”中掺有沙蒿的成分不是没有可能。当然，这要由科学的检测结果给予证明①（图4-11）。

① 按5%比例将沙蒿粉掺入粟、黍粉中用热水揉和，然后搓捻成形，笔者多次试验成功复原了“喇家索面”标准的条形形态。

图4-11 作者用混合了沙蒿的黍、粟、荞等谷物粉试验成功复原喇家索面，2017年2月，王斯摄

"喇家索面"的日常使用状态不必一定是均匀的细长条。我们关注的是非日常食用形态——刻意的祭祀条形的深层寓意。而河流具象，应当是最初和最重要的启示。以今天的地貌、地理环境看，4000年前喇家人生活的地理范围有多条河流形成的丰富水系，湟水、大通河、庄浪河、黄河等水流都应当与喇家人的食生产、食生活紧密相关，因此理所当然地深深影响了他们的饮食文化。河流提供生产、生活的各种必须，人们深深依赖水。水是喇家人的生命之源，但水的肆性也是喇家人的威胁。因此，爱、敬、畏，也就可能成为喇家人的水或河流的崇拜。暴雨、洪泛、决堤时的河流是可怕的，但大多数时间里是与人亲近友好的。绵柔温和、逶迤延长的河流——一条线——是否会成为喇家人崇拜的具象？就如同用一根枝条在地上画出一条线一样。7000年前的半坡人能够很好地规划、建构巨大有效的居落，他们居落的四周是一条蜿蜒围绕的深而宽的堑壕——那也是一条"线"。4000年前的喇家人也应当能够具有这样的抽象思维能力。条形食品是否是"水线"意义的转化？条形食品的形态创造是否是河神祭祀所启发的呢？其次是索石的特别瞩意。索石是早期人类具有比投石、棍棒更具开拓力的高效工具。拴在绳索上的石头可以投而复归灵活反复使用，尤其是捕捉犄角鹿科动物极为有效。索石的运用与功效，仅仅用手臂延长来说明是远远不够的。那位神力无比的大卫王不就是使用索石的高手吗？绳索对史前人类的重要意义决不应低估。网罟是绳索功能扩展性的神奇变化，后来的弓箭也离不开弦——特殊的绳索。陶器的盘条、衣服的编织、房

屋的建构，等等，也都与绳索相关。条食形态的背后，是否有这样一些有待发掘的寓意呢？中国古史上还有先民“结绳纪事”之说，无论这一说法的历史信实程度如何，先民的“绳”文化信息则是明确的。“戴圆履方，抱表怀绳。”①对“绳”的形而下用与形而上解的执念，也的确是中国古人的传统观念与牢固信念。然后是与水紧密相关的蛇的具象。炎黄祖先很早就有“龙”的崇拜，“龙”祖本是蛇，蛇也是一条具有巨大威胁力的“线”。无论“龙”的动物原型怎样，“龙”都是线性的，而且“龙”又和水有关，“龙”行云降雨、游水扬波，是水的神灵。那么，条形食品的钟情有否可能是蛇——“龙”崇拜的具象呢？

不错，“子非鱼，安知鱼之乐？”然而“子非我，安知我不知鱼之乐？”②我们不是喇家人，喇家人早我们4000年归去，他们无法知道我们。然而，有幸的是，我们是喇家人的后来者，4000年固然很邈远，很多历史信息飘散流失，但时间同时也是知识的积累和能力的发展③。因此，我们疑惑，我们追索：特别注重效率时代的喇家人为什么偏偏要劳神、费力、耗时制作长长的条形食品呢？

四、“圆”的祈盼

《淮南子》说“戴圆履方，抱表怀绳。”“圆，天也。”④古代中国人相信自己与众生物都仰赖在“圆天”之下、依存于“方地”之上，这种仰赖与依存必须是真诚不二、始终如一的，只能是无条件尊崇、顺应，能如此则万事如意：“上法圆天，以顺三光；下法方地，以顺四时。中和民意，议安四乡。”⑤“蓍之德，圆而神”，“圆者，运而不穷。”⑥顺应了就会行无障碍。对天、地尊崇、顺应的程度或标准要像“绳”一样的直。“绳”是法器，是准绳。这一认知与观念深深根植在炎黄先民的精神骨髓之中，表现在日常行为上，就是食生活中的中国食物形态与器皿“圆”的几乎无处不在。这种物圆形态的普遍存在，是中国人对“圆”的独到的理解与特别的执信。中国人钟情的圆，圆是“天”的缩影、指代、寓意，天的象

---

① 高诱，注．淮南子·本经训：卷八//（民国）国学整理社辑．诸子集成：七[M]．北京：中华书局，1954：120.

②（清）王先谦．庄子集解·秋水第十七：卷四//（民国）国学整理社辑．诸子集成：三[M]．北京：中华书局，1954：108.

③ 赵荣光．再谈“喇家索面”与中华面条文化史——兼议KBS〈面条之路〉与〈面条之路：传承三千年的奇妙饮食〉的相关问题//饮食与文明：第三届亚洲食学论坛论文集[M]．杭州：浙江古籍出版社，2014：21—32.

④ 高诱，注．淮南子·本经训：卷八//（民国）国学整理社辑．诸子集成：七[M]．北京：中华书局，1954：120.

⑤ 庄子集解·说剑第三十：卷八//（民国）国学整理社辑//诸子集成：三[M]．北京：中华书局，1954：204—205.

⑥ 王弼，注．易·繫辞上．//（清）阮元．十三经注疏[M]．北京：中华书局，1980：81.

征日、月都是圆的，红艳若火的旭日和皎朗的明月都是圆的。日、月“在天上”，它们因而是天的象征。“圆”的折射人生，就是祈福与庇佑。中国人“国食”的各种饼：烧饼、油饼、馅饼、月饼都是圆的，大大小小的各种锅盔、馕是圆的。甚至摊在铛子中的煎鸡蛋与鸭蛋，也必须是圆的，因此称作“鸡鸭子饼”，这应当是1500多年前的“中国古代百科全书”《齐民要术》将其郑重记录下来的深层原因吧。具体方法：“破泻瓯中，少与盐。锅铛中膏油煎之，令成团饼，厚二分。全奠一。”[①]这是多么简单的生活常识啊，何以如此郑重地记录和告诫呢？“国食”声誉更为响亮的“饺子”也是圆的转变，是一个完整圆的二分之一，半圆，如同天上的半月，谓之：“今之馄饨，形如偃月，天下通食也。”[②]当然，更早的“汤中牢丸”“笼上牢丸”[③]也都是圆的，并且是立体的圆，因而是彻底的圆，而非平面的圆。后来的“元宵”“汤圆”“圆子”“肉圆”“鱼圆”等，都是其意蕴的扩衍。南宋初年著名女诗人朱淑真（约1135—约1180）的《圆子》诗就是借煮圆子以喻人生的：“轻圆绝胜鸡头肉，滑腻偏宜蟹眼汤。纵有风流无处说，已输汤饼试何郎。”中国人用的烹饪、饮食器具多是“圆”变幻成形，现时代的锅、碗、瓢、盆、盘、碟、杯、盏、缸、瓮、坛、罐等，流行的餐桌与转盘，直至中华筷的前圆后方，“圆”几乎无处不在。而这一切都与远古习惯与思维紧密相关。早期人类普遍存在的围食火塘就是圆形的，围绕火塘一圈的氏族成员是团团围坐的。史前时代的陶器基本是圆的变幻，固然与材质与盘条、转轮等制法有关，同时也方便使用。泥土的陶器如此，草木质器具的“箅”“笾”也是圆形的，“笾人”甚至是周王廷的重要职司。

后来，行路的车轮，汲水的辘辘，食生产的辘辘、碾、磨等形制也是圆的。“圆”的机械功能被人类认识因而充分利用，经验的丰富积累、理解的不断演绎，使其在炎黄族群的食事活动中积淀为深厚沉重的历史印记。当然，“圆”文化并非炎黄族群所独有，因为人类的各条支脉都源自同一起始，而且生活在同一星球。

五、“方”的守持

与“圆”相对的是“方”，而圆与方由都是线——索——条的变化，无论是圆还是方，都可以延展还原为“条”。“方”有广大之意，制钱又称“方孔钱”，自秦半两至清末的“宣

① 缪启愉．齐民要术校释：卷第九[M]．北京：农业出版社，1982：509—520.

② 广雅疏证·释器：卷第八上引“颜之推云”//〈尔雅〉〈广雅〉〈方言〉〈释名〉清疏四种合刊[M]．上海：上海古籍出版社，1989：612.

③（晋）束皙．饼赋//（清）严可均，校辑．全晋文：卷八十七[M]．北京：中华书局，1958：1962—1963.

统通宝”，方孔钱流行了两千多年。中国人传统的枕头是长方体形的，故又称为“方枕”，王安石认为：“夏月昼睡，方枕为佳”。人问其故，云：“睡久气蒸枕热，则转一方冷处。”[①]事实上，中国百姓的传统枕头基本都是长方体的。有守方正之意。“人主身行方正，使人有礼，遇人有礼，行发于身，而为天下法式者，人唯恐其不履行也。”[②]人格方正的物象，“圆出于方，方出于矩。”“圆规之数，理之以方；方，周匝也。方正之物，出之以矩；矩，广长也。”[③]故君子守方而不可圆滑。人的特征是“方趾圆颅”，“茫茫宇宙，慄慄黎元，方趾圆颅，万不遗一。”[④]“方正”是德学兼备的君子代称，“建武五年，乃修起太学，稽式古典，笾豆干戚之容，备之于列，服方领习矩步者，委它乎其中。”[⑤]“方领圜冠，金口木舌。谈章句之远旨，构纷纶之雅说。”[⑥]儒生身份标志的服冠式样，突出了“方”与“圆”和谐一体的理念。古代盛菜肴的器具又被称为“圆方”，张衡《南都赋》夸张性地赞美南都美食：“珍馐琅玕，充溢圆方。”[⑦]汉王粲《公谳》诗亦有：“佳肴充圆方，旨酒盈精罍。”[⑧]三代以下，直至清代中叶以前，中国历史上承载食器的大大小小的“案”，基本都是方的。正方的“八仙桌”，矩形的条案，都是方的。商周的青铜器鼎许多都是方的，因而被习称为“方鼎”，后母戊鼎就是最著名的大方鼎。摹形于陶器的青铜器尽管圆形不少，但方形很多，可以说青铜食器具形态将华人先民的“方”“圆”理念的艺术表现与哲学思索极致化了。但，“方圆”之说更早于“圆方”，从先秦文献直至延续时下的大众口语表述，都是“方”在“圆”前，而不是相反。《管子》：“以规矩为方圆则成，以尺寸量长短则得。”[⑨]《尹文子》：“生于不称，则群形自得其方圆。名生于方圆，则众名得其所称也。”[⑩]人的大地生存依赖在时时处处，在及时的脚下与眼前，或许原因在此。

---

① （宋）欧阳修. 欧阳修集编年笺（第七册）：卷一三〇“琴枕说”[M]. 李之亮，笺注. 成都：巴蜀书社，2007：164.

② 管子·形势解第六十四：卷二十//（民国）国学整理社辑. 诸子集成：五[M]. 北京：中华书局，1954：335.

③ （汉）赵爽，述.（清）汪日祯，撰. 周髀算经[M]. 上海：上海中华书局，1936：8.

④ （唐）李延寿. 南史·陈纪上·高祖：卷九[M]. 北京：中华书局，1975：265.

⑤ （南朝宋）范晔. 后汉书·儒林传序：卷七十九上[M]. 北京：中华书局，1965：2545.

⑥ （南朝梁）何逊. 何水部集·儒学//文渊阁四库全书：第1063册[M]. 台北：商务印书馆，1984：701.

⑦ （南朝梁）萧统. 文选：卷四[M]. 北京：中华书局，1977：71.

⑧ （汉）王粲. 公谳//（唐）欧阳修. 艺文类聚：（上）卷三十九[M]. 上海：上海古籍出版社，1965：714.

⑨ 管子·形势解第六十四：卷二十//（民国）国学整理社辑. 诸子集成：五[M]. 北京：中华书局，1954：330.

⑩ 尹文子·大道上//（民国）国学整理社辑. 诸子集成：六[M]. 北京：中华书局，1954：1.

第五节
食物的名称寓意

华人的食物，尤其是商品经营的食物或用于庆娱场合的食物，往往都有独到匠心的命名；这些食物的名称，又基本都有悦目的字形、悦耳的读音、爽心的寓意。强化权威的专制等级制度，长期以来培植了崇拜“大人物”的社会心理，因此，“名人之食”往往容易成为“名食”。

一、形绘祈福

食物原料的自然形态与肴馔的成形，都很受重视。但大多数食材往往都要经过分割加工处理，因此烹饪成形技艺非常讲究，往往有美好寓意。保有原料自然形态的烤乳猪、烤全羊、烤全牛、烤全驼、烧鸡、清蒸鸡、烤鸭、清蒸鸭、红烧鱼、清蒸鱼，等等。改刀成形的各种“花好月圆”“丹凤朝阳”“鹏程万里”“马到成功”“吉祥如意”“双喜临门”等冷、热拼盘。点心制作的技艺发挥空间更大，如“如意卷”“寿桃”“长寿面”，以及各种象形的精制糕点等。肴馔象形或创意的工艺性创造，在取悦进食者视觉的同时，感应愉快的心理，诱发积极的食欲。形绘祈福的寓意沉浸在华人食品制作的过程中，弥漫在缤纷琳琅的食物形态上，它们给人留下了亲切深刻的概念性印象。

二、吉祥命名

流行于华人餐饮业，并为时下消费者所熟知的各种“凤爪（zhǎo）”——鸡爪（zhuǎ）、“凤翅”——鸡翅，最为典型。流行于慈禧（叶赫那拉·杏贞，1835—1908）太后时期的“添安膳”清宫御膳，吉祥字菜——“大碗菜四品”是重要的结构大菜，多以“江山万代”“万寿无疆”“白猿献寿”“寿比南山”“天下太平”“五谷丰登”“洪福万年”等字嵌明[①]。满清帝国末叶最后的当家人隆裕太后（叶赫那拉·静芬，1868—1913）喜欢的“全家福”，则是权贵阶层的典型代表。据其时掌管御膳房的总管太监小德张（1876—1957）说：“每天给隆裕太后摆膳的金锅里面有炖鸡、鸭、肘子、海参、鱼翅、燕窝、熊掌等，称为‘全家福’。”[②]隆裕太后的“全家福”，其实与后来坊间流行的“佛跳墙”极为近似。学人咏其事：“隆裕太后全家福，其实佛跳墙名俗。鸡鸭肘子高汤厚，海参鱼翅汁收足。恰到好处燕窝煮，熊掌注重煨功夫。养尊处优何根底，长白山下打猎户。”

三、谐音趋避

谐音是利用汉字同音或近音的条件，用同音或近音字来代替本字，产生辞趣的修辞格。饮食待客，一般不会低于“四菜一汤”模式，主人囊中羞涩至少是荤素各一的两肴下饭标准，通常不会是三品菜，因为“三”与“散”谐音，寓意不吉。当然，喜庆隆重场合，“四”也显得寒酸，不仅数量嫌少，而且谐音“死”，以隐忌讳。“八”与“发”音谐，有“发达”“发展”“发财”寓意，华人传统是心理受用，时下人们喜欢，尤其是经商之人的口彩和心灵鸡汤。筷子和碗搭配是华人助食具的典型文化特征。进食过程中，若逢某人万一不慎筷子落地或碗等器皿（传统多为瓷质）跌碎，这种本来很煞风景且惹人嫌弃的不吉利事，在众人惊愕的一瞬间，即会有人脱口而出：“快快乐乐”——“筷落”的重叠谐音；“岁岁平安”——“碎”的谐音，以期化解。

四、依托名人

“东坡肉”，就是简单的“红烧肉”，因为依傍了号“东坡”的苏轼（1037—1101）这位历史名人就成了文化“名食”。事实上，苏东坡那篇脍炙人口的《猪肉颂》与至今流传的“东坡肉”本无实质性的关联：“净洗铛，少着水，柴头罨烟焰不起。待他自熟莫催他，火候足时他自美。黄州好猪肉，价贱如泥土。贵者不肯吃，贫者不解煮。早晨起来打两碗，饱得自

① 赵荣光．满汉全席与清宫‘添安膳’筵式//满汉全席源流考述[M]．北京：昆仑出版社，2003：361—403.

② 张仲忱：换新主终成大内总管·事必躬亲恩威并用//我的祖父小德张：八[M]．天津：天津人民出版社，2016：160. 笔者在与张仲忱之子张正刚先生的访谈中获知，小德张也“时常说起宫中饮食的规矩和吃食。”

家君莫管。”[①]把这样一篇游戏文字与“烹饪艺术”与“美食家”硬扯到一起既是文人的游戏，更是商人的营销技巧。位于西湖附近的中国杭帮菜博物馆，因其展陈设计与表现的成功，在国际社会赢得了很好的声誉，其中的南宋展区生动形象地展示了“东坡肉”场景，这种民俗文化与博物馆功能等多重意向考虑的处理方式，引发了参观者见景生情、望景生义的顺应理解，以至于连国际食学界的专家学者都以为是苏轼在杭州任知州任上疏浚西湖（宋哲宗元祐五年、1089）的功德感动杭州民众馈赠猪和酒，而苏轼则以大块烧猪肉犒劳参加疏浚西湖的民工。这无疑是百姓内心的善良演义，虽然不是信史，但美好的传说往往比信史更具有传播力。如俗语所说：“爱者欲其生，恨者欲其死”，人们就是喜欢津津乐道那些查无实据、推敲不得的有趣的“道听途说”逸闻趣事。韩国著名烹饪文化教授申桂淑就在《孔子学院》期刊上撰文说：“‘东坡肉’的秘诀就是按照苏东坡的烹肉之法‘慢着火、少着水’。所以不能外出，不能睡觉，要经过漫长的等待，方可领略到东坡肉带给您回味无穷的满口醇香。那么，东坡肉的由来是什么呢？宋代的文豪苏轼赴杭州任太守，垒建长堤、疏浚西湖，率领全城百姓抗洪筑堤，西湖才得以恢复原貌。全城百姓无不欢欣鼓舞，他们为感谢苏轼领导有方，纷纷杀猪宰羊，上府慰劳。苏轼推辞不掉，收下猪肉后便用绍兴酒和酱油小火慢炖，又回赠给百姓。百姓食后，问苏轼这道菜的名字，苏轼说无名，这只是我平时喜欢吃的一道菜罢了。苏轼号东坡，百姓便把他送来的猪肉，取名为‘东坡肉’。”[②]申教授的这段颇具文采的说明文字是中国传说的韩国版演绎，也是她在中国杭帮菜博物馆“东坡肉”场景的见景生情创造（图4-12）。值得注意的是，由于中国政府的大力支持，《孔子学院》期刊有中英、

图4-12 东坡肉的故事，笔者设计布展，中国杭帮菜博物馆藏

① 东坡全集：卷九十八//文渊阁四库全书：第1108册[M]. 台北：商务印书馆，1984：557.

② [韩]申桂淑. 引人遐想的中华美食故事[J]. 孔子学院（中韩对照版），2016（2）：52—53.

中日、中法、中俄、中韩、中西、中泰、中阿、中德、中意、中葡等多种文本发行世界。申教授依据现代版"东坡肉"菜谱的说明去生动有趣地介绍苏东坡的"东坡肉"，现实趣味与历史真实的差距不是消费大众关注的事情。

多年前，笔者在山东受邀被隆重招待了"郑板桥朝天锅"。郑板桥（1693—1765），一位极富传奇色彩的书画家、文学家，一位恪勤职守的县令，"扬州八怪"之一。人们喜闻乐道他的故事，于是在20世纪80年代以后兴起的"中国烹饪热"中，餐饮业杜撰了"郑板桥朝天锅"：一口直径150厘米的大铁锅安放在可以围坐20人的大圆台中间，国内沸煮着一口肥猪躯体上的任何部位，随意食客选取。编造的故事说：这位清代潍坊县令任上的某年隆冬大雪，许多贫寒百姓求助到县衙门前，郑板桥便用自己的俸禄买猪大锅煮肉为灾民果腹驱寒。遗憾的是，故事编造者似乎完全不懂：即便中国历史上有无数海瑞（1514—1587）一样的"清官"，仕宦族群不乏"清官情结"，但清官也只能是清贫自奉、廉洁自奉的操守坚持；也不乏宋弘（前200—前121）那样"奉（俸）禄皆以给之，家无所余"[①]的助人为乐之官；或者灾荒饥馑之年多有如黄香（约68—122）那样"乃分奉（俸）禄及所得赏赐班赡贫者"的富贵门户[②]，但绝无民间故事中以肉飨饥善举。不贪敛的县令是个穷官，自掏腰包买煮猪肉慰问贫寒的事纯属具有讽喻意味的杜撰。道理很简单：县令没那么多的闲钱；买猪肉成本太高；"善门一开，祸水灭家"，后果必恶。但是，这新编的历史故事，无疑有现实政治的委婉隐喻，总之有符合"中国情"的需、供市场。"钱塘门外宋五嫂鱼羹"[③]是有可信的历史文献记录的，但9个世纪下来至今，早已经是名存实（技法、风味、形态等）亡了，宋五嫂复活一定会百思不得其解：这是谁家的"宋嫂鱼羹"？至于粽子——屈原（约前340—前278）的故事，年糕——伍子胥（前559—前484）的故事，西施舌——西施（春秋末期）的故事，沛县狗肉——樊哙（242—189）的故事，昭君皮子——王昭君（约前52—约前8）的故事，贵妃鸡——杨玉环（719—756）的故事，太白鸭——李白（701—762）的故事，五柳鱼——杜甫（712—770）的故事，金华火腿——宗泽（1060—1128）的故事，葱包桧——秦桧（1090—1155）的故事，佛跳墙——释师体（1108—1179）的故事[④]，涮羊肉——忽必烈（1215—1294，1271—1294在位）的故事，叫花鸡——朱元璋（1328—1398，1368—1398在位）的故事，宫保鸡丁——丁宝桢（1820—1886）的故事，杂碎——李鸿章（1823—1901）的故事，大救驾——赵匡胤（927—976，960—976在

---

①（西汉）司马迁．史记·平津侯主父列传：卷一百一十二[M]．北京：中华书局，1959：2951.

②（南朝宋）范晔．后汉书·文苑列传上：卷八十上[M]．北京：中华书局，1965：2615.

③（南宋）吴自牧．梦粱录：卷十三"铺席"//（南宋）周密．武林旧事：卷第七[M]．北京：中国商业出版社，1982：148.

④（南宋）释师体．颂古二十九首：其一//北京大学古文献研究所．全宋诗：卷一九九〇[M]．北京：北京大学出版社，1998：22340.

位）或朱由榔（1623—1662）的故事，满族包饭的故事，麻婆豆腐的故事，其实基本都是编造的故事而已。华人心底的这种“名人情结”根深蒂固，孔子就曾因为菖蒲菹是周文王（前1152—前1056）的嗜好，而强迫自己去适应：“文王嗜菖蒲菹，孔子闻而服之。缩頞而食之三年，然后胜之。”[①]比兴的文学传统，托志的儒家修养，让华人特别注重名人之食。

第六节

形式与行为的寓意

社会食事活动中仪式与公众视野下的个人的言行举止，一向被华人高度重视，它们都有深刻的寓意。

一、形式寓意

社会性食事活动，一般都会有特定的主题和预期的目的，活动会循从目的展开，会有相应的仪式，有参与者都会自觉循从的约定俗成的规范。参与者都会依照地位、身份、关系的设定与要求，把握各自的角色，恰如其分地遵循仪式程序。任何一场主题明确、组织规范的公众宴食活动，都似乎是一出戏剧，一出编剧、导演、演员、场景、道具齐备的活剧。郑重、庄重、隆重、热烈、欢愉的气氛，是通过一系列预设的程序与仪式体现的，公众宴食绝不仅仅是个人的生理行为，演示的是社会关系，追求的是餐桌以外的效果，因此形式的意义超越了事物本身。历史上那些无数著名的公众宴食，人们深刻记忆的是谁？何时？何地？如何？为何？至于具体肴馔的故事反倒淡漠。中国历史上著名的“鸿门宴”，留下深刻影响的是项羽、范增、刘邦、张良、项庄、樊哙等人物形象，是宴席座次、鸿门地点、时代背景与事件影响。唯一的一种食物“彘肩”也是活剧情节展开和人物性格突出的需要才意外出现的[②]。

① 吕氏春秋·孝行览第二·遇合//（民国）国学整理社辑. 诸子集成：六[M]. 北京：中华书局，1954：154.
②（西汉）司马迁. 史记·项羽本纪第七：卷七[M]. 北京：中华书局，1959：313.

二、行为寓意

“礼仪之邦”文化传统的历史上的中国，公众视野下的个人言行举止，尤其是公众宴食场景中的行为，一向为与其事者自觉、自尊、自重。与事者自我尊重的实现，是通过自觉、自律、卑己尊人来兑现的，是自我节制展示给众人的谦卑斯文，即孔子的“温良恭俭让”[①]修行赢得的。餐桌旁的修为表现，被称为“吃相”，吃相不雅、修为低劣者被人鄙视为“上不了台盘”，元曲讥讽那些低俗卑劣之徒有：“好朋友都是伙不上台盘的狗油东西。”[②]《红楼梦》：“我说你上不得台盘！”[③]由于近代以来大陆华人社会传统文化的断裂与优秀礼俗的严重流失，社会餐桌文明重构成了有识者的痛心疾首责任。重构，使用的基本是“秦砖汉瓦”——传统文化的碎片，诸如：

①餐前感恩礼，对食物及造物大自然的礼敬，是世界上各种文化的共性特征，至今许多文化都有餐前感恩礼俗。这是人类食生产的艰难和食生活的重要所自然陶冶锻造形成的。

②餐桌上的敬老、让尊、礼客传统。

③坐姿，端正坐姿，始终如仪。二郎腿、抖腿、手舞足蹈、犄身拄案、埋头仰首等均不可取。

④表情，端庄认真，专注谦恭。既不宜被人看出刘姥姥进大观园的寒酸懵懂，更不能有饥不可耐、狼吞虎咽、贪婪自顾等下作情态。

⑤规范执具法，执筷、匙、杯、碗的助食具与餐具应适宜而熟练。

⑥取食法，不在公共器皿中挑肥拣瘦，不可贪取自己所爱，不能取食过量，不能取而复返，不可沥沥拉拉。

⑦进食法，口不宜开合过大，不宜垂舌，不宜啄筷匙，不宜满口鼓腮，不宜品咂出声，剔牙遮掩，不可腹响泄屁。

⑧进食过程谐调共食者，不压桌，不宜过早离席，不得已则道歉同桌、谢过主人，不可饱嗝连声，不可一副沟满壕平的疲惫神态。

⑨卒食，横箸示意进食毕，亦是对食物提供服务的尊重与感谢。

⑩斯文起身离座，座椅归位，个人所用食具不可错乱位置，餐位不可狼藉一片。

---

① 论语注疏·学而第一：卷一//（清）阮元. 十三经注疏[M]. 北京：中华书局，1980：2458.

②（元）高文秀. 好酒赵元遇上皇：第一折“哪吒令”//张月中，王钢，主编. 全元曲：上[M]. 郑州：中州古籍出版社，1996：209.

③（清）曹雪芹. 红楼梦：第二十五回“魇魔法叔嫂逢五鬼，通灵玉蒙蔽遇双珍”[M]. 北京：人民文学出版社，1957：290.

应当说，这一切正在默默中被越来越多的人重视，各种各样餐前祝祷辞在一些场合的推行就是明证。重构中华餐桌文明，笔者力行倡导了三十余年，秉承以传统食礼精粹融合大众习行和时代趋势提升民众进食方式，示范、引导民众进食行为规范的理念与原则。诱发、引导与宴者用餐过程细枝末节力求合矩中规的自觉、自愿，规范进食行为，并非拘泥刻板、束手束脚，原则是行礼如仪、自然和谐。“中华进食礼”或“华人进食礼”的重构是基于“于理应行”“世情可行”“百姓乐行”的应行、可行、乐行——“三行”理念与原则，具有鲜明简洁、庄重愉悦的特点，为大众乐记、喜行、易行。

第五章

『有朋自远方来』：洗尘与饯行

《论语》被认为是孔子原教旨思想与儒家文化的最重要经典。但是，自西汉以来至今，研究者基本都是在解经和颂圣，在“言必称三代”和“唯圣人言是”的文化机制与士人整体思维体系中，学人对《论语》的解读一向疏忽史事过程考实、话语场景再现、社会条件制约的深刻关注与理解，很少明史识人。事实上，直到现时代，人们还是没有脱离以读“最高指示”思维方式对待《论语》。《论语》二十章的第一章《学而》，开宗明义第一句话就是：“学而时习之不亦说乎，有朋自远方来不亦乐乎?”[①]（图5-1）孔子固然未见《论语》的集结编辑成书，但《论语》的成书取舍与编排，应当说是基本上反映了自然人与社会人的孔子原貌。“人的一生都应当坚持不懈地学习，有访学者远道而来令人欣慰”，孔子表达的应当是这样的心意。那么，如何接待远方来朋呢？洗尘、酬酢、饯行，活动的中心舞台和高潮往往就是公共宴会，也就是餐桌天地。当然，孔子时代的宴会是有历史条件决定的各种等级与风格限制的，限于身份与接待能力，孔子的接待宴会或学者聚餐水准也是不难想象的，寒酸应是基本水准与风格，文雅的说法可以称作简约朴素。孔子与弟子论学，与访客磋道，往往离不开进食场合；至于接待慕名远道而来讨论学问的朋友，待客以食，也是应有之义，食物精粗、多寡似乎并不重要，要在供客以食和以礼进食。这就是笔者坚持解读的隐在“学而时习之不亦说乎，有朋自远方来不亦乐乎?”背后的主客活动：你好→欢迎→请进→请坐→请饮（喝水，孔子时代没有茶可以招待客人）→请吃（孔子可以待客的食物不出脱粟、束脩、醢、醯之属）。至于学问切磋、论题答问，在主客进食间与进食后——当然主要是进食后进行的。

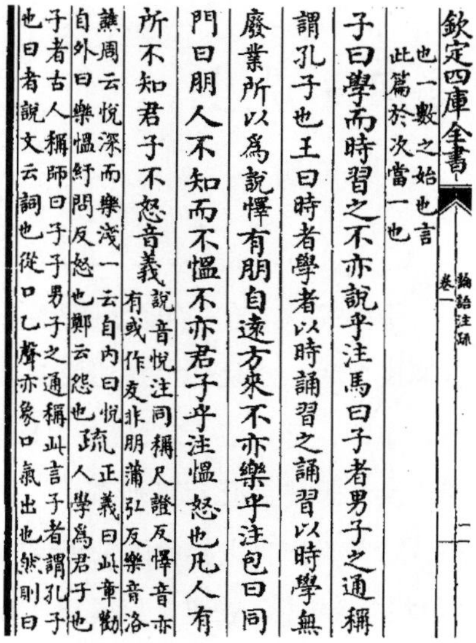
欽定四庫全書
論語注疏 卷一
也一數之始也言此篇於次當一也
子曰學而時習之不亦說乎注馬曰子者男子之通稱
謂孔子也王曰時者學者以時誦習之誦習以時學無
廢業所以為說懌有朋自遠方來不亦樂乎注包曰同
門曰朋人不知而不慍不亦君子乎注慍怒也凡人有
所不知君子不怒音義說音悅注同稱尺證反懌音亦有或作友非朋蒲弘反樂音洛
譙周云悅深而樂淺一云自內曰悅自外曰樂慍紆問反怒也鄭云怨也疏正義曰此章勸人學為君子也
子者古人稱師曰子子男子之通稱此言子者謂孔子也曰者說文云詞也從口乙聲亦象口氣出也然則曰

图5-1 《论语·学而第一》书影

① 论语注疏·学而第一：卷一//（清）阮元. 十三经注疏[M]. 北京：中华书局1980：2457.

第一节
接风·洗尘

中国民歌中有一句人们倍感亲切的唱词："朋友来了有好酒"。中国人在讲到特色民俗、敦厚民风时，总是会考察述说待人之道与"待客之道"。客人来了就要热情招待，请茶、敬酒、布馔，都是应有之义。2018年4月笔者意外地获得了阿拉伯联合酋长国的沙迦国际文化遗产奖"最佳文化遗产研究奖"，于是我在感言中说："历史上的中国有'礼仪之邦'的美誉，这美誉出自世界各国来华者的眼观身受，其中就有伊本·白图泰（Ibn Baṭūṭah，1304—1377）的叙述。餐桌无疑是最重要的社交场合，孔子说：'有朋自远方来，不亦乐乎！'志同道合者自远方慕名而来，多么令人愉快啊！'请进''请坐''请用'，美好首先从餐桌开始。"

一、寓意

凡是客客气气来的，主人都要回以同样客客气气的礼节，"来的都是客"，都要尽可能热情地接待，这才是应尽的"地主之谊"或"地主之仪"。公元前483年的一次诸侯国盟会，有识者认为应当遵循常规礼仪："夫诸侯之会，事既毕矣，侯伯致礼，地主归饩，以相辞也。"杜预注："侯伯致礼以礼宾也。地主，所会主人也。饩，生物。"孔颖达疏："致礼礼宾，当谓有以礼之，或设饮食与之宴也。"[①]尽"地主之谊"，指的就是当地的主人对来客接待的礼节和饮食馈赠等情谊，这既是情分，更是礼俗。在中华文化中，"好客"从来都是衡量一个人品德修养如何，"可交与否"的公理标准，也是评介一种民族文化的最重要指标："好客礼让，民风古朴"。即便是穷乡僻壤，"宾至则壶酒盘飧，绝无兼味"[②]，也是人们都相约恪守的习俗。"致礼礼宾"是国家制度层面的政治行为，而在世俗生活领域，接待客

① 春秋左传正义·哀公十二年：卷第五十九//（清）阮元. 十三经注疏[M]. 北京：中华书局，1980：2170.

②（民国）胡朴安. 中华风俗志：上篇卷一"顺天"（影印本）[M]. 上海：上海文艺出版社，1988：3.

人则习惯称为“接风”，元代曲词有：“打扫书房，着孩儿那里安歇，便安排酒肴，与孩儿接风去来。”[①]明代剧文：“又闻得二哥回家，特备一盃水酒接风。”[②]清代章回小说：“两公子欢喜不已，当夜设酒接风，留在书房歇息。”[③]“接风”就是设宴款待远来或远归的人。相同意义的表达，又作“洗尘”：“这人是师师的一个哥哥，在西京洛阳住。多年不相见，来几日，也不曾为洗尘。”[④]清代笔记文：“黄沙陈星堂，近从安南归帆……朋辈为其洗尘。”[⑤]“洗尘”意即为来客洗去一路奔波的仆仆风尘，客人的热忱，主人的热情，都寓意其中。因此，“接风”与“洗尘”同义。但“接风”亦有“接风光”义，是主人极尽谦卑地恭维尊重客人。

二、方式

热情周到，铺张隆重，甚至竭尽全力、倾其所有，是中国人待客的传统。南宋大诗人陆游（1125—1210）的“莫笑农家腊酒浑，丰年留客足鸡豚”名句[⑥]，反映的是农村的待客习俗。那一年是宋孝宗乾道三年（1167），作者42岁，正在居家赋闲，历史情愫极深的爱国者，忧心积郁之际，乡情民俗感触自然十分强烈。待客之物，无非酒、肉，而且都是农家的最好（hào）。腊酒新熟，杀鸡、宰猪，酒肉足够客人捧腹，作者感慨这种习俗是令人温馨的历史悠久的“古风”。农村如此，城市居民由于官场（官场酬酢）、商场（商品商业活动）、市场（社会利益交换）、情场（各种人情往来）等多种社交的需要，待客方式更是名目繁多、等级叠压，于是有各种宴饮章程规矩的完备。商品经济与城市生活都高度发展的两宋时代（960—1279），盛行于都邑的宴会“四司六局”制度，堪称代表：

凡官府春宴，或乡会，或遇鹿鸣宴，文武官试中设同年宴，及圣节满散祝寿公筵，如遇宴席，官府客将人吏，差拨四司六局人员督责，各有所掌，无致苟简。或府第斋舍，亦于官

①（元）石子章．秦修然竹坞听琴：第一折//张月中，王钢，主编．全元曲：上[M]．郑州：中州古籍出版社，1996：905.

②（明）徐畛，著．俞为民，校注．杀狗记：第三十四出“拒绝乔人”[M]．上海：上海古籍出版社，1992：137.

③（清）吴敬梓．儒林外史：第十回“鲁翰林怜才择婿，蘧公子富室招亲”[M]．北京：人民文学出版社，1977：128.

④（宋）佚名．新刊大宋宣和遗事：亨集[M]．北京：中国古典文学出版社，1954：55.

⑤（清）宣鼎．夜雨秋灯录：三集卷三“妓笃故谊”[M]．黄山：黄山书社，1985：236.

⑥（南宋）陆游．游山西村//剑南诗稿：卷一[M]．上海：上海古籍出版社，1985：102.

司差借执役，如富家士庶吉筵凶席，合用椅卓（桌），陈设书画、器皿盘盒动事之数（类?），则雇唤局分人员，俱可完备，凡事毋苟。且谓四司六局所掌何职役，开列于后。如帐设司，专掌仰尘、录压、桌围（帏?）、搭席、帘幕、缴额、罘罳、屏风、书画、簇子、画帐等；如茶酒司，官府所用名“宾客司”，掌宾客过茶汤、斟酒、上食、喝揖而已，则民庶等俱用茶酒司掌管筵席，合用金银酒茶器具及直茶汤暖荡斟酒、请坐、咨席、开话、斟酒、食上、唱揖、喝坐席、迎送亲姻，吉筵庆寿，邀宾筵会，丧葬斋筵，修设僧道斋供，传语取复，上书请客，送聘礼合，成姻礼仪，先次迎请等事；厨司，事前后掌筵生熟看食、粄饤、合食、前后筵九盏食，品坐歇坐，泛劝品件，放料批切，调和精细美味羹汤，精巧簇花龙凤劝盘等事；台盘司，掌把盘、打送、赍擎、劝盘、出食、椀楪等；果子局，掌装簇饤盘看果、时新水果、南北京果、海腊肥脯、脔切、像生花果、劝酒品件；蜜煎局，掌簇饤看盘果套山子、蜜煎像生窠儿；菜蔬局，掌筵上簇饤看盘菜蔬，供筵泛供异品菜蔬、时新品味、糟藏像生件段等；油烛局，掌灯火照耀、上烛、修烛、点照、压灯、办集（席）、立台、手肥（把）、豆台、竹笼、灯台、装火、簇炭；香药局，掌管龙涎、沉脑、清和、清福异香、香垒、香炉、香球、装香簇画（烬）细灰，效事听候换香，酒后索唤异品醒酒汤药饼儿；排办局，掌椅桌、交椅、桌凳、书桌，及洒扫、打渲、拭抹、供过之职。盖四司六局等人，祗直惯熟，不致失节，省主者之劳也。欲就名园异馆、寺观亭堂，或湖舫会宾，但指挥局分水，立可办集，皆能如仪。俗谚云："烧香点茶，挂画插花，四般闲事，不宜累家。"若有失节者，是祗役人不精故耳。且如筵会，不拘大小，或众官筵上喝犒，亦有次第，先茶酒，次厨司，三伎乐，四局分，五本主人从。此虽末事，因笔述之耳。①

所谓“四司六局”，简言之，即帐设司，主题宴会场景设计布置；茶酒司，宴程接待服务；厨司，膳品事务服务；台盘司，大型酒宴器具服务；果子局，备置宴会所用干、鲜果品；蜜饯局，备置宴会所需蜜饯等食物；菜蔬局，备置宴会所用各种菜蔬；油烛局，专掌灯火香炭等事务；香药局，专掌诸般奇香及醒酒汤药类事务；排办局，负责宴会整体事务协调照应。四司分工合作，六局职能互助；四司、六局各司其职，两者之间相辅相成又彼此监督促进，最终协调完成一次主题宴会的承办任务（图5–2）。“厨司”，最初是家国政权、世爵贵族，继而是土豪富商私属的厨事责任人，其工作与职司空间主要是“庖”和“厨”。“庖”和“厨”或连称“庖厨”，因为二者在空间上往往是毗连或同一的，而厨务是紧密衔

---

①（南宋）吴自牧. 梦粱录：卷十九“四司六局筵会假赁”//文渊阁四库全书：第590册[M]. 台北：商务印书馆，1984：161—162.

接，职司或者是分工合作或者是同职兼顾的。后来，由于商业的发展与城市的需求，“厨司”成了酒楼食店的职能。“四司六局”的名称频频出现在宋代历史文献中，但其市场运作基本形态的出现与功能的充分发挥，至少在唐代（618—907）就已经很成熟并且很流行了。唐代文化教育之盛历史空前，外食发达举世无双，都城长安的“进士宴游之盛”为经久不衰佳话。大考放榜之后，麇集长安的应试学子，无论中与未中，皆有酒宴之会。应此需求，有了充分发挥“四司六局”职能的经营性专业组织，名为“进士团”。史载：

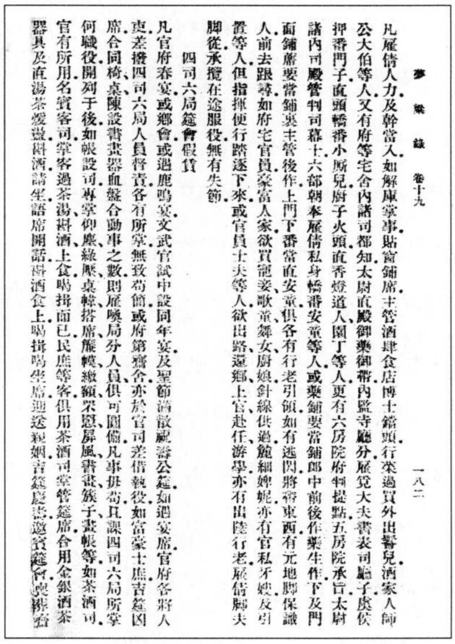
夢粱錄　卷十九　一八二

凡雇倩人力及幹當人，如解庫掌事，貼窗鋪席，主管酒肆食店博士、鐺頭，行菜過買，外出鬙兒，酒家人師公大伯等人，又有府第宅舍內諸司都知，太尉直殿御藥、御帶，內監寺廳分，雇覓大夫、書表、司廳子、虞候、押番、門子、直頭、轎番、小廝兒、廚子、火頭、直香燈道人、園丁等人，更有六房院府判提點，五房院承旨、太尉、諸內司殿管判司幕士、六部朝奉雇倩私身、轎番、安童等人，或藥鋪要當鋪郎中、前後作、藥生作，下及門面鋪席要當鋪裏主管後作，上門下番當直安童，俱各有行老引領。如有逃閃，將帶東西，有元地腳保識人前去跟尋。如府宅官員，豪富人家，欲買寵妾、歌童、舞女、廚娘、針線供過、鹼細婢妮，亦有官私牙嫂及引置等人，但指揮便行踏逐下來。或官員士夫等人，欲出路、還鄉、上官、赴任、游學，亦有出陸行老，雇倩腳夫腳從，承攬在途服役，無有失節。

四司六局筵會假賃

凡官府春宴，或鄉會，或遇鹿鳴宴，文武官試中設同年宴，及聖節滿散祝壽公筵，如遇宴席，官府各將人吏，差撥四司六局人員督責，各有所掌，無致苟簡。或府第齋舍，亦於官司差借執役，如富豪士庶吉筵凶席，合同椅桌、陳設書畫、器皿盤合動事之數，則雇喚局分人員，俱可圓備。凡事毋苟，且謂四司六局所掌何職役，開列于後：如帳設司，專掌仰塵、縿壓、桌幃、搭席、簾幕、繳額、罘罳、屏風、書畫、簇子、畫帳等。如茶酒司，官有所用，名賓客司，掌客過茶湯、斟酒、上食、喝揖而已。民庶等客，俱用茶酒司掌管筵席，合用金銀酒茶器具，及直湯茶、煖盪、斟酒，請坐、語席、開話、斟酒、食上、喝揖、喝坐、席迎送、親姻、吉筵、慶壽、邀賓、筵會……

图5-2 《梦粱录·四司六局筵会假赁》书影

所以长安游手之民，自相鸠集，目之为‘进士团’。初则至寡，洎大中、咸通已来，人数颇众。其有何士参者为之酋帅，尤善主张筵席。凡今年才过关宴，士参已备来年宴游之费，由是四海之内，水陆之珍，靡不毕备。时号“长安三绝”（南院主事郑容，中书门官张良佐，并士参为“三绝”）。团司所由百余辈，各有所主。大凡谢后便往期集院（团司先于主司宅侧税一大第，与新人期集），院内供帐宴馔。卑于辇毂。其日，状元与同年相见后，便请一人为录事（旧例率以状元为录事），其余主宴、主酒、主乐、探花、主茶之类，咸以其日辟之。主（乐）两人，一人主饮妓，发榜后，大科头两人（第一部），（小科头一人）常诘旦至期集院；常宴则小科头主张，大宴则大科头。纵无宴席，科头亦逐日请给茶钱（平时不以数，后每人日五百文）。第一部乐官科地每日一千，第二部五百，见烛皆倍，科头皆重分。逼曲江大会，则先牒教坊请奏，上御紫云楼，垂帘观焉。时或拟作乐，则为之移日。故曹松诗云：“追游若遇三清乐，行从应妨一日春。”勅下后，人置被袋，例以图障、酒器、钱绢实其中，逢花即饮。故张籍诗云：“无人不借花园宿，到处皆携酒器行。”其被袋，状元、录事同检点，阙一则罚金。曲江之宴，行市罗列，长安几于半空。公卿家率以其日拣选东床，车马阗塞，莫可殚述。[①]

考按史文可知，“进士团”系唐中叶后旨在为进士及第者筹办一应事务的民间组织，负责组织、联络及筹措经费等。究其性质，进士团可视为唐代长安民间兴办的“宴会专业公

① （五代）王定保．唐摭言：卷三“散序”[M]．上海：上海古籍出版社，1978：24.

司”，标榜主要服务对象是新及第进士，就如同“陛下饭店”“王子酒楼”“皇后游轮”“公主美容”“天使摄像”等，为钱服务，当然不拘对象。不过，服务新科进士的业务专业性较强：关宴、期集院、备参谒宰相的酒食、通报登第信息、为进士开路喝道、召妓等诸般业务。其中，“关宴”又作“关谯”“关醼”“离醼”，是唐代诸多宴席名目中最为煊赫铺张的“最大宴”①，唐宋两代都流行。唐宋时期吏部对进士的考试称为“关试”——考试通过才具有任官的资格，所以，“关宴”的寓意明显为庆贺士子顺利过考关，成了中国历史上，清朝四度举行的“千叟宴”之前最具人气和社会影响力的最大规模的宴事活动，也因而形成了相对稳定的筵式模式。世界瞩目、人物荟萃的大唐帝国京师，可谓华盖如云、精英似雨，而“进士团”主理者竟能成为官场世界外的叱咤风云人物，赢得“长安三绝”的声誉，其业务运营规模之大、社会影响之巨，令人匪夷所思。因为铺张斗富猎奇，扬厉无止境，以至成为危及社会和谐的负面影响，中央政府不得不出面干预，僖宗乾符二年（875）下诏限制：“每年有名宴会，一春罚钱及铺地等，相许每人不得过一百千，其勾当分手不得过五十人”，而且限定“其开试开宴必须在四月内。稍有违越，必举朝章，仍委御史台当加纠察。”②“进士团”的业务积久娴熟，社会关系垄断，因而成世袭私家产业，“有何士参者，都主其事，……士参卒，其子汉儒继其父业。”③因为“进士团”操办宴席的专业擅长与高质、高效，理当承办社会上的各种隆重宴会，唐代流行的“烧尾宴”亦当在其经营范围中：“公卿大臣初拜官者，例许献食，名曰‘烧尾’。”④公卿大臣进阶新职，要尽快进呈报效“烧尾宴”以谢恩，而迅速置办一台隆重豪华的宴席，则是一般公卿大臣家力所不及的，委托“进士团”则便捷多了⑤。据载，五代（907—960）时后蜀（934—966）郡守赵雄武家中“居常不使膳夫，六局之中各有二婢执役，当厨者十五余辈，皆着窄袖鲜洁衣装。”⑥这其实即是私家的“四司六局”了，不同的是赵郡守厨事只用鲜洁利落的女人，各局二人，另外几个人显然是总理厨务食事的管理级人员，行使的自然是“四司六局”的职能。但因为私家厨事，自然是主人自奉为主，宴待客人并非常务。

窥瞰中国饮食史的发展知道，从周王廷的宴食管理到唐代长安的“进士团”，再到宋代的“四司六局”，“待客”饮食文化发达的高度与空间都是无限的。在财力与人力都高度垄

①（五代）王定保．唐摭言：卷三“醼名”[M]．上海：上海古籍出版社，1978：28.

②（清）董浩．全唐文：卷八“戒约新及第进士宴游”[M]．北京：中华书局，1983：920.

③（宋）钱易，撰．黄寿成，点校．南部新书：“乙”[M]．北京：中华书局，2002：19.

④（后晋）刘昫，等．旧唐书·苏环传：卷八十八[M]．北京：中华书局，1975：2878.

⑤（五代宋之际）陶谷．清异录：“单笼金乳酥”[M]．北京：中国商业出版社，1985：5—13.

⑥（五代）孙光宪，撰．贾二强，点校．北梦琐言逸文：卷第二“赵大饼”[M]．北京：中华书局，2002：401.

断，尊贵与卑微差距巨大的中国历史上，那些权贵豪富之家是必备“四司六局”规模与职能的厨事佣役的。“官府贵家置四司六局，各有所掌，故筵席排当，凡事整齐，都下街市亦有之。常时人户，每遇礼席，以钱倩之，皆可办也。”[①]但“四司六局”更多的业务活动空间，还是广大的社会市场。宋代白话小说亦有这样的情景描述：越州知府“洪（迈）内翰遂安排筵席于镇越堂上，请众官宴会，那四司六局祗应供过的人，都在堂下，甚次第。”[②]同样道理，绍兴二十一年（1151）清河郡王张俊在王府宴待宋高宗赵构、宰相秦桧一行的超奢华宴席，无疑也应当是王府“四司六局”为主置办的，因为席面极其浩繁，接待任务太重，同时不排除社会上相同行会的介入[③]。中国历史上的宴席名目与筵式，可谓不可胜计。如明代流行的“上席”“中席”“下席”，满清帝国中央政府规定的国家筵式“满席六等”“汉席三等”以及地方政府官场酬酢与社会流行的“满汉席”“满汉全席”等[④]，都是主人（各种等级身份东道主）的待客之礼。

第二节
祖饯·送行

中国有句古老的俗语：“出门一日为风雨计，出门一月为寒暑计，出门一年为生死计。”因为古代交通不便，尤其是穿行在穷乡僻壤，不仅路途艰难，而且各种危险四伏。旅途就是畏途，古人很慎行。“安土重迁，黎民之性。”[⑤]这是官方语言，黎民百姓自己的说法则是：“在家千日好，出外一时难”，“在家千日好，出门事事难”。亲朋不得已出行，一定要郑重饯行，祝福一路平安。

①（宋元之际）耐得翁．都城纪胜·四司六局．//文渊阁四库全书：第590册[M]．台北：商务印书馆，1984：6.

②（明）冯梦龙，编刊．陈曦钟，校注．喻世明言：第十五卷“史弘肇龙虎君臣会”[M]．北京：北京十月文艺出版社，1994：231.

③（宋）周密．武林旧事：卷第九“高宗幸张府节次略”//文渊阁四库全书：第590册[M]．台北：商务印书馆，1984：272—281.

④ 赵荣光．满汉全席源流考述[M]．北京：昆仑出版社，2003：327—426.

⑤（东汉）班固．汉书·元帝纪第九：卷九[M]．北京：中华书局，1962：292.

一、寓意

祖饯，又称“饯行”。祖饯有“祖”“饯”两层意义：祭祀路神，行人与送行人共享祭祀神的食物。“祖”又称“祖軷”“祖道”“祖路”，就是以食物祭祀路神。《诗经》记载某国君夫人回到自己的邦国“归宁”，“出宿于泲，饮饯于祢。”郑氏笺：“祖而舍軷，饮酒于其侧曰饯。”[①]送行人在行人启程（送行人止步）的路段为其设宴送行：“韩侯出祖，出宿于屠。显父饯之，清酒百壶。其肴维何，炰鳖鲜鱼。其蔌维何，维笋及蒲。”[②]韩侯朝觐宗周天子宣王（？—前783，前828—前783在位）后回国，宣王责成很有德行威望的高官为他送行，在国门外祖道，准备了丰盛的美酒佳肴，还赠送他车马和其他许多珍贵的礼物。韩侯入宗周之时自然是接受了宣王的接风洗尘的礼遇，当其回国，在东道主的一方认同是出行，而他在离开自己的封国来宗周之际，也必然是履行了出行祖道之礼。祖饯之礼在漫长的历史上一直被人们恪守遵循，不同的是，自贵族至庶民的等级、规模差异而已。“京兆第五永为督军御史，使督幽州，百官大会，祖饯于长乐观，议郎蔡邕等皆赋诗。”外黄令高彪离京赴任，汉灵帝（157或156—189，168—189在位）“敕同僚临送，祖于上东门。”[③]历代文人骚客更重此俗情，李白（701—762）诗句：“群公咸祖饯，四座罗朝英。”[④]温庭筠（约812—约866）赴任，“文士诗人争赋诗祖饯，惟纪唐夫擅场。”[⑤]汪廷讷《狮吼记・祖席》：“多君祖饯大慇懃，迁客还朝意气新。”[⑥]蒲松龄（1640—1715）《聊斋志异》：“王涕下交颐，哀与同归，女筹思再三，始许之，桓翁张筵祖饯。”[⑦]毫无疑问，祖饯不仅仅是祈祷路神保佑平安，更重要还是一个人社会地位的象征，尤其是政府职官——绝对轻忽不得社会利益。南朝宋齐间虞玩之“于人物好臧否”，朝中与人交，往往“言论不相饶”，同僚衔恨者多。待其致仕离朝，竟至“朝廷无祖饯者。”以至于他的晚年都很悲惨，落得人很鄙视[⑧]。

---

① 毛诗正义・邶风・泉水：卷二——三//（清）阮元．十三经注疏[M]．北京：中华书局，1980：309.

② 毛诗正义・大雅・韩奕：卷十八——四//（清）阮元．十三经注疏[M]．北京：中华书局，1980：571.

③（南朝宋）范晔．后汉书・文苑传下・高彪：卷八十下[M]．北京：中华书局，1965：2650、2652.

④（唐）李白．闻李太尉大举秦兵百万出征东南懦夫请缨冀申一割之用半道病还留别金陵崔侍御十九韵//全唐诗：卷一百七十四[M]．北京：中华书局，1960：1786.

⑤（元）辛文房，撰．王大安，校订．唐才子传・温庭筠[M]．哈尔滨：黑龙江人民出版社，1986：156.

⑥（明）汪廷讷．狮吼记・祖席//章培恒，主编．四库家藏・六十种曲9[M]．济南：山东画报出版社，2004：56.

⑦（清）蒲松龄，著．张式铭，标点．聊斋志异・仙人岛[M]．长沙：岳麓书社，1988：301.

⑧（唐）李延寿．南史・列传第三十七・虞玩之传：卷四十七[M]．北京：中华书局，1975：1179.

二、方式

“祖席”“祖宴”“祖谯”“祖筵”“祖饮”，其中的“席”“宴”“谯”“筵”“饮”都是食物，即其基本内容和主体活动都是享受美食。接风洗尘、祖饯送行，历史上就其食材、食物来说并无严格的区别，“上车饺子，下车面”基本是晚近以来的习俗。但接风洗尘、祖饯送行（图5-3）宴席，因迎来与送往的目的不同，因此宴程中的仪规与礼俗也就自然会有许多差异。

前引周宣王送行韩侯文，鳖、鱼、笋、蒲等食材都是精选的，鳖、鱼是出水鲜活，笋、蒲恰逢其时。笋即“竹萌”，新竹的嫩芽，被认为是“百蔬之王”，采摘时“始出地，长数寸”；蒲是嫩的香蒲，称之为“蒻”，“蒲始生取其中心入地蒻大如匕柄正白。生噉之甘脆。”因为采自生在水面下处所以嫩。酒是必备的，所谓“饯送之，故有酒。”[①]后来，只有“饯”，“祖”则逐渐略隐，以至人们不再知“祖”而只重“饯”了。送行亲友只饯不祖，既非孔夫子的“敬鬼神而远之”[②]，亦非不敬而疏。佞鬼神和泛祀是历史上中国大众的基本心态、庶民社会的主流意识。所以“路神”退隐，实因百姓选择了信奉更具法力、更悯人的神祇所致，若“无所不能”“无处不在”“大慈大悲”的“观世音菩萨”就包揽了中国百姓的一切需求。但，送行之际路边社祖仪式的隐逝，毕竟是人事意义的凸显，“饯”成了实实在在吃喝，“饯行”的本意更具人情味了。

图5-3　祖饯送行

① 毛诗正义·大雅·韩奕：卷十八——四//（清）阮元．十三经注疏[M]．北京：中华书局，1980：571.

② 论语注疏·雍也第六：卷六//（清）阮元．十三经注疏[M]．北京：中华书局，1980：2479.

第三节

聚会——宴会

聚会往往就是要宴会，通过会宴的行为来聚会友朋亲近，这几乎就是最具“中国特色”的中国人的社交方式。历史上和现实中，都是如此，因而是悠久的传统，是流行的风俗。

一、“礼尚往来”中的食义

“礼尚往来，往而不来，非礼也；来而不往，亦非礼也。”遵守礼的规范是重要的，因为“人有礼则安，无礼则危。”①人际交往，审视习俗与传统，中国人强调在礼节上的有来有往，恪守彼此尊重、平等相待的原则。但对于长期贫穷困窘生活中的庶民百姓——农民大众和普通市民来说，以物质为媒介的知恩图报礼尚往来的“随礼”“随份子”往往是日常家庭生活的负担，但是邻里、亲朋等之间的“来往”“走动”是不可避免的，所以人们会暗地里拿捏的分寸则是等量原则，这样自己既不“吃亏”，也避免给对方留下“占了便宜”的感觉。所以，“礼尚往来”在相当意义上，被借指用对方对待自己的态度和方式去对待对方。平等相待是礼尚往来的基本原则，所谓“投我以桃，报之以李。”②“投桃报李”既是殷厚礼俗，亦是民风美德。但，这原则并不是一成不变的，正如俗语所说：“受人滴水之恩，当以涌泉相报”，中国人赞美“知恩图报”的美德，并且强调应当加倍报答那些给过自己慷慨帮助的人。馈赠美食——从食材、食物到整桌宴席，自然成了最流行的方式。

① 礼记正义・曲礼上：卷一//（清）阮元．十三经注疏[M]．北京：中华书局，1980：1231.

② 毛诗正义・大雅・抑：卷十八——一//（清）阮元．十三经注疏[M]．北京：中华书局，1980：554.

二、宴会者的身份相

在古代中国，“宴会”基本是权贵、富强阶级的专利，农民大众可以参与的宴会通常是约定俗成或政府特许性质的，一年罕见几度。东汉建武二十六年（50）“上（光武帝刘秀前5—57，25—57在位）延集内戚宴会，诸夫人各前言为赵憙所济活。上甚嘉之。征憙入为太仆，引见谓曰：‘卿非但为英雄所保也，妇人亦怀卿之恩。’”史载，赵憙入仕前，他的从兄为人所杀，而从兄无子，于是赵憙担起了报仇的责任。但是，当他到了仇家，发现仇人全家都染病卧床，他认为“以因疾报杀，非仁者心”[①]，于是就放弃了报仇的打算，对仇人说：“你们病好了之后，远远地离开，不要再被我发现！”他是个有操守、重道德、乐助人、勇担当的人。在西汉末年的兵匪患乱和饥馑灾难时期，他救助了许多人。以至受其惠者皆交口称赞。这次皇帝大家庭的宴会上，贵戚们交口称赞他的德行，加深了皇帝对他的好感。网络流行语：“在餐桌上比在会议桌上更容易解决问题”，突出了现时代中国的宴会风俗。但这备受大众诟病的“中国式宴会风俗”，却是有着根深蒂固的“中华式宴会文化”传统。东晋（317—420）时，谢安（320—385）与谢万关系亲近，谢万领军北征，但这位统帅却“常以啸咏自高，未尝抚慰众士”，致“失士众之心”。谢安为之忧虑，因此耐心对其建议：“汝为元帅，宜数唤诸将宴会，以说（悦）众心。”[②]统帅用频频的宴会来拉拢关系，增进感情，来换取麾下诸将的遵令效命。战斗是要用士卒的躯体生命去拼搏的，所谓“脑袋拴在裤腰上”——随时会丢失，所以战斗前的一顿饭极受重视，因为它可能是人间的最后一餐。“兵马既至江头，便须宴设，兵士、军官食了，便即渡江”开战[③]。当然，军旅宴会要的是仪式与气氛，酒、肉会有的，随军的“彘肩”——腌渍猪肉或“火腿”，或椎牛宰马，痛快饱餐一顿之后鼓角冲锋。战事之后，也要举行更隆重宴会：“……大排筵席，宴赏将士，犒劳三军。”[④]历史上的中国，是自然经济基础，皇权社会，宴会文化的发展，基本是富贵阶级的城市生活。“城中多宴赏，丝竹常繁会。”[⑤]“大殿里，设宴会，教坊司承应在丹墀。”[⑥]但是，宴

---

①（东汉）刘珍，等，撰．吴树平，校注．东观汉记·赵熹传：卷十三[M]．郑州：中州古籍出版社，1987：489.

②（南朝宋）刘义庆．世说新语·简傲：卷下之上[M]．上海：上海古籍出版社，1982：404—405.

③ 王重民，原编．黄永武，新编．敦煌古籍叙录新编：第17册“伍子胥变文”[M]．台北：新文丰出版公司，1986：87.

④（明）施耐庵．水浒传：第一〇六回“书生谈笑却强敌，水军汩没破坚城”[M]．北京：商务印书馆，2016：904.

⑤（南朝梁）何逊．日夕望江山赠鱼司马//（清）沈德潜，选编．古诗源：卷十三[M]．哈尔滨：哈尔滨出版社，2011：301.

⑥（元）吴仁卿．斗鹌鹑//周振甫，主编．唐诗宋词元曲全集·全元散曲：第1册[M]．合肥：黄山书社，1999：173.

会毕竟不同于个人行为的摊头“小吃”、羁旅“打尖”，或市民居家便当快餐，宴会既然是众人之事，而且对于中国历史上贵族与富家层以下的庶民大众来说[①]，宴会毕竟是寻常难得一回的事。于是，一番宴会经历几乎是乐道永久，毕生不忘，至今，“和×××在×××酒店同桌吃过饭”常挂嘴边，也还是大众的心理与习惯。“饭桌上认识的”“一起吃过饭”，是交友的经历，社交的标志。既然是社交，地位、角色、利益、交情也就自然都在其中，从“五日一大宴，三日一小宴”的权贵阶层到一年难得几回遇的庶民大众，每一次宴会都有特定的意义。然而，在儒家传统的伦理道德体系里，除了节令习俗、正常公务、例行交往等“必要”“必须”的宴会之外，过多的宴享聚会通常都不被社会舆论所认可。这种不认可，既有当政者对社会稳定不确定因素的敏感，有注重民风淳朴者的忧虑，也有“吃不着葡萄”大众的“羡慕妒忌恨”广阔心理土壤。北宋名臣寇准（961—1023）有大功于朝廷社会，而其作为肩负重任的宰辅，出私囊所有招待僚佐的宴会也被风议：“准少年富贵，性豪侈，喜剧饮，每宴宾客，多阖扉脱骖。家未尝爇油灯，虽庖匽所在，必然炬烛。”[②]名臣身后，尚且为正史所不容。至于等而下之者，更在社会疵议之列，俗谚所谓：“柴米夫妻，酒肉朋友，盒儿亲戚。”[③]“酒肉朋友”，通常指的是“不可深信”“靠不住”的寓意。所以，元代曲词唱道：“关云长是我酒肉朋友，我交他两只手送与你荆州来。”[④]听众自然是一阵捧腹。

① 赵荣光．试论中国饮食史上的层次性结构[J]．商业研究，1987（5）：37—41.

②（元）脱脱，等．宋史·列传第四十·寇准：卷二百八十一[M]．北京：中华书局，1977：9534.

③（明）顾起元．客座赘语·谚语[M]．上海：上海古籍出版社，2012：7.

④（元）关汉卿．关大王独赴单刀会：第二折“尾声”//张月中，王钢，主编．全元曲：上[M]．郑州：中州古籍出版社，1996：85.

第六章

地域限定与等级制约的民族食性

第一节
饮食文化的限定地域性

任何文化都是一定地域上特定族群的生存方式与生活状态，地域性是文化的基本特征，“靠山吃山，靠水吃水”“一方水土养一方人”，饮食文化的地域性特征尤其明显。20世纪80年代初，笔者在中国饮食文化课堂上提出了“饮食文化圈”的概念，用以认识和表述饮食文化的地域性特征。我的理解：“饮食文化圈是由于地域（最主要的）、民族、习俗、信仰等原因，历史地形成的具有独特风格的饮食文化区域。”文化区又称作文化地理区，每一个饮食文化区可以理解为具有相同饮食文化属性的人群所共同生息依存的自然和文化生态地理单元。“文化圈”理论，是德国民族学家格雷布纳（Robert Fritz Graebner）首先提出的，其后，不仅在地理学、历史学、文化学、社会学、民俗学，甚至在更广阔的学术领域为国际范围内的学者所认同或借用。笔者依据中国客观存在的饮食文化的区域差异，提出了“饮食文化圈”“中华民族饮食文化圈”等一系列表述饮食文化区域性的概念[①]。“饮食文化圈”与“饮食文化区”所表达和反映的均是中国饮食文化的区域性属性与特征。经过漫长历史过程中发生、发展、整合的不断运动，至17—18世纪，中国域内大致形成了东北饮食文化区、京津饮食文化区、黄河中游饮食文化区、黄河下游饮食文化区、长江中游饮食文化区、长江下游饮食文化区、中北饮食文化区、西北饮食文化区、西南饮食文化区、东南饮食文化区、青藏高原饮食文化区、素食文化区。其中本来以侨郡形式穿插依附于其他相关文化区中的素食文化区，因时代政治等因素致使佛教、道教迅速式微而于19世纪逐渐淡化了，它在中华民族饮食文化史上大约存在了13个世纪。其余11个饮食文化区，是经过了至迟自原始农业和畜牧业产生以来的近万年时间的漫长历史发展，逐渐演变成今天的形态的。任何一种文化都是有其原生土壤的——我们称之为“原壤”，但文化的地域性同时也是一个历史概念，也会因自然物候的变化和人为干预而“时过境迁”，因此我们的认识也要“与时俱进”，不能拘泥于历史记录的亘古不变理解，因为特定族群生存的自然的和社会的环境不会固定不变，族群本身也在变，“代际”差异毋庸置疑，人的“百年人生”也会遭际环境与自身的许多变化。

---

① 赵荣光. 赵荣光食文化论集[M]. 哈尔滨：黑龙江人民出版社，1995：129—168.

食材自然生态最终决定特定族群食生活基本风格，饮食文化的地域依附性很强，小农经济和生存封闭不断强化了它。“惰性”，是饮食文化运行的明显特征。19世纪中叶以来，食材与食物工业化生产、冷贮、保鲜、长运、流通等科技的突破性接续发展，正在全方位地颠覆性改变人们食生活传统和习俗，但各种饮食文化的“地域性”——时下主要以“国别”或“民族”“族群”概念被传导与理解。就中国而言，由于人群演变和食生产开发等诸多因素的特定历史作用，各饮食文化区的形成先后和演变时空均有各自的特点，它们在相互补益促进、制约影响的系统结构中，始终处于生息整合的运动状态，只不过近半个世纪的变化节奏在加快，我们仍然可以发现“中华民族饮食文化圈”的地域差异基本特征的存在。

当笔者旅行于田野的足迹在既往的半个多世纪时间里遍布中国各省区的绝大部分城镇、乡村、山区，经历了各地和各少数民族聚居区食宿体验之后，获得了对各地族群的食生产、食生活无数活生生的直观感觉、切身体验，“饮食文化圈”的思维让笔者对各地域、各民族的饮食文化有了更深入、更准确的认识与理解。

一、“一方水土养一方人”：限定选择的食习

自然生态系统的食料资源因素具有决定的意义，是内陆自然经济、封建专制政治、宗族文化结构环境中，中华饮食文化区域性特征形成的最重要历史原因。分处各地的炎黄先民的择食，多是“靠山吃山，靠水吃水”，就地取材。越是历史的早期和文化封闭程度高的地区就越是如此。由于中国自然地理东、西、南、北、中，以及海拔上的差异，历史上封闭地世居一定地域空间的族群，食生产、食生活基本都是囿于该地域空间，食文化的地域性极其明显。笔者曾数度深入东北边陲、西南深山、西北荒徼……交通绝地、人烟稀少处的生存感悟，屡屡让笔者震撼无语。每当此时，与访谈主人陋居对食，朝圣感恩情油然而生，所有的食物都是那么珍贵，感悟到它们蕴含神圣、尊贵、亲切，生命在其中，大自然力在其中，以至泪眼模糊……“一方水土养一方人”其实是生态限定的很少选择性的食习。

例如，东南沿海地区，人们嗜食鱼虾，并且逐渐形成了尚鲜活而不苛求烹调技法的文化传统；而西北地区与海无缘，当地居民传统上基本不吃海产鱼虾；草原文化带的中北地区，人们传统的食生活离不开羊牛肉和奶制品；长江中下游地区则是以“饭稻羹鱼”、时鲜蔬果为典型的“江南水乡”食生活特征。一般来说，行政地理视野下的地理相邻各区域间的饮食文化差异相对较小，因为其伊始就是原壤的，是纯粹大自然的，社会性因素作用的发挥有限。当然这要以自然地理不出现巨大反差以致造成物候差异过大为限，例如，西藏高原毗连

四川盆地，但地理物候的不同是十分显明的，以至于饮食文化形成巨大的反差。黄河下游濒海地区鱼盐便利，京杭大运河转运物资方便，与黄河中游地区内陆的典型农业自然经济不尽相同，因而在历史上形成了原料、制法、口味及品目等总体风格上的诸多不同：下游地区多海味、多活鲜，而中游一带偏畜禽、尚汤煮。饮食的这种地域差异不仅局限于各饮食文化大区之间，即便在文化区内部也会有程度不同的体现。如长江下游地区的江南、江北也有食习上的许多不同，江北至徐州一带的苏北风格近鲁，与苏州等地传统的典型江南风格存在着不小的差异。甚至高原雪域也有“西藏江南”（察隅、墨脱、波密、林芝地区），那里依次分布有低山热带雨林，低山准热带季雨林，山地亚热带阔叶林，山地亚热带常绿、落叶阔叶混交林、山地温带松林、亚高山寒温带冷杉林、高山灌丛疏林、高山草甸等特异的生态区，所提供的植物性食料显然多于高原的其他地区。如果自然生态相近，同时文化生态也比较接近，一般来说便会因其饮食文化特点的基本一致而自然形成同一个饮食文化区，反之则不然。但这只是就一般意义而言，也有自然因素差异虽然较大，但由于民族、习俗、宗教等原因导致人们的饮食文化表现出某种典型的一致性，因而也就构成一个共同的文化区，喇嘛教盛行的青藏高原区就属于这种情况。

“一方水土养一方人”或“一方水土育一方人”，这一中国俗谚的本义是强调人的生存物质依赖，以及这种依赖对该自然环境中生存族群群体性格形成的影响。但是，至少我们今天不能仅仅拘泥在单纯的自然环境来理解其原初意义。由于人类活动对自然环境影响力的越来越大，由于自然环境的改变已经与自然经济时代不可同日而语的铮铮事实，我们越来越清楚地认识到：地球虽然还在它习惯了的轨道上运行，但它的面目早已是被人类“改造”得今非昔比，自然环境已经不再是“一方水土”谚语的元初意义了。除了自然与物质层面的元初意义外，要想全面准确认识某种饮食文化的“一方水土”寓意，还应当考虑进人文生态——该种饮食文化生存与运行的社会文化体系、机制的影响。也就是要考虑到文化生态系统中的社会经济、政治与科技诸因素的影响，它们也确实是饮食文化区域风格形成的重要影响因素。北京为历史上中国北方重镇和著名都城，长期是全国政治、经济、文化中心，人文荟萃，全国各地餐饮文化汇聚京城，各民族的饮食风尚也在这里相互影响和融合。作为京师门户的天津，早在明代就成为“舟楫之所式临，商贾之所萃集”的漕运、盐务、商业繁盛发达的都会。历史上，京、津之间的食料补益交流与社会各阶层间的食文化相互影响一直呈与时俱进的不断强化趋势。爱新觉罗皇朝的“大清帝国”灭亡之后，满族贵族、上层社会成员多迁居天津，买办、官僚、军阀、洋商也云集于此，造成中华民国初期天津饮食业的空前繁荣。京、津地区的特殊地理位置使其成为北方少数民族文化与中原文化的交会之地，饮食文化因之具有农耕文化与草原文化交融的又一区域性特征。中央集权政治造成中国历史上秦都咸阳，汉、南朝金陵，唐都长安、洛阳，宋都开封、杭州，元定都大都（今北京），明朝明成祖迁都北京，甚至清都北京，一系列超大消费型城市的出现与生态维系，依靠的主要是强权辐射作用对周边甚至全国物资资源的吸纳。

区域经济，无疑是影响该区域内饮食文化发展的十分重要的因素。例如中国东北地区的饮食文化，自有文字记载的历史直至18世纪，基本都是以采集、渔猎和游牧文化为主的食生产方式，以历代游牧、渔猎民族为主的饮食文化的地域性与民族性十分典型。但随着19世纪中叶以后大批汉人的不断迁入和垦殖、开发，中原农业文化渐渐在白山黑水之间普及。至20世纪中叶，东北地区已经成为中国最重要的农业地区之一。这一地区的传统饮食文化在保持着与中原地区诸多不尽相同特性的同时，又不断吸收内地的文化因素，从而促进本地区的发展。饮食文化区始终处于动态运动之中，由于经济的发展、科技的进步、历史的变迁而不断地发生变化。我们对饮食文化区的考察和认识，是将其置于特定的历史时期和所处的经济、科技状态中，并且是从历史的发展过程中来把握的，其时间下限直至19世纪末、20世纪初。

需要看到的是，经济、科技对饮食文化的影响仍在继续，尤以现代为甚，因此，我们不难注意到各区域饮食文化在近现代的显著变化。生产与加工手段的不断进步，使人们利用科技以改变生态环境，从而改善自己饮食生活的能力不断增强，用以克服生态环境局限与制约的能力也就越强，饮食生活也就越丰富、质量越高，餐桌上的物化形态与文化意蕴变化也就越明显，饮食生活传统意义的地域自然性差异就会相应减弱（图6–1）。今天的日本是一个很好的证明，“除去有余的大米和基本可以自给的蔬菜、鸡蛋之外，就没有能够自给的主要农产品了……现在，日本进口食物原料的80%依赖于美国”，而全体日本国民享用的朝鲜泡菜几乎完全来自朝鲜半岛。由于“经济上的巨大优势”，全世界任何地方的食物原料都可以以最快的速度摆到日本人的餐桌上①。素有“东方巴黎”之称的上海，近百年来餐饮业繁盛异常，外邦风味荟萃，名店星罗棋布，肴膳之精，发展之快，尤为突出，所赖也为经济、政治之实力，交通、商业之发达②。近四十年来，大陆经济的活跃发展，各省区从中心城市到普通县镇，民众饮食生活面貌（观念、结构、品种乃至习尚）都发生了深刻的变化，甚至广大农村和边远地区也发生了不小的变化。作为大豆原生地的中国，近年来本土几乎完全变成了美国孟山都转基因大豆的种植地与消费国；最近10年平均每年增加650多万吨，2017年进口9500多万吨，2018年进口8800多万吨，成为全球最大的大豆进口国，年度进口量占全球总量的60%左右。为了保障大豆供应安全，还不断拓展大豆进口来源地，美国之外，巴西、阿

---

① [日]石毛直道著．饮食文明论[M]．赵荣光译．哈尔滨：黑龙江科学技术出版社，1992：77—78.

② 赵荣光．上海与近代中国饮食文化[J]．商业经济与管理，1999（5）：37—42.

图6–1　秦始皇南巡图，根据笔者设计理念绘制，中国杭帮菜博物馆藏

根廷、俄罗斯、乌克兰、哈萨克斯坦等国家也成为我国大豆重要进口来源地[①]。而高面筋小麦在中原广大地区的播种，“东北大米”的普及全国消费，袁隆平高产水稻的推广，这一切都在不断显示商品流通和交通便利越来越有力地改变了地域差异对各区域人们饮食生活的限制性影响。而同时，中国谷物自给率的保障也是一个不容忽视的严酷事实。

“文化”是人类的创造，一定类型的文化是特定族群社会生活的反映与历史记录，族群心理、性格及其习俗传统等因素同样是影响饮食文化区域性的重要因素。中国西部游牧文化区历史地分成了中北、西北、青藏高原三个彼此风格差异较大的饮食文化区位。这既有自然地理、气候物产、政治经济的原因，也受民族、信仰与饮食习俗的影响。蒙新草原沙漠地区横亘于祖国的北疆，地形以高原、高山和巨大的山间盆地为主。由于地处内陆，东南季风的影响逐渐减弱以致最后消失。水分的分布自东向西依次减少。因而从大兴安岭到天山地区，在我国北部呈现出典型的温带草原、沙漠草原、荒漠和戈壁的自然景观有规律的递变。这里分布着蒙古族、维吾尔族和哈萨克族等典型的游牧民族，其饮食具有鲜明的食肉、饮奶的特点。但由于新疆一带居住着的维吾尔族、哈萨克族、回族、柯尔克孜族、塔吉克族、乌孜别克族、塔塔尔族、

① 刘慧．粮食够吃，为啥还进口[N]．经济日报，2019–7–15．

撒拉族、东乡族、保安族等民族是信奉伊斯兰教的，而内蒙古主要居住着的蒙古族、达斡尔族、鄂温克族、鄂伦春族、满族等民族的传统宗教是萨满教，信奉的则都是喇嘛教，因此形成了特色不同的两大饮食文化区。同样是游牧文化区，青藏高原上的藏族游牧文化却又别有风韵。青藏高原是世界上最年轻、最高大的大高原，平均海拔在4000米以上，有“世界屋脊”之称。这里既高且寒，既寒又干，加之这里弥漫着喇嘛教文化的神秘气氛，因此形成了别具一格的饮食文化区。西南地区居住着为数众多的少数民族，虽大都以农耕为主，但其文化风格较为独特，既与藏族饮食有异，又与东部汉族的饮食有所不同，可以说自成一体。

我们注意到，无论“一方水土一方人”中的“土”与“人”是怎样地“与时俱进”演变，各地域间的文化无论怎样补益交融，在世界眼光的视野下，“土”和“人”都总是“一方”的，不同肤色和语言的人们彼此相视时，既欣慰彼此的“似曾相识”，也感兴趣各自的“同中有异”，“求同存异”总是愉快的。饮食文化的地域性差异不是不可逾越的，而且它也一直在“逾越”的运动状态之中，应当说严格的界限是没有的。同时，“地域差异”本身也不是固定不变的，它也是历史的和运动的，在不同的时间其空间状态也不是完全一样的。它本身也按“文化规律”运动，在不间断的相互影响过程中，“求同存异”的变化恐怕是无休止的，新的差异，即新的个性因素将不断产生。也就是说，饮食文化意义的“一方水土养一方人”，几乎是永恒的规律，而人口大国的食生产模式只能是本土为主、自力更生，中国人的食生活与民族食文化的“一方水土养一方人”不仅是民族饮食文化的整体特征，而且是区域族群基本习性，各人的积久习惯。

二、乡愁：口味的童年记忆

20世纪80年代以来，中国大陆“改革开放”政策释放了人们压抑太久了的口味与物欲本性，在最初一批疲倦了传统菜式的口腹族群追求“新概念”菜肴之后①，餐饮业不断以“农家菜”“山里菜”“渔家乐”“农家乐”“外婆家”“童年记忆”“老味道”“老底子”等营销理念来唤起各种类型消费者对早年味觉的追忆。有广泛国际影响力的“亚洲食学论坛”，第一届就是以“留住祖先餐桌的记忆”为基本理念号召国际食学界，努力推助时代食生产、食

① 中国大陆城市餐饮业在20世纪80年代中叶以后的大约10年间充分地再现了既往几十年间的传统菜式，随后步入了“创新菜式”的运营阶段，笔者借用NEW CONCEPT英语启示提出了“新概念菜谱”理念并指导编写了《新概念中华名菜谱》书系列（中国轻工业出版社1999），一时间引导餐饮业奔趋效法，竞相以“新概念”标榜经营。

生活健康进步的[1]（图6–2）。可以说，在人类食事领域里逝去的都是美好的，远离故乡的移民、游子、漂泊者、居无定所的流浪汉，会对家乡有一种谓之“乡愁”的感情与思念，一种对家乡眷恋的情感状态。成语“四面楚歌”讲的是楚汉战争中，项羽军队“兵少食尽”，被汉军数重围困于垓下，楚军穷困，思家情重。汉军士兵大合唱楚地歌曲，加剧瓦解了楚军战斗力[2]。中国古代有“去国一年，见乡人亲；去国二年，见国人亲；去国三年，见故国之物亲”的说法，对故土的眷恋是人类共同而永恒的情感。中国第一位到海外取经求法的佛学大师，65岁高龄的僧人法显（334—420）于东晋（317—420）隆安三年（399）从长安出发，经西域至天竺，经30余国，历时14年，他的一些同行者，或死，或选择了终老佛土，而他则最终于义熙九年（413）归国。一个细微而重要的因素是：东晋义熙五年（409）年底，已经离开祖国12年，孤身一人的法显在狮子国（今斯里兰卡）无畏山精舍看到商人以一把中国的白绢团扇供佛，不觉触物伤情，“乡愁”迸发，潸然泪下，决计归乡。义熙七年（411），完成了取经求法任务的法显终于启程回国。

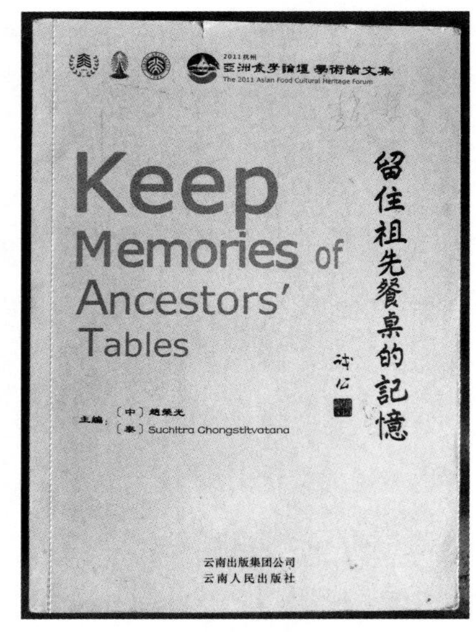

图6–2 《留住祖先餐桌的记忆》

“乡愁”中最为魂牵梦绕，藕断丝连，迁延不去的应当是儿时就开始习惯了的口味与食物记忆，这记忆与许许多多的美好经历故事紧密牵绊。气味具有独特的能力，可以解锁以前已经遗忘但却生动、饱含情感的回忆。这被称为“普鲁斯特效应”。“妈妈味道”或“外婆味道”的童年食物的记忆，证实“普鲁斯特效应”——只要闻到曾经闻过的味道就会开启当时的记忆的实实在在存在。20世纪法国伟大文学家马塞尔·普鲁斯特（Marcel Proust，1871—1922）的长篇巨著《追忆似水年华》（*à la recherche du temps perdu*）中叙述将一个小玛德莱娜蛋糕浸入茶中的感觉：“这口带蛋糕屑的茶水刚触及我的上腭，我立刻混身一震，发觉我身上产生非同寻常的感觉。一种舒适的快感传遍了我的全身，使我感到超脱，却不知其原因所在……显然，我所寻求的真相并不在茶水之中，而是在我身上。茶水唤起了我身上的真相，但还不认识它，只能无限地、越来越弱地重视同样的见证，而我也无法对它进行解

① 赵荣光. 留住祖先餐桌的记忆：2011亚洲食学论坛述评[N]. 光明日报，2011–8–23，（10）.

②（西汉）司马迁. 史记·项羽本纪第七：卷七[M]. 北京：中华书局，1959：333.

释，只希望能再次见到它，完整无缺地得到它……突然，往事浮现在我的眼前。这味道，就是马德莱娜小蛋糕的味道，那是在贡布雷时，在礼拜天上午（因为礼拜天我在望弥撒前是不出门的），我到莱奥妮姑妈的房间里去请安时，她就把蛋糕浸泡在茶水或椴花茶里给我吃"。[①]感觉统合（sensory integration）作用表明，除了舌头的酸、甜、苦、咸、鲜五种基本味觉之外，所有复杂、微妙的食物味道都可以归因于它们的气味：咀嚼时鼻子后面的嗅觉受体受到刺激，"普鲁斯特效应"程序发生：气味具有独特的能力，可以解锁以前已经遗忘但却生动、饱含情感的回忆。研究发现，由气味诱发的自传式记忆源于童年。儿时的食物与食事记忆，是伴随着天真愉快童年根植于心底的最深的乡愁，有些滋味成为永久记忆，牢牢地驻守在每个人"味蕾的故乡"[②]。如果说，"味蕾的故乡"是人类各族群的通性，那么，从"神农尝百草"以来就一生都要为"三饱一倒"忧虑劳苦的炎黄子孙，味的记忆无疑会更强烈刺激、根深蒂固。吴郡吴人（今江苏苏州）张翰被执政的大司马齐王司马冏授予东曹掾的官职，他却"因见秋风起，乃思吴中菰菜、莼羹、鲈鱼脍"，感慨地说："人生贵得适志，何能羁宦数千里以要名爵乎！"于是"遂命驾而归。"[③]秋风吹起了他强烈的思乡之情，而家乡的莼菜羹、鲈鱼脍等习惯了的味的记忆，更加重了他的乡愁忧绪，于是毫不犹豫地就辞官回家乡了。张翰因莼羹鲈脍毅然辞官返乡的决定与行为，在士子们醉心名爵光耀，久别父母、舍妻子不虑，置万难不顾而奔竞仕途的古代中国算是个特例。因为"乡愁"被认为是个人的情绪，一家之事小、举国之事大，有益社会、声名显达才能光宗耀祖，才是最大的"孝"，丈夫志士不应"以小害大"。因此，中国历史上一代代相继旅途、客居异地游子们的"乡愁"只能处于压抑状态或诗酒间宣泄一下。应当指出，张翰的因莼羹鲈脍辞官返乡，不同于世代业农、聚族定居的汉民族"安土重迁"观念与"叶落归根"习俗。"安土重迁"，是农业社会的庶民大众——尤其是世世代代生老病死囿于一地的贫穷农民的观念。"叶落归根"习俗，通常是中国历史上各阶层远方游子或客居他乡者的晚年归宿情结与信念。两者不同于眷恋故土的乡愁情绪，尽管在族群集体心理、文化体系中它们是关联通融的。

---

① [法]马塞尔·普鲁斯特. 追忆似水年华：第一卷"在斯旺家那边"[M]. 徐和瑾，译. 南京：译林出版社，2010：45—47.

② "味蕾的故乡"，是笔者作为策划和撰稿人为CCTV教育与科技频道"绿色空间"节目10集系列片《味蕾的故乡》所拟定的片名。该片由中国国际电视总公司出版发行2006。2005年笔者接受《中国国家地理》杂志专访命名文题为《舌尖上的秧歌》亦是笔者的建议，《中国国家地理》2005.1。

③（唐）房玄龄，等. 晋书·列传第八十二·张翰：卷九十二[M]. 北京：中华书局，1974：2384.

第二节

中华饮食文化的社会等级性

文化是族群集体的创造，族群饮食文化的社会性表现为因循的习俗、节令、礼俗行为与同质心理。而历史上中华民族食事领域或饮食行为视阈的社会性，主要由庶民大众，也就是“下层社会”族群所承载与维系。中国饮食史上的下层社会，由“果腹层”大众和“小康层”[①]的大部分成员所构成（图6-3）。他们既是历史上民族人众的主体，亦是社会食生产的主力和民族食意识、食习俗、食传统的主流。但是，食生产、食生活的社会主体与主流，却不意味着是社会食生活与历史文化的亮点。亮眼的是绽放花朵，其次才是叶，才是枝，才是株，至于土壤中的根须，并不在观赏者的眼中。

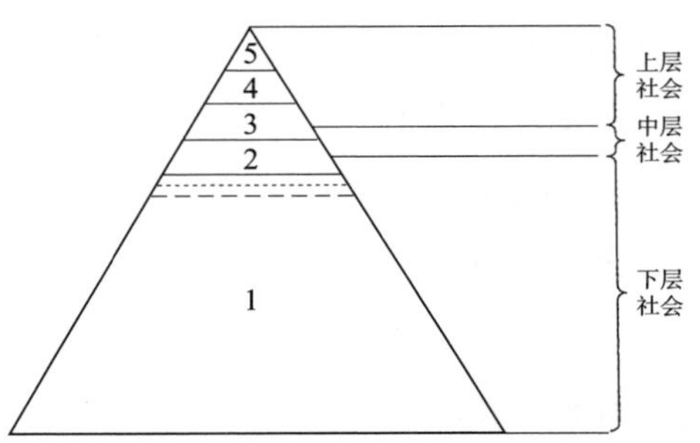

图6-3　中华民族饮食文化历史社会层次性结构示意图，笔者绘制

1. 果腹层 2. 小康层 3. 富家层 4. 贵族层 5. 宫廷层

一、“食以养德”：贵富阶层的理论

《易》“彖曰：鼎，象也。以木巽火，亨（烹）饪也。圣人亨以享上帝，而大亨以养圣贤。”[②]古人认为，握有权柄的大人物有用鼎烹饪美好的食物供奉主宰万物命运的上苍和供养世上杰出人物的责任，鼎这种贵重礼器的本质要求必须这样做。这种美好理想性的道理阐释，颇有征服人心的力量。掌权者被称为“圣人”，就如同历史上掌控了最高权柄的人都要被称为“圣上”一样；而拥护最高领导或英明领袖的最受信用者自然也成了“圣贤”。因为话语权是垄断的和专断的，于是，“圣人”“圣贤”事实上成了权贵们的分肥。所以，中国历

① 赵荣光，试论中国饮食史上的层次性结构[J]. 商业研究，1987（5）：37—41.

② 周易正义·鼎：卷五//（清）阮元. 十三经注疏[M]. 北京：中华书局，1980：61.

史上的“食以养德”基本是一句政治谎言。但是，掌权者却无一例外地喜欢以一本正经的由衷神态不断地重复这句谎言。

二、“开门七件事”：小康层的理念

“小康层”是笔者饮食史研究的心得概念。汉文献中的“小康”一词，有二义：一指家庭无衣食之虞，虽无多少积蓄但尚可安然度日，即南宋（1127—1279）著名学者洪迈（1123—1202）所谓：“然久困于穷，冀以小康。”[①]中国饮食史上的“小康层”社会族群，指的就是这些民众，大体上由城镇中的一般市民、农村中的中小地主、下级胥吏，以及经济、政治地位相当的其他民众所构成。二指中国历史上小农自然经济社会思想家理想的社会经济、政治状态：“天下为家，各亲其亲，各子其子，货力为己，大人世及以为礼……以著其义，以考其信，著有过，刑仁讲让，示民有常。如有不由此者，在执者去，众以为殃。是谓小康。”[②]这个层次里的成员，一般情况下能有温饱的生活，或经济条件还要好些。他们的饮食构成要比果腹层的人们丰富，既可在年节喜庆时将饮食置办得丰盛和讲究一些，也可在日常生活中经常改善和调剂，已经有了较多的文化色彩。

中国饮食史上的“小康层”首先是一个不稳定的社会层次性族群，它反映的既是一种食生活社会状态，同时也代表着中国历史上庶民大众——首先是下层社会民众希冀与满足于果腹基本需求的“小康”理想。一则流传于中原地区的民间笑话说，几位感慨维生艰难的老农欷吁悲苦命运，羡慕“皇上爷”的幸福，其中一位激愤地说：“俺要是当了皇上，饿了就天天吃油炸馍，渴了就喝白糖水，倒骑着小毛驴，愿意到哪儿就到哪儿！”他们没有更开阔的想象，见闻既很可怜，理想也就极其现实。拥有最迫切“小康”愿望的应当是“吃了上顿愁下顿”的“果腹层”民众，他们的数量庞大，占据了历史上民族大众人口的80%以上。“果腹”，仅仅吃饱肚子之义。中国有句歇后语：“黄鼠狼子逮鸡毛——填饱肚子就算。”营养是不敢奢望的，只要免除饥饿的困扰就是最大的满足，笔者的童年就是这样挣扎着过来的，直到20世纪80年代初，“吃饱肚子”的忧虑才慢慢缓解，但痛苦的经历和恐惧的忧虑仍时常袭上心头。

果腹层由广大社会最底层民众构成，其中以占民族人口绝大多数的农民为主体，也包括城镇贫民及其他贫困者。果腹层是历史上中国社会的基础层次，是反映历史上中华民族基本

---

① （南宋）洪迈．夷坚志·五郎君：支甲卷第一[M]．北京：中华书局，1981：717.

② 礼记正义·礼运第九：卷第二十一//（清）阮元．十三经注疏[M]．北京：中华书局，1980：1413—1414.

生活水平的层次。这个基本水准是经常在“果腹线”上下波动的。所谓“果腹线”，是指在自给自足自然经济条件下，生产（一般表现为简单再生产）和延续劳动力所必需食物的最起码社会性极限标准。果腹层的饮食生活，在很大程度上属于一种纯生理活动，以果腹为度是其基本特征，还谈不上有多少文化创造，更多的是文化的维系，是原始的凝固与迟滞。因为饮食文化的创造，在很大意义上说来，是个细加工和“推陈出新”的再创造的过程。创造是一种文化的增值，是质的突破，而非仅是量的增加。饮食文化的增值是受制于一定的物质和社会条件的，这个条件就是“饮食文化创造线”。文化创造线位于果腹线之上，即居于果腹层与小康层的分界线与果腹线之间。所谓“饮食文化创造线”，应当理解为是位于果腹线之上的相对稳定的饮食生活社会性标准。长期相对稳定地超出果腹线之上的饮食生活是文化创造的充分保证。作为民族饮食的基本群体，作为饮食文化之塔的基层，果腹层是最缺少“文化特征”的一个文化层次。原始粗糙和简单重复是这一层次的基本文化特征，文化的“维系”功能远远大于“创造”可能。文化的维系功能，指的是既有文化因子的重复性保留，而创造则要增加未曾有过的元素。因此，果腹层的历史文化角色犹如雄伟华丽的摩天大楼深埋于地表之下的基石一样，隐蔽而不引人注目，它以近乎纯生理意义的“食”“饮”行为维系自身的生存，同时承载着整个社会的食事需求。居于社会最底层的村野之民既是整个民族饮食文化创造、发展的基础物质提供者，同时也是民族饮食主体风格的主要承载者。历史上农民大众的饮食生活总体上是粗糙原始、单调简陋。“自给自足”是中国历史上小农园田自然经济的生产方式和生活方式，“自给”是主体手段，“自足”是基本状态。“足”不是丰足和满足，而是状态如此，无可选择与无奈的状态如此，尽管也可能意味着某种意义与条件下的心态的“满足”。因此，“自给自足”并不能简单理解为在这种方式下生活者的生存状态或生活水平。事实上，果腹层大众的基本食料在历史上经常是处于“青黄不接”“朝不保夕”“捉襟见肘”的“自给不足”状态的。历史文献中频繁出现的那些诸如“食不果腹”“满脸菜色”“饥肠辘辘”“吃了上顿没下顿”，甚至完全“断炊”“揭不开锅”等不可胜计的表示食事艰难的词语，都是果腹层大众生活真实的写照。“自给不足”恰是中国历史上果腹层大众食事生活状态的最恰当的表述。“自给自足”，作为一种理论或理想，事实上仅仅是历史上中国人避免饥饿的渴望，春秋时期著名思想家老聃的“鸡犬之声相闻，民至老死不相往来”[①]表达的就是这种“小康”愿望。有限的土地、低下的生产能力、沉重的租赋税役负担，使得中国历史上的广大农民即便是在正常年景，也是三餐难继、朝不虑夕，“小康”一直是

① 老子．老子：第八十章//（民国）国学整理社辑．诸子集成：三[M]．北京：中华书局，1954：47.

他们眼前若即若离的“餐桌梦想”[①]。“民亦劳止，汔可小康。”[②]辛辛苦苦地劳作，只想能维系平稳安定的生活。庶民百姓能够获得三餐有继的最低水准生活，对于历代各种名目的统治者同样是重要的，因为他们知道，中国劳苦大众——尤其是汉族农民——是对任何强权都极限恭顺，因而最容易管理统治的族群，只要吃饱肚子就不再有其他奢望。炎黄子孙世世代代饿怕了，“怕饿”基因深入骨髓、代代相传。所以历代统治者都清楚，只要不打破老百姓的饭碗，他们的统治就会“长治久安”。那位靠发动叛乱，通过内战夺得国家政权的朱棣（1360—1424，1402—1424在位）曾说出了历代统治者共同的心声：“如得斯民小康，朕之愿也。”[③]其时，历代皇帝们最关心的是他们一姓“江山”的代代相传，为了保住自己的“江山”就不能把百姓“逼上梁山”。于是，“小康”就成了全社会永久的梦想，当然是异床异梦：百姓若即若离、捉摸不到的“餐桌小康梦”，精英阶级养尊处优、作威作福的实现梦。

低效腐败的政治、自然经济的农业、众多贫困的农民，这三者尤其是17世纪以后中国社会食生活历史形态的决定性因素。正如19世纪末一名英国学者经几十年客观考察和深刻分析后所指出的：“中国基本是一个农业国家。这个国家的大部分人口都是农民，他们在遍布全国的无数农庄里过着农耕生活，并以此度过自己的一生……他们的饮食习惯既少变化又缺营养。在缺少足够食品的情况下，他们的一日三餐都是同样的食物——煮开了的米粥，外加咸萝卜或洋白菜调味，有时也变换成更为大众化和便宜的咸鱼、豆腐乳、腌豇豆和泡黄瓜。在这个国家的许多地区，大米对穷人而言是一种奢侈品，一年中他们也就只能吃上十几次。甘薯是他们不得不依赖的主要食品，外加腌咸白菜和萝卜作为调味菜。很容易想象得到，这样一餐饭是远远无法满足健康人的需要的。这就是中国劳动阶层的现状，尤其是在农村，身体健康、体格强壮的人根本就不存在的。”正因为如此，那些“在中国开设医院，并为许多穷人作过诊断和治疗的外国医生认为，这些病人的体质大都处在标准水平以下，而且他们还患有消化不良症。大家都爱吃咸萝卜，它的确也很便宜，但如果一年到头不断地吃下去，就会导致消化不良并引发胃病”。然而对于大多数农民来说，即便是正常年景，这样的生活也是不容易保证的。“他们实在是太贫穷了，不得不外出从事一些非农工作……家庭里的男性成员都将外出从事别的劳动，以给家里带回些粮食，这种做法是完全必要的。农民那柔顺的性格使他们能够承担下任何粗活，他们的身体具有极强的忍耐力，这使他们能被雇用为劳工……一眼看上去就知道他们是干苦力的人。他们的身上没有一点多余的肉，平日里毒日的暴晒和野外生活的影响，致使他们的脸和手都变成了暗褐色。如果这个农民已经不年轻了，

---

① 赵荣光．中国饮食史论[M]．哈尔滨：黑龙江科学技术出版社，1990：95—128.

② 毛诗正义·大雅·民劳：卷十七——四//（清）阮元．十三经注疏[M]．北京：中华书局，1980：548.

③（明）余继登，撰．典故纪闻：卷六[M]．北京：中华书局，1981：104.

他的手会因为长期抓握锄头而变形……他的腰背从来就没有挺直过。他的背微微向前弯曲，且有些向左倾斜……他们完全是靠自己的坚强内心来使自己默默承受生活的磨难，并一往无前地尽职尽责地关心着自己的家人，仿佛他们并未作出牺牲，不论是干什么他们都不讲价钱。”①由于经常在捉襟见肘的窘迫挣扎中度日和随时可能碰到生活难关，下层民众就不得不为解燃眉之急而饮鸩止渴地举债，接受抽筋拔骨般的各类高利贷的盘剥。正如19世纪末一位著名的中国问题观察家所指出的：“许多中国人在生活中往往都债台高筑。这似乎已成为他们度过自己生命的一种自然而正常的状态。他们在债务中出生，在债务中成长，上学离不开债务，结婚离不开债务，即使在生命的最后一刻，债务的阴影依然笼罩，最后伴随他们离开这个世界……全国至少有五分之三的人都陷于债务之中。”债主“把钱借给缺钱的农民或是房主还能得到更多一些，因为这些人可以给他们很好的保证——土地或是房屋的契据，一旦借债人无力偿债，债主即可将他的土地或房屋据为己有。如果借贷双方缺乏信任，债息就会很高，如果借债人能够提供一流的还债保证，债息就只有百分之十二，由于风险很小，所以能被双方所接受。还债的保证度越低，债息就会越高，最高达到36%。穷苦人深知贫困和无力还清债款的痛苦，在那些有幼小孩子的家庭里，这种重负还会转嫁到孩子的身上。为了满足那些有钱人家的种种欲望，穷人们经常被迫卖掉自己的孩子，以保住他们的家庭和祖上留下来的一点点赖以生存的土地……大当铺的主要生意虽然不是放债，但它们确也扮演了放债人的角色。乡村的当铺会把钱借给贫困缺钱的农民，带着普通中国人的不幸，这些农民不得不借下那必须忍受巨大痛苦才能还清的债。债息是根据庄稼的收成来计算的。收获时，当铺会派一名伙计到田里，拿走一部分谷物或是甘薯，仿佛这些东西就该归债主所有。田里的产品总是而且必须首先用来偿还债息，农民们只能眼含泪水、满脸忧愁、内心痛苦地站在田边，他们已经预感到饥饿正在朝家人袭来，因为全家人赖以生存的大部分收成已经被当铺里的伙计们拿走了。”②于是，许多失去了任何存活依赖的人就不得不开始了乞讨苟活的更悲惨生活。因为对于无数中国下层民众来说，“一贫如洗与乞讨往往是一步之遥，稍不注意就会沦落到乞讨的地步。既没有贫民院，也没有贫困救济金，所以那些不幸丢掉饭碗的人不得不走上乞讨之路，靠着公众的慈善施舍而苟且偷生。”③“这些中国人都穷得可怜，多数人都拿不出钱来缴纳税款，而让他们去筹集这些款项也实在是件让他们感到苦恼的事情。妇女们将装饰自己的金耳环和发夹献出，男人们也许会把自己的农具送到附近的当铺典当掉。一些无钱缴税的人会被粗暴和残忍地对待，他们身上仅有的衣物、家中唯一用来煮饭的锅，也会被

① [英]麦高温．中国人生活的明与暗[M]．朱涛，倪敬，译．北京：时事出版社，1998：289—294.

② [英]麦高温．中国人生活的明与暗[M]．朱涛，倪敬，译．北京：时事出版社，1998：201，203，204，209.

③ [英]麦高温．中国人生活的明与暗[M]．朱涛，倪敬，译．北京：时事出版社，1998：322.

毫不留情地拎走。”[①]

“早晨起来七件事，柴米油盐酱醋茶。”这句俗谚又作“开门七件事，柴米油盐酱醋茶。”元曲中屡屡出现这种生活情趣的唱词：“教你当家不当家，及至当家乱如麻。早晨起来七件事，柴米油盐酱醋茶。”[②]其实，早在宋代，都会城市中的商铺就已经满足了百姓居家的日常所需一切：“杭州城内外，户口浩繁，州府广阔，遇坊巷桥门及隐蔽去处，俱有铺席买卖。盖人家每日不可缺者，柴米油盐酱醋茶。或稍丰厚者，下饭羹汤，尤不可无。虽贫下之人，亦不可免。”[③]中国人认为“过日子”就是“为的一张嘴”，无外乎是“吃喝拉撒睡”，人生一世就是吃喝活命，就是醒了睡、睡了醒的生物过程，维系醒睡、睡醒人生百年的，是“吃喝”——吃饭喝水、拉撒——屙屎撒尿。认识中国历史上下层社会的饮食文化，是了解中华民族文化与历史文明的一把钥匙，解读了数千年来炎黄族群的“小康餐桌梦”，有助于准确认识中华民族的文化历史、族群性。史书记载，每逢水旱大灾，因饥饿而死亡的，十有八九是村野之民。这应当是中国历史上每每揭竿而起者主体均是农民的根源所在。从整个封建社会农民的食品结构上看，基本上是“盐菹淡饭，糠菜半年粮”。自种的五谷是他们的主要食物原料，很少有可供自食的肉类，因为以有限饲料勉强喂养的数量不多的畜禽，主要用途并不是自食，而是用于缴税赋、换盐、购农具以及直接果腹之外维系生存的各项必需的支出。汉末童谣谓“种田的饿肚肠，卖盐的喝淡汤”，生产者并不是第一消费者，这是历史上中国食物原料生产者的食生活基本状态。三餐保证“脱粟”，是庶民百姓梦寐以求的主食料可能达到的最佳状态了。“一盂饭、一瓯羹、些许酱菜而已”，是寻常百姓家一日三餐的常态（图6–4）。而所谓“羹”，也绝非贵族等级从“太羹”到各种畜禽之羹的肉羹，通常也只是“藜藿之羹”或“豆羹”而已。这个“豆羹”，是最粗鄙低廉的食物，一如孟子所说：“一箪食，一豆羹，得之则生，弗得则死。”[④]此外就是一两品醢、醢以及最简单的腌渍菜了。下层社会大众的日常食料，一般都是来自于自己的农事成果，并以一定数量的采集、渔猎食品作为补充和调剂。因此，他们的饮食生活基本上属于一种纯生理活动，还不具备充分体现饮食生活的文化、艺术、思想和哲学特征的物质和精神条件，缺乏对饮食文化的深层次创造，粗糙、简陋是其基本风格。

---

① [英]麦高温．中国人生活的明与暗[M]．朱涛，倪敬，译．北京：时事出版社，1998：12.

②（元）李寿卿．月明和尚度柳翠·楔子//张月中，王钢主编．全元曲:上[M]．郑州：中州古籍出版社，1996：683.

③（宋）吴自牧．梦粱录：卷十六“鲞铺”[M]．北京：中国商业出版社，1982：139.

④ 孟子注疏·告子章句上：卷十一（下）//（清）阮元．十三经注疏[M]．北京：中华书局，1980：2752.

图6-4　清代运河纤夫进食图，引自：威廉·亚历山大《1793：英国使团画家笔下的乾隆盛世》

三、“吃饱”与“吃好”：时代大众的心理

20世纪80年代以后，由于政府管理政策的改变，人们生产积极性获得发挥空间，生活观念亦随人性的解放而物欲化。就大众消费来说，饮食需求与观念经历了“吃饱”追求、满足的不断发展，到“吃好”的提升与困惑两个历史性阶段。20世纪80年代以前，民族主体的饮食思想基本上是漫长历史上延续下来的以“孔孟食道”为核心的适度节用观念，因为孔孟食道产生和赖以维系的自然经济基础与传统思想意识仍然在发生作用。中国人吃饭的艰难，自18世纪以来越来越严重，庶民大众世世代代被辘辘饥肠折磨，并毕生陷在饥饿恐惧之中不得解脱（图6-5）。饥荒连年，饿殍遍野，“饿乡”“饥饿的国度”“东亚病夫”（因饿而疾）等，就是清政府治下的中华民族留给世界的印

图6-5　女乞丐和她的婴儿，浙江杭州（1917—1919），引自Sidney D. Gamble 摄影集

象。当时，人们的最大期盼就是吃饱饭，但是老百姓吃饱饭的朴实愿望，一直没有实现。在20世纪80年代以前，由于困难的经济条件、严格的计划经济体制和思想僵化共同造成的抑制消费，广大民众的饮食要求仍然是以三餐吃饱为基本标准的传统心态①。政府改革政策的持续化，维系了数千年的民族主体饮食观念开始了深度的变革，这是中华民族饮食史上前所未有的。传统饮食观念变革的结果，是社会不同餐饮消费群体和不同饮食文化类型人群的个性充分张扬，表现在认识和观念层面，是反映不同人群食行为、食心理的各种饮食思想的共在。城市与乡村、发达地区与后进地区、强势群体与弱势群体、时潮消费群体与传统消费群体、新观念与旧观念等，由于各种因素形成的不同群体的食思想彼此间往往会有很大差异。而所有这些不尽相同食思想的出现，从根本上说来，都是食物“由单调向丰富”转化的经济变革所引发的必然结果。但由于地域经济差异和不同群体消费能力的不平衡性等原因，对于经济、文化实力尚处于相对弱势状态的广大普通民众来说，他们的食观念基本呈现出“后传统”特征。由于经济实力和文明程度提高的总体水准的限制，以及食生活系统环境因素的制约，他们的饮食文化的基本特征是习惯因循中的缓慢改变和趋势性改善。表现在思想意识方面，是对食料富足基础上三餐无虞并时常改善的食生活的满足心态。

但是，社会大众由“吃饱”的逐渐满足向“吃好”的转变缺乏理性引导和制度保障，事实上“好（hǎo）吃”的选择成了“吃好”转变的驱动。很清楚的是，“吃好”应兼顾物质消费与其结果两个不可偏废的方面：美好食物的尽可能满足健康身体、愉悦心理的效果。而“吃好”更多关注的是口感与进食过程的心情快感，健康身体和健康心理退居其次，甚至被忽略。这时，“好（hǎo）吃”事实上变成了“好（hào）吃”，20世纪80年代中期以后的十余年间，中国社会大众由“吃饱”的逐渐满足向“吃好”的转变，正是以“好（hào）吃”为选择倾向的过渡。而“好（hào）吃”的选择首先就是肉类的满足，中国俗语说：“好（hǎo）吃不过肉”。

肉食，一直是中国历史上富贵阶层人餐桌上的传统食品，庶民大众很少有机会食用。“肉食者”“藿食者”因此成为社会上富贵与贫贱两大阶层的代称。长期以来，由于温饱问题一直没有得到根本解决，也由于全社会科学知识普及的薄弱，因此，直至20世纪末，中国广大民众的营养学知识和科学饮食意识一直比较淡薄。于是，当消费者有了可以自由改变餐桌内容的能力之后，中国人积久贫苦生活观念中的“美食”——鸡、鸭、鱼、肉等，便以超常的量进入人们的一日三餐。于是，在人们“吃好”的追求和欣慰中，动物性食料的丰盛使许多刚刚跨越温饱界限的中国人以很快的速度进入了发达国家早已苦恼不已的“营养过剩者”

---

① 赵荣光. 中国古代庶民饮食生活[M]. 北京：商务印书馆，1997：185.

的行列。嘴巴和肚皮，或曰舌头与胃、食欲与健康的矛盾，使中国历史上第一批庶民大众中的"营养过剩者"迷失于对"吃好"的误解之中了。当然，这其中也有另类的"营养过剩者"，即相当数量的"下岗工人"和长期"待业"人口过度食用了廉价动物脂肪，导致了与前者近似的临床症状，因而被谑称为"穷得营养过剩"。20世纪80年代以来，首先从中心城市开始，人们的外食率逐渐提高，结果是与"春节综合征"类似的"外食综合征"随之发生。相当一段时间以来，"外食综合征"的主体患者群，具有很明显的职务与职业特征，社会调查和临床统计分析证明了这一点。

20世纪80年代及其以后一段时间内十分火热的"烹饪文化"，是餐饮行业文化热的极生动反映，它是一种以国粹心态和弘扬心理对传统烹饪进行夸张性肯定的商业性文化。其必然性结果，只能是对高动物蛋白、高脂肪、高糖"三高"食品和中国饭店传统菜肴的同样夸张性肯定。随后，是"饮食文化"被作为经营理念，成为餐饮业普泛的管理与营销口号。"饮食文化"本来是一个与餐饮企业经营和餐饮企业文化有相当距离的学术性很强的概念，但它毫无疑问与后者有天然的联系，因为饮食文化包容一切食事事象。从"烹饪文化"到"饮食文化"，餐饮业这一经营理念变化的社会根据，是外食消费者的眼光从昨天转向了当代，与烹饪文化的强烈昨天意识相比，饮食文化对消费者和经营者而言，显然具有了发展性质的当代意义。20世纪90年代末，作为饮食文化时代内容的进一步深化，"绿色""天然""安全"以及"合理""健康""科学"的理念开始成为越来越多的民众饮食消费追求的理想目标，因应市场需求餐饮业也开始了变革。于是，突显时代精神的"饮食文明"成了继"烹饪文化""饮食文化"之后的大众饮食思想时代特征。饮食卫生、营养科学、食品安全，已经成为包括政府主管部门、科研教学机构、食品工业、餐饮企业、广大消费者、各种媒体在内的全社会都极关注的重大社会问题和新闻热点问题。同时，对媒体上任何一次食品安全事故和有关问题的披露，公众都会产生迅速、强烈的反响。这一切无疑表明：进步、绿色、科学已经逐渐成为当代中国人的整体饮食思想，代表了他们饮食文化修养的时代水平。

中国人开始重新解读"病从口入"这四个字的深刻意义。长期以来，中国人在日常生活中仅仅从卫生学层面理解"病从口入"的意义，于是在行为上也就主要是做到"饭前便后要洗手"。早在2000多年前的文献中，"病从口入"的营养学层面意义就被养生家、本草家，以及无数有见识的思想家认识并在实践中坚持了。但是，对于历史上的庶民大众来说，营养学的"病从口入"基本不具有日常饮食的实践意义。就算有，那也是20世纪80年代以后的事情。而随之"病从口入"又有了第三层含义：由生产过程中的一系列问题引发的食料的食品安全风险以及食品加工、保存过程中的食品安全风险对进食者造成的健康危害。由于长时间以来累积的生态保护不力、生产污染、违规致害等太多的不安全因素的存在，时下民众餐桌的安全保障程度堪忧。一些年来，餐饮界流行着这样一句话："20世纪80年代消费者看价格，20世纪90年代消费者品味道，21世纪消费者怕吃坏。"外食群体已经把安全保障视为最重要的消费指标。这一系列现实表明：如同许多水果在生长阶段的味道是苦涩、奇酸，但熟透了时则甜蜜醉人一样，中国人的饮食审美思想越来越理性、科学，这正是大众餐饮消费观念日趋成熟的表现。

第三节
祖先餐桌的记忆：华人的餐制与华人社会的食育

一、餐制

人们基于生理与生产、生活需要，主要为了恢复体力目的而逐渐形成的时段性进食习惯。早期农业以来，炎黄先民实行的基本是每日两次郑重进食的二餐制。殷代甲骨文中有"大食""小食"之称，它们在卜辞中的具体意思分别是指一天中的朝、夕两餐，大致相当于现在所说的早、晚两餐。更早的采集渔猎食生产阶段，基本也是日进早、晚两次"正餐"的进食习惯。那时，晨起进食后，人们出发生产，妇女采集，男人狩猎，晚归后再聚而进食。餐制适应了"日出而作，日入而息"的生产作息制度。孟子追述上古以下习俗说："贤者与民并耕而食，饔飧而治。"赵岐注："饔飧，熟食也。朝曰饔，夕曰飧。"[①]古人把太阳行至东南方的时间称为隅中，朝食就在隅中之前。晚餐叫飧，或叫晡食，一般在申时，即下午四时左右吃。古人的晚餐通常只是把朝食吃剩下的食物热一热吃掉。现在晋、冀、豫等省一些山区仍保留着一日两餐，晚餐吃剩饭而不另做的习惯。

生产的发展，影响到生活习惯的改变。至周代特别是东周时代，"列鼎而食"的贵族阶层，一般已采用了三食制。《周礼·膳夫》中有"王日一举……王齐（斋）日三举"的记载。据东汉郑玄解释，"举"是"杀牲盛馔"的意思。"王日一举"是说"一日食有三时，同食一举"，指在通常情况下，周王每天吃早饭时要杀牲以为肴馔，但中、晚餐时不另杀牲，而是

① 孟子注疏·滕文公章句上：卷第五（下）//（清）阮元. 十三经注疏[M]. 北京：中华书局，1980：2705.

继续食用朝食后剩余的牺牲。“王斋日三举”则是讲，斋戒时不可吃剩余的牺牲，必须一日内三次杀牲，使一日三餐每次都食用新鲜的肴馔，这种做法当时称为“齐（斋）必变食”。斋戒时每日三次杀牲，正是以一日三餐的饮食习惯为基础的。大约到了汉代，一日三餐的习惯渐渐为民间所采用。孔子强调祭祀时应当严格遵守正常的进食时间：“不时，不食。”[①]即不是正常的进食时间不吃，以示郑重其事。郑玄解释为：“一日之中三时食，朝、夕、日中时。”郑玄是以汉代人们的饮食习惯来注解孔子这句话的，这说明汉代已初步形成了三餐制的饮食规律。那时第一顿饭为朝食，即早食，一般安排在天色微明以后。第二顿饭为昼食，汉人又称餘食，也就是中午之食。第三顿饭为晡食，也称飧食，即晚餐，一般是在下午3～5时之间。三餐制的习惯性确立，首先是在上层社会，而中国历史上上层社会成员的生活特征基本是“劳心”，至少是基本不“劳力”的。

一日三进食的餐制，自汉代之后已开始自上层社会向下、由城市向乡村的逐渐普及。但三餐制的普及并非对二餐制的取代。事实上，三餐制与二餐制在中国历史上长期并存。这种并存，表现在两个方面：一是地区与族群分布的二餐制，如华北、东北的一些地区，传统业农者及小乘佛教徒；二是习惯二餐制的三餐制变通与三餐制习惯的二餐制转换。二餐制与三餐制习惯的转化一般是时令性的，如农忙时二餐制变成三餐制，农闲时三餐制变成二餐制。20世纪60年代末，笔者被“面向边疆、面向农村、面向山区、面向党最需要的地方”的“四个面向”政策分配到了黑龙江省的讷河县农村，有这样的生活体验。那里通常是春夏秋三季三餐、冬季两餐，但农忙时则会增加一餐至日食四餐。铲地的夏季，白日漫长，劳动量大，劳动力从“天刚亮”到“日头落山”要忙十四个小时，于是一天四餐，午后两点半至三点间有一顿“贴晌饭”被家里的孩子或女人送到田间地头。这时候的四餐也只是对田里干活的劳力而言。抢收麦子和割大田的强劳动时间也要增加一餐。但是，秋收以后，进入“农闲”时段，尤其是东北地区漫长的冬季，“天黑得早，太阳起来的晚”，农民们没事儿干，二餐制有益节省柴草、灯油。这种随着季节不同和生产需要而采用的二餐制与三餐制，是自然经济的传统与习俗。当然，有些穷苦人家，也常年采用二餐制（图6–6）。20世纪50—60年代时，笔者还经常听到市民关于“日食二餐”与“日食三餐”孰优孰劣的讨论，因此有“宁吃三三见九，不吃二五一十”的说法。这一说法的着眼点是哪一种餐制更节省粮食，也连带着燃料和时间。

当饮食的享乐与休闲性逐渐突出了之后，餐食与餐制都会随之而改变。社会上层是最有优先权过上享乐与休闲饮食生活的，中国历代的皇帝饮食就是如此，按照当时礼制规定，皇帝的

---

① 论语注疏·乡党第十：卷十//（清）阮元．十三经注疏[M]．北京：中华书局，1980：2495.

图6-6 清代底层社会家庭中的一群孩子在吃饭，引自：威廉·亚历山大《1793：英国使团画家笔下的乾隆盛世》

饮食多为一日四餐。天子“平旦食，少阳之始也；昼食，太阳之始也；晡食，少阴之始也；暮食，太阴之始也”。可见，人们每日进食的次数，与进食者的社会地位，经济状况，以及个人情趣好尚均有关系。当然，一般就习俗文化来说，人们的日常餐制主要是由经济实力、生产需要等要素决定的。总体上看，直至今日，一日三餐食制仍是中国人日常饮食的主流。

二、食育

历史上的中国，曾有“礼仪之邦”之誉，既是自诩，也是他称。讲礼仪、循礼法、崇礼教、重礼信、守礼义，是中国人的尚礼传统。《论语》中七十四处讲到“礼”，“不学礼，无以立。”①学礼行礼是中国人的立世之本，是从幼少时就要开始的家教。“礼”浸溢在中国古代浩瀚的典籍之中，漫溢于社会生活的时时事事、方方面面。若按人社会行为的具体内容来区分，则可分为祭祀礼、婚礼、丧礼、食礼、寿礼、交际礼、服饰礼等许多门类，每一门类又可以有更多的细分内容。其中，饮食礼俗即是最具普泛性的重要内容之一。“夫礼之初，始诸饮食。”②这是《礼记》中记载的两千多年前中国先哲的经典之论（图6-7）。在远古的祭

① 论语注疏·季氏第十六：卷十六//（清）阮元．十三经注疏[M]．北京：中华书局，1980：2522.

② 礼记正义·礼运第九：卷二十一//（清）阮元．十三经注疏[M]．北京：中华书局，1980：1415.

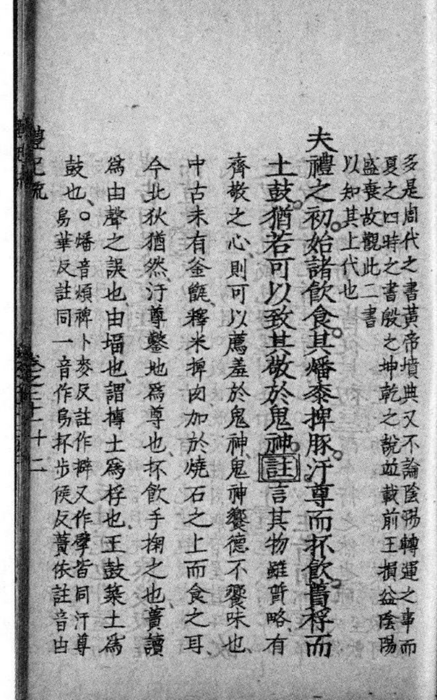

图6-7 《礼记·礼运》书影

祀鬼神的过程中，还不存在食礼，食物在当时还只是一种物质凭借，是祭祀过程的道具和信物。祭祀和祭祀之物（包括食料和食品），是为了鬼神和献给鬼神的，或者也可以说是为了死人。只有当食事的目的不是为了死人，而是为了活人时，即其目标从天上或地下转移到地上——人群中来时，才可能去认识“食礼”的本来形态。到了食生产和由其决定的食生活有了相当的稳定性的时候，也就是说原始农业和畜牧业发生并占有了相当比重之后，人们食生活活动的内部组织与外部关系协调、意愿表达才有了“礼”的需要，而这时不仅有了某种必要性，同时也具备了一定的可能性。食礼表达的过程，是以食物这种物质为基础和凭借的文化演示，但这种文化演示的目标不是鬼神而是演示者自身，是他们自己进食过程中的生理需要与心理活动、感情交流与交际关系的表达和体现，是人们在共餐场合的礼节或特有仪式，具体体现为群体和大众因风俗习惯而形成彼此认同的行为准则、道德规范和制度规定。

只有等到对鬼神的敬畏和人们头脑中那许多神祇威力的等级差异转移到人群中来，并且成为社会性食生活的必要区别时，也就是等到集体或社会成员之间有了财产和地位的差异，进而是观念的认可已经到了一定程度时，共食或聚餐场合的讲究才成为客观需要，也只有到这时，严格意义上的食礼才可能出现。“衣食既足，礼让以兴。”①礼只能是社会生产和社会生活发展到一定历史阶段以后的产物。礼是用来别尊卑的，用于别神人尊卑的祭礼的原则、

①（晋）葛洪. 抱朴子·诘鲍//（民国）国学整理社辑. 诸子集成：八[M]. 北京：中华书局，1954：193.

精神或有关思想此时也就自然地从天上飘落到地上，进入人类社会之中，开始在他们最易于并且似乎也最需要作此区别的社会和交际性食活动场合发生作用。于是，为了体现食活动中的人类社会关系，为了实现社交性食生活中的情感表达，食礼出现了。因此，食礼首先就是人们社会等级身份与社会秩序的认定和体现。其次才是以其为核心，或在此基础之上的诸般文化形态的演绎和展示。由此，我们便不难发现，食礼的规范和实践，当首先见于上层社会，并一直为上层社会成员所遵循。随后，国家又以政令手段将其作为规范秩序、教化民风的主导意识形态行于全社会。随着时间的不断推移和文化的逐渐下移，当越来越多的普通民众有机缘参与各种社交性食活动之后，食礼便以全社会普泛的文明教养和文化娱乐属性为大众所认知和传承，其等级秩序的最初性质和功能便越来越埋入时间历史的底层，其本来面目也就越来越难以被专业研究者以外的人所认识和理解了。

中国有历史悠久的食育文化，它以约定俗成的形式存在，以言传身教的方式维系与传递。食礼，作为基本的社会生活知识，在被全社会高度重视的同时，却并不被国家政权或政府认为是自己必须履行的行政职责，它主要以经验、习惯在大众和民间社会存在，依靠的是耳闻目濡、自我化育。因为“食礼”是不同社会等级成员在各种社交场合的行为修养与规范自律，所以随着其身份、地位的提升与社交扩衍、公宴参与的扩大，食礼知识的化育随之进步。等级制国家政权一般不认为他们的政府对体制外人员，尤其是仅仅供赋役于政府的下层社会“劳力者”负有食事知识培育的责任，充其量也只是顺其自然、若有若无意义的风沐“教化”。这性质或者略似中世纪欧洲城邦贵族宴会场面过程的允许被市庶观瞻，却没有欧洲观瞻者可以分润残弃的幸运。在中国历史上，社会与公宴都是等级身份的标志，都是社会特权，入其流者始能目染身受，一般民众——尤其是世世代代封闭在有限土地上生息的农民大众很难“习得”。政府根本不觉得他们有习得的必要，他们只要纳租、供赋、交税、服役、出丁就行了，一姓政权的“江山”安稳不需要他们有更多的知识，愚民更好管理。这就是历代统治者都希冀并竭力营造的“淳朴古风”：无知麻木、吃苦耐劳、随遇而安、安分恭顺。即便是孔子认定的家族祭祀规矩，也只能是一年鲜有几次举行，且对与会男子亦有种种严格的限制性规定。孔子说过“民可使由之不可使知之”①的话，对于这句话的理解，研究者至今聚讼纷争，歧义颇多。史学研究绝对的要求就是——只能是情景语境还原思考，以激活特定历史时空中的人和物，要尽可能避免个人好恶，避免陷入“好者使其偏，恶者使其冤”的主观臆想窘境。孔子时代不是民主社会，孔子本人也不是人权斗士，他的“有教无类”或“因材施教”也还是以“准精英”为基本对象的，他不认为对劳力大众启蒙知识是特

① 论语注疏·泰伯第八：卷八//（清）阮元. 十三经注疏[M]. 北京：中华书局，1980：2487.

别需要的，因为社会生活的基本情态是大道理、深原因“百姓日用而不知。”[①]

孔孟食道是基于大众日常生活经验知识的制度化规范，全社会上下层间能够通融互动。社会性的食育，是经验主义习以为常的化育，其要点是惜食为贵，饱食为度，节用为尚，飨宾为礼，饕餮为耻等一系列观念与行为准则。所谓“谁知盘中餐，粒粒皆辛苦！”[②]所谓“惜米如珠”“食不过饱”“知足常乐”“勤俭传家久”等，均是可以纳入民间版本孔孟食道理解的自育理念与原则。

“子能食食，教以右手”[③]的家教传统，在当代主要是在餐桌空间、进食时段随机进行的。食育的家教，主要是言教与身教两种方式，“子能食食，教以右手”是强调家长言教并以身教示范的施教方式。这八个字有四大要点：第一，家长不容置疑和不可忽略的责任；第二，施教时间——“子能食食”之时；第三，“教”——开始施教；第四，“教以右手”——右利手是历史上中国社会认同的礼俗。而第四点又有三层严肃、严格的寓意：①循从社会习俗，主要是为上流社会认可习惯；②右手持助食具——匙箸；③规范执箸法。而从实践意义角度考察，对于大多数下层社会家庭来说，食育主要还是父母长辈的行为示范作用，是孩提们的自然仿效，言教是疲软的。

事实上，历史上食礼与食育知识传承方式的局限性，“君子有饮食之教在《乡党》《曲礼》，而士大夫临樽俎则忘之矣”的问题一直存在。北宋著名文学家黄庭坚（1045—1105）指出知识族群的食观念与食生活准则有提升深化的必要，强调进食者要谨慎恭敬“举箸常如服药……君子无终食之间违仁，先结款状，然后受食，……《礼》所教饮食之序，教之末也；食而作观，教之本也。”[④]中国历史上，自汉代以下尚有《急就篇》《增广贤文》等蒙学书中的食育知识传递维系，而当文化传统中断之后，食礼修养就陷入了迷失。以当今中国社会而言，父祖辈的饮食礼仪知识已是基本匮乏且疏不经意，父母辈则各行其是、率性为之，到了“小皇帝”“小公主”们一代更是不知有礼，遑论规矩。中国食育的家庭—家族—小区范畴的传统前喻模式，一直是这样一种可有可无、似有似无的情态维系着。日本、韩国等国政府几十年前就高度重视儿童食育，中国台湾地区也很早就规范了食礼，20世纪末以来，食育开始在中国大陆被频频提起，零星的实验也开始出现，但还尚未达到社会重视的程度。高等院校的教科书中率先有了食育的专章内容[⑤]，学校在社会食育中的地位变得越来越重要。

---

① 周易正义·系辞上：卷七//（清）阮元．十三经注疏[M]．北京：中华书局，1980：78.

②（唐）李绅．悯农：二首之二//（清）彭定求，等．编校．全唐诗：卷四百八十三[M]．北京：中华书局，1960：5494.

③ 礼记正义·内则：卷二十八//（清）阮元．十三经注疏[M]．北京：中华书局，1980：1471.

④（北宋）黄庭坚．士大夫食时五观//丛书集成初编：第2986册[M]．北京：中华书局，1985：1—4.

⑤ 赵荣光．中国饮食文化概论[M]．北京：高等教育出版社，2003.

公知的觉悟与担当，在当代中国社会食育文化推广中具有率导的历史性意义。2001年4月18日《珍爱自然：拒烹濒危动植物宣言》（简称“泰山宣言”）发表，号召国民珍爱自然，保护环境，净化生活。提出了拒绝经营、拒绝烹饪、拒绝食用珍稀动植物的“三拒”理念，并号召全社会予以积极支持[①]。“餐桌第一定律”[②]理念逐渐被越来越多的人认同，传统中餐公宴双筷进餐方式的逐渐普及，都预示着社会需求与民众心理的趋势[③]。

---

① 赵荣光．我是怎样提出“三拒”倡议的？//赵荣光．餐桌的记忆：赵荣光食学论文集[M]．昆明：云南人民出版社，2011：85—94.

② 赵荣光．《餐桌文明：中华民族文化21世纪复兴的支点》，1996年以来全国40余场巡回演讲稿。

③ 赵荣光．中国食育文化的历史评估与现实思考//赵荣光．餐桌的记忆：赵荣光食学论文集[M]．昆明：云南人民出版社，2011：735—743.

第七章

『食无定味，适口者珍』：中国人的食道与味道

第一节

中国人的食道

中国人的食道，不是出于主观好恶，任凭自由命题的“坐而论道”，而是严酷的食生产条件限制与食生活现实约束的习惯性结果。因此，中国人的食道，是历史上中国人的“被选择”，是“无可奈何”的生存适应。只有在这种意义上理解中华“饮食文化是吃出来的”才更为准确，也才更能理解深刻。

一、“物无不堪吃”

1992年3月，笔者作为第一位走出国门的食学者应特邀赴日本长冈出席“世界多雪国家21世纪饮食·交通·居住发展会议”，作为唯一的一位中国代表，申请签证过程的烦难严苛，是后继者无法想象、很难理解的。出席大会的有10个国家和地区代表，大会组织者说：“这面旗帜（五星红旗）因先生的到来第一次在长冈升起。”我一时间感到莫名的沉重。大会回答问题阶段，上千人的会场上有人站起来发问：“请问赵先生：我曾到过中国，在接待我的宴会上，主人说：‘我这个人是四条腿不吃板凳’，请问这是什么意思?”我即刻回答说：“谢谢这位先生的这一提问，先生把这句话作为‘问题’当众提给我了，我必须给出准确的解答。但是，我不知道这位先生头脑中（我做了个用右手食指指向自己颅右太阳穴的手势）已有的答案是什么。这是中国长久并且广泛流传的一句俗语，完整的表达是‘四条腿不吃板凳，两条腿不吃活人。’那位中国东道主想表达的意思应当是：他食无禁忌，什么都敢吃。我将这句中国——准确些说历史上中国人——主要是汉族人的俗语定义为中国人餐桌上的‘板凳论’。我将它理解为：某些中国人在特定语境下对所持‘食无禁忌’理念或习惯的诙谐性表达。它本质上不是历史上中国人饮食方式的自觉选择，而是迫不得已的生活现实。这一俗语的深刻历史原因是：饥饿一直困扰着历史上中国的大众，让他们珍惜任何可食之物，而在饥馑来临时则‘饥不择食’，一切可以充饥的东西都会不加选择地塞进肚子。事实上，‘饥不择食’的惨象几乎任何国家的历史上都曾发生过。”

历史上汉族社会“四条腿不吃板凳，两条腿不吃活人”的民间俗语，反映的正是民族大众长久民艰于食的艰难凄惨的历史，世世代代、久而久之养成了人们高度珍视食物、充分利用食材和饥不择食的心理与习惯，使其成了历史上汉族人群食无禁忌的文化特征。如此略呈灰色，甚至不无自虐意味的俗语却流传至今，时或耳闻，无疑是“饿乡”饥民频频经历、世代相传的恐惧记忆仍未完全过去。正是“无物不曾吃”的经历，才激发了中国人的食材发掘能力极限，培育了中国人丰富多变的烹饪技艺，锻炼了中国庶民大众不得不将可以消化的一切塞进的“铁胃”。如同磨道上的蒙眼驴子，被主人满意的耐力、坚韧的品格，都是痛苦磨练的结果。唐代学者段成式（803—863）记录社会习尚说：“贞元中，有一将军出饭食，每说物无不堪吃，唯在火候，善均五味。”①（图7–1）作者采撷风习逸闻，说的是某将军，究其实，实为庶民百姓——尤其是农家普遍的食生活实践，是“大人”的嘴巴复述了百姓的经历与经验。利益垄断、等级压抑、专制管理的中国历史上，普通百姓是没有话语权的，一切都是“肉食者谋之”②，体制外的人很少有表达自己意见的机会。只要浏览一下自《神农本草经》以下中国历史上历代的“本草”文献，就不难发现历史上的中国人真的是“物无不堪吃”和“无物不曾吃”。李时珍（1518—1593）的《本草纲目》是人们熟知的中华药典，该书收“药”1892种，分水、火、土、金石、草、谷、菜、果、木、服器、虫、鳞、介、禽、兽、人等16部、60类，尽编著者之能，凡前此可觅历代本草所记、编著者阅历采撷所及，从微至巨，从贱至贵，弥所不包。它们都是历史上中国人曾经吃过和成书其时（1552—1578）还仍然在吃着的各种食材或非食材。可以说，《本草纲目》生动地印证了中国人“物无不堪吃”的习俗和“无物不曾吃”的经历。以至于会有让世界艳羡赞美的无数“中国菜”，更有让世人惊诧不已的各种中国人自己的“中华美味”：鸡脚、猪爪、牛尾、羊蹄、鸭肠、蚕蛹、蝎子、蝗虫……

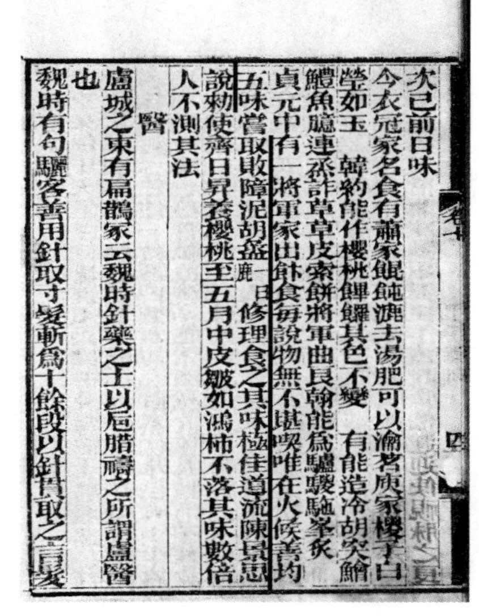
次巳前日味
今衣冠家名食有蕭家餛飩漉去湯肥可以瀹茗庾家糉子白
瑩如玉　韓約能作櫻桃饆饠其色不變　有能造冷胡突鱠
鱧魚臆連蒸詐草草皮索餅將軍曲良翰能爲驢騣駝峯炙
貞元中有一將軍家出飰食每說物無不堪喫唯在火候善均
五味嘗取敗障泥胡盝鹿一曰修理食之其味極佳道流陳景思
說勅使齊日昇養櫻桃至五月中皮皺如鴻柿不落其味數倍
人不測其法
醫
盧城之東有扁鵲冢云魏時針藥之士以卮腊禱之所謂盧醫
也
魏時有句驪客善用針取寸髮斬爲十餘段以針貫取之言髮

图7–1 《酉阳杂俎·酒食》书影

① （唐）段成式. 酉阳杂俎·酒食：前集卷之七[M]. 北京：中华书局，1981：72.

② 春秋左传正义·庄公十年：卷第八//（清）阮元. 十三经注疏[M]. 北京：中华书局，1980：1767.

二、戒饕餮、禁暴殄

图7-2 晚商饕餮纹青铜鬲，佳士得拍卖行网站

戒饕餮、禁暴殄是中国历史上的主流意识，是从家训到社会规范的“食箴”，是好的风俗、好的思想、好的传统。但是，“戒”与“禁”的前提是饕餮（图7-2）、暴殄的事实存在，于是才有饕餮、暴殄历史记录的比比皆是，因此才有喋喋不休的“戒”“禁”之训的文献记载。一部中国国家政权兴亡史，许多曾经一度辉煌以至于维系了几百年的赫赫王朝，最终难逃土崩瓦解的命运。究其原因，固然各异，但亡国之君的饕餮、暴殄往往也是丧失民心、激化矛盾的不可忽视的原因。夏王朝（前2070—前1600）的最后一位王姒癸（？—前1600），因荒淫无道被谥为“桀”——意为凶暴，其在位每日饮酒“无有休时。”[①]商王朝（前1600—前1046）的亡国之君帝辛（前1075—前1046），也是因为“好酒淫乐，……以酒为池，县（悬）肉为林，使男女倮（裸），相逐其间，为长夜之饮。”[②]于是得了个“纣”的谥号，《谥法》云：“残义损善曰纣”。有鉴于此，周王朝的缔造者周公就严肃告诫继位者成王（前1042—前1021）要牢牢记取商亡国的教训，严禁荒淫放逸[③]。饕餮，是过分地贪食，以至于到贪婪的地步；暴殄，任意浪费、糟蹋；无节制地饮食和不珍惜食物的行为，古往今来一直都为人们所不齿。相反，敬食与慎食则始终是历史上中国社会主导、主流、主体的食观念、食习俗，是社会和民族的美德。

“无物不堪吃”，异文化的他者观察，是表象的直观印象感觉。因此，历史上华人族群的“食料禁忌观”，无涉宗教，甚至无关信仰，它只是一种对生命与食材依赖关系的群体性认知，一种信念或理念。当然，它可以被不同视角的学者们置于各自的视阈，提升到任何层面去审视。1992年，早已声气呼应的日本学者石毛直道博士与我在长冈会议报到日第一次会面。其时，石毛直道先生是日本国立大阪民族学博物馆的资深研究员，已经是享有国际声誉的食学名家，其后出任了该馆的馆长。自1992年以来笔者与石毛先生近20次在日本、韩国、中国举行的高层报告会或论坛上相见。石毛先生当时问了我几个问题，其中之一是：“请问赵先生，可以说中国人饮食没有什么禁忌吧?”我温和地回答：“先生的问题，在中国汉族族群中基本是正确的。一些少数民族的情况不尽相同，比如蒙古族、满族的草地文化传统有对狗

①（西汉）刘向，撰．列女传·夏桀末喜传[M]．刘晓东，校点．沈阳：辽宁教育出版社，1998：72.

②（西汉）司马迁．史记·殷本纪第三：卷三[M]．北京：中华书局，1959：105.

③ 尚书正义·周书·无逸：卷第十六//（清）阮元．十三经注疏[M]．北京：中华书局，1980：221—223.

肉的禁忌；维吾尔族等信仰伊斯兰教的少数民族有特殊的禁忌。”由此可知，中国人的戒禁饕餮暴殄，深层实质是“无物不可吃”内在逻辑的必然结果：后者是果腹之物稀缺，所以寻求一切可食之物；前者是珍惜一切可食之物；如同一枚硬币的两面，相辅相成，并无矛盾可言。惜物珍食，自奉节制，禁忌浪费，是中国人的食生活积久习俗，饮食文化的悠久传统，是生态环境制约下的世世代代食生产、食生活的结果。于是就造成了大自然一切造物的任何可食性都被华人祖先发掘殆尽的可怕结果，这就是林语堂（1895—1976）先生用他特有的幽默所描绘的中国人性格：“毋庸置疑，我们也是地球上唯一无所不吃的动物。只要我们的牙齿还没有掉光，我们就会继续保持这个地位。也许有一天，牙科医生会发现我们作为一个民族，具有最为坚固的优良牙齿。既然我们有天赐的一口好牙，且又受着饥荒的逼迫，我们就没有理由不可以在民族生活的某一天发现炒甲虫和油炸蜂蛹是美味佳肴。……饥荒是不会让我们去挑肥拣瘦的，人们在饥饿的重压之下，还有什么东西不可以吃呢？没有尝过饥饿滋味的人是没有权利横加指责的。我们中还曾有人在饥荒难熬之际烹食婴孩呢——尽管这种情形极为罕见——不过，谢天谢地，我们还没有像英国人吃牛肉那样，把婴孩生吞活嚼了！”①

第二节
“善均五味”：中国人的味道

中国历史上“五味调和”的和谐味追求，就是基于多种食材合煮于一器的熟物实践形成的。“煮”，往往是杂众物于一器中的烹饪方法，炎黄先民最初就是将多种食材放到鬲一类的煮食器中混合加工的。

一、“善均五味”

“善均五味”的习得技能，是基于热食的传统，也就是“热烹”的实践经验与技巧。是

① 林语堂．中国人[M]．杭州：浙江人民出版社，1988：297—299.

“热烹”，而不是“冷拌”，热烹——以“煮”为主的烹饪方法将各种食材的味释放到汤汁中，各种味融合在一锅汤汁中，才引发了融合味的适口性问题。后来的蒸、炒等烹饪方法固然也讲求“五味调和”，但那基本都是“煮”的后续，都受到了煮法的启发。煮是“和”五味，其他的烹饪方法则是“调”五味，“五味调和”经验与认识发展的结果。因此，我们认为人类严格意义的烹饪文化是从“煮”成为重要熟物方式之后开始的。当“善均五味”超越了一般意义的“妈妈的经验空间”，而成为权贵阶级或市肆商业的专业技术要求时，就上升成为一种文化表征，是事厨者的本事与职业遵循，是美食享受者的追求。

二、“食无定味”

食材有先天自然之味，烹饪过程完成之后食材转化为食物——变成被改造过的自然味，但具体的进食者还有自己习惯性与好恶选择的“口味”，这样的三味未必是顺应的逻辑关系，尤其是后二者之间。中国俗语说“萝卜、白菜，各有所好。”许多食物，尤其是风味特殊的食物，有人闻名生津，而有的人则可能望之“掩鼻而过”，同一食物对于不同的人来说很可能是好恶背道、判断迥异。这种差异，不仅仅在食物的味道，而且还涉及材料本身，以及烹饪方法。因此，当宋太宗赵光义（939—997，976—997在位）问参知政事苏易简（958—997）：“食品称珍，何者为最?”苏易简回答了一句经典名言：“食无定味，适口者珍。”[①]的确，往往会因人、因时、因地而异，很难有绝对的答案。位居深宫，饕餮遍了人间美食以至于味觉麻痹的宋太宗已经不知道什么东西最好吃了，所以才会问苏易简这样的问题。掌控国家命运的两位最关键领导人关心的竟然是一己的口腹之欲，读史者的感想应当是很无奈。苏易简对国家最高领导人说：“臣心知齑汁美。”齑汁，就是腌酸菜的汁水，民间习称“浆水”，准确的名称应当是“蔬浆水”。历史上中国许多地区民间广泛流行的传统食物，以菜蔬为主料浸水发酵而成，味微酸，用作饮料或伴作主食[②]。苏易简是梓州铜山（今属四川）人，宋太宗赵光义祖籍涿郡（今河北省涿州市）、出生开封府浚仪县（今河南省开封市），他们都熟知“浆水”是历史上贫苦大众的习食之物，所以当苏易简说自己认为“浆水”是美味时，皇帝不禁感到可笑又不可解，“太宗笑问其故”，回答说：“臣，一夕酷寒，拥炉烧酒，痛饮大醉，拥以重衾。忽醒，渴甚。乘月中庭，见残雪中覆有齑数盎，不暇呼童，掬雪盥手，满

① （南宋）林洪．山家清供：卷（上）“冰壶珍”．（元）陶宗仪．说郛．卷七十四（上）//文渊阁四库全书：第880册[M]．台北：商务印书馆，1984：160.

② 赵荣光．华人食醋历史文化与嗜酸性解析，首尔“2018大韩民国食醋文化大典”特邀主题演讲稿，2018-6-22.

饮数缶。臣此时自谓：上界仙厨，鸾脯凤脂，殆恐不及。屡欲作《冰壶先生传》记其事，未暇也。”“太宗笑而然之”[①]，认为颇有道理。“适口者珍”可以认为是普遍性的道理，但若将“食无定味”绝对化则不可。

事实上，无论各种文化、习性、口味嗜好进食者间差异多么大，牛排取材的牛、鸡卵产自的鸡、大米饭取材的稻米、无污染远洋或深海的鱼、野生松露等，大致不会有异议的价值判断。而中国油条、法棍面包、日本拉面、韩国泡菜对于全世界各种口味差异的进食者，都存在着“喜爱”或“可以接受”的最大公约数，此即司马迁（前145—？）所谓“口甘五味，为之庶羞酸咸以致其美。”[②]

第三节
“十美原则”：饮食长者的审美情趣

魏文帝曹丕（187—226，220—226在位）曾援引俗语说：“三世长者知被服，五世长者知饮食，此言被服饮食，非长者不别也。”[③]，这一俗语一直流行，不过到了南宋时期就成了“三世仕宦，方解着衣吃饭”[④]的人人皆知的谚语。一“世”为30年，或指人一生一世，由“五世长者”到“三世仕宦”，中间减少了二世，历史间隔约近十个世纪。有理由认为这是信息传递加快，知识累积提速的结果。但无论如何上述两则史料都反映了几个共同点：一是“吃饭”的知识获得不易，因为要依靠丰富的经验积累；二是吃饭知识的获得要有“长者”“仕宦”的身份，因为他们才可能有广阅历、多经验的机缘；三是需要见识、理解能力，也就是具备必要的文化修养。

正是由于上层社会饮食生活的不断丰富，民族饮食文化和历史文明的不断进步，中华古代饮食审美思想也逐渐趋向丰富深化和系统完善。饮食审美的“十美原则”，或上流社会食

①（南宋）林洪．山家清供：卷（上）“冰壶珍”．（元）陶宗仪．说郛．卷七十四（上）//文渊阁四库全书：第880册[M]．台北：商务印书馆，1984：160.

②（西汉）司马迁．史记·礼书第一：卷二十三[M]．北京：中华书局，1959：1158.

③（三国魏）曹丕．诏群臣//（清）严可均校辑．全上古三代秦汉三国六朝文·全晋文[M]．北京：中华书局，1958：1082.

④（南宋）陆游，撰．李剑雄，刘德权，点校．老学庵笔记：卷五[M]．北京：中华书局，1979：59.

事的“十美风格”，作为历史性标志或者说阶段性结果，是中华饮食史发展的鼎盛期——明清期充分实现的。高濂（约明万历1573—1620年前后）（图7–3）、袁宏道（1568—1610）（图7–4）、李渔（1611—1680）（图7–5）、袁枚（1716—1798）（图7–6）等一大批人性觉醒、敢于直言人生食事的学者应运而生，他们大多是离经叛道的思想家、脱略形骸的文人，《遵生八笺》《觞政》《闲情偶寄·饮馔部》《随园食单》等为代表的众多优秀的饮食文化著述的问世，不仅在数量、内容上，而且在思想和理论深度上都明显地超过前人，古代饮食审美思想深化成熟为“十美风格”的完善形态。

所谓“十美风格”，是指中国历史上上层社会和美食理论家们对饮食文化生活美感的理解与追求的十个分别而又紧密关联的具体方面，充分体现了中华传统文化色彩和美学感受与追求的民族饮食思想。依照内在逻辑顺序，应当是以下十个具体方面：

图7–3　高濂画像，笔者手绘

图7–4　袁宏道画像，笔者手绘

图7–5　李渔画像，笔者手绘

图7–6　袁枚画像，笔者手绘

1. “质”

饮食的质，应当完整地包括原料与成品的品质、营养要素，它贯穿于饮食活动的始终，是美食的前提、基础和目的。也就是袁枚所说的：“凡物各有先天……物性不良，虽易牙烹之，亦无味也。”“大抵一席佳肴，司厨之功居其六，买办之功居其四。”原料的质美是一切其他诸美的基础与灵魂，因而很早便作为美食要素提出，并一直是中国古代饮食审美的基本要素（图7–7）。二十多个世纪以前，我们的祖先就留下了深入讨论“鱼之美者”“菜之美者”“饭之美者”“果之美者”的明确文录，认为只有物料质美才能“至味具”[①]。“至味具”的基础是食材的天然物性优良，而精粹的食材只有经过最佳的加工、烹饪方法才能最后达到美味佳肴的效果。

图7–7　河鲜出水

2. “香”

食物飘逸出的香气，鼓诱情绪、刺激食欲的气味，所谓未见其形，“闻其臭者，十步以外，无不颐逐逐然。”[②]香气是食物美的极为重要的标志之一，闻香因此也就是鉴别美质、预测美味的关键审美环节和检验烹调技艺的重要感官指标（图7–8）。“香”字表义，最早是源于人们对饮食美的感觉。《说文》释云：“香，芳也。从黍，从甘。”先哲以为黍稷等食粮的养民活命之性可引发出施教化、行礼仪、申德道的功用，认为谷物的馨香是一种高尚的“德”之表征，故敬祀鬼神，“明德以荐馨香”[③]。重视与追求的是食材的天然美味，既是对食材的尊重，也是对大自然的亲近。

图7–8　新蒸米饭

---

① 吕氏春秋·孝行览第二·本味：卷第十四//（民国）国学整理社辑．诸子集成：六[M]．北京：中华书局，1979：143.

②（清）袁枚．小仓山房文集·厨者王小余传：卷七[M]．上海：上海古籍出版社，1988：1331.

③ 春秋左氏传·僖公五年：卷十二//（清）阮元．十三经注疏[M]．北京：中华书局，1980：1795.

3.“色”

图7–9　剁椒鱼头，许菊云供图

菜肴或食物令人悦目爽神的颜色润泽，既指原料自然美质的本色，也指各种不同原料相互间的组配，当然优选食材的质美是前提，但烹调中的火候等因素也至关重要。色美是美食审鉴的又一重要指标。美色，不仅可以看得出原料的美质，也可以看得出烹调的技巧和火候等加工手段的恰到好处，还可以看得出多种原料色泽之间的辉映谐调美（图7–9）。色、香两个感官指标的直观判断，即可基本测定出肴馔的美学价值，此即袁枚一首《品味》诗所说的：“平生品味似评诗，别有酸咸世不知。第一要看香色好，明珠仙露上盘时。”①菜肴出勺装盘，摆到餐桌上的一瞬间，经验老到的行家就可以一望而知了：“目与鼻，口之邻也，亦口之媒介也。佳肴到目到鼻，色臭便有不同，或静若秋云，或艳如琥珀，其芬芳之气，亦扑鼻而来。不必齿决之舌尝之，而后知其妙也。”②这里追求的是本色，物性先天的美质本色。闻香和看色，是肴馔品质鉴赏的两个最重要的感官指标，是无须品尝就可以经验性鉴定的依据。

4.“形”

服务于食用目的，刻意体现美食效果的富于艺术性和美感的肴馔形态。中华传统饮食审美思想对肴馔形美的理解和追求，是以食材先天质美为前提，在原料美基础之上并充分体现其质美的自然形态美与意境美的结合。如同中国传统的诗和画一样，都追求一种自然古朴和典雅清逸的意境。如唐景龙三年（709）韦巨源（631—710）拜尚书左仆射，例行谢恩宴中的“生进二十四气馄饨”（花形馅料各异，凡廿四种），“八方寒食饼”（用木范），“素蒸音声部”（面蒸，像蓬莱仙人，凡七十事）等③，都充分体现了肴馔形态美的极致追求。而更早些的《诗经》《楚辞》等典籍中开列的众多鸟、鱼及小畜兽类原料肴品，则基本都是取其原料自然形态的例证：“炰鳖”④、炮兔、炙兔⑤、“毛炰”（烤全猪）⑥、“胹鳖”“炮羔”“煎鸿鶬”“鹄

①（清）袁枚．品味：之一//（清）袁枚．小仓山房诗集：卷三十三[M]．上海：上海古籍出版社，1988：938.

②（清）袁枚．随园食单·须知单·色臭须知[M]．上海：文明书局藏乾隆五十七年（1792）版，1918：2.

③（五代宋之际）陶谷．清异录·馔羞门//文渊阁四库全书：第1047册[M]．台北：商务印书馆，1984：919.

④ 毛诗正义·小雅·六月：卷十——二//（清）阮元．十三经注疏[M]．北京：中华书局，1980：424.

⑤ 毛诗正义·小雅·瓠叶：卷第十五——三//（清）阮元．十三经注疏[M]．北京：中华书局，1980：499.

⑥ 毛诗正义·鲁颂·閟宫：卷第二十——二//（清）阮元．十三经注疏[M]．北京：中华书局，1980：615.

酸”“臇凫”“露鸡”“臛蠵”[①]。事实上这也正是中国古代饮食审美的一项重要原则和主流传统。它应当是来自先民们对各种禽兽生命形态的欣赏和大自然赐予美好食材珍爱的元初心理，同时也应是刻意追求的奉祀鬼灵神祇的最美好牺牲形态。毫无疑问，奉祀鬼灵神祇牺牲的最美好形态，最终也是奉鬼神者自奉的美食，《楚辞》《诗经》中隆重宴会的食物基本都是祭祀鬼神的牺牲，或先祀后食的食物，上古时代人本来就与鬼神紧紧相连地生活在共同拥有的空间里。尔后，这一传统一直维系着，不过自奉的“人情味”越来越浓而已。满城汉墓中的“烤乳猪”[②]，司马晋显贵王济的“人乳蒸豚”[③]，唐时西北边疆的“浑炙犁牛烹野驼”[④]，“全蒸羊”[⑤]，两宋时期市肆中的大量鱼、雀类菜肴均属此类。而号称“天下第一家”的曲阜衍圣公府府厨烹制的“神仙鸭子”“凤凰同巢”等均可为其代表[⑥]。这里值得注意的两点：首先，中国古人对肴馔形的要求，既充分体现在肴上，也体现在馔上，即主食（面食为主）和菜肴的形制同样讲究；其次，菜肴的形制讲究又侧重在热菜，着眼点在通过巧妙的烹调技艺再现原料的自然形态和天然美质，以达到一种特定意境和观赏美感（图7–10）。因此，热菜形态要求的是选料、刀工、搭配、勺工、出勺盛盘各个环节的技巧，不主张离开上述原则的刻意求形，因为“吃”和“更好地吃”是他们追求形的前提和目的。中国冷菜的发生与热菜相比要晚得多，冷菜最初是热菜变冷，准确的解释应当是“菜冷”，而“冷菜”的界定不仅仅是进食即刻的温度状态，更主要是其制作的基本目的。因此，冷菜应当理解为：“传统中华菜肴中通过热加工手段制成而备凉吃且凉吃味与口感更加美好的菜肴品类，多为动物性食材，因又习惯称为“冷荤”，往往用作宴会的佐酒之肴。”[⑦]冷菜最初都是取材于动物性原料，最初的冷菜应当是上一餐未食竟的烧、烤、煮等加工方法致熟肉食品的下一餐再用。周天子的饮食排场隆重浩大，“王日一举，鼎十有二，物皆有俎。以乐侑食，膳夫授祭品，尝食，王乃食。

图7–10　黄河大鲤鱼，樊胜武供图

---

①（北宋）洪兴祖，撰．白话文，等，点校．楚辞补注·招魂章句第九[M]．北京：中华书局，1983：208.

② 中国社会科学院考古研究所，河北省文物管理处，编．满城汉墓发掘报告：（上）[M]．北京：文物出版社，1980：30.

③（唐）房玄龄，等．晋书·列传第十二·王浑：卷四十[M]．北京：中华书局，1974：1206.

④（唐）岑参．酒泉太守席上醉后作//（清）彭定求，等，编校．全唐诗：卷一百九十九[M]．北京：中华书局，1960：2055.

⑤（五代宋之际）陶谷．清异录·馔羞门//文渊阁四库全书：第1047册[M]．台北：商务印书馆，1984：925.

⑥ 赵荣光．《衍圣公府档案》食事研究[M]．济南：山东画报出版社，2007：169—171.

⑦ 赵荣光．中国饮食史论[M]．哈尔滨：黑龙江科学技术出版社，1990：129.

卒食，以乐彻于造。”[①]膳夫负责王、后、世子的饮食事务。王一日三餐，朝食陈列十二鼎，食材是自牛而下六牲皆备，每尊鼎都配备有专用的俎。俎既是摆放鼎中煮好的肉食物的盛器，也是进食者的餐具——直接在俎上匕割取食——略如西餐进食者在盘中切割牛排。悠扬的音乐响起，王的进食过程开始，这时膳夫先要履行严格的以食祭祀神灵仪式，随后品尝验证火候温度恰当，于是王进食。王进食过程结束后，剩余的食物在另起的音乐声中送回到厨房——“大造”中贮放，以备午餐、晚餐再用。这些被撤下存放在王的厨房里的肉肴，下一餐应当都要重新热过，因为煮肉的热汤还在鼎中。但是，是否有不再重新热过的肉肴？注疏家们没有明确说，但不排除这种可能。比如盛夏季节，一块放凉了的熟牛肉吃起来可能会更爽口。司马迁记录的“胃脯”[②]应当是明确的冷食之肴。冷菜的重要发展期在唐宋，那是上层社会酒宴筵式张大、宴程冗长的合乎逻辑的结果，着重于质、味、色、香、形的要求，要在拼配上表现原料的自然本质和烹调与刀工的技巧，而非舍本逐末的刻镂琢饰。唐懿宗李漼（833—873，859—873在位）赏赐给女儿同昌公主的美食“消灵炙”“虽经暑毒，终不臭败”；“红虬脯”“虬健如丝，高一丈，以箸抑之，无三数，分撒即复其故”[③]，都应当是冷菜无疑。

5.“器”

精美适宜的炊饮器具，以饮食器具为主。饮食器具不仅包括常人所理解的肴馔盛器、茶酒饮器、箸匙等器具，而且还应包括延伸至专用的餐桌椅等配备使用的饮食用具。“葡萄美酒夜光杯”[④]，古语有“美食还宜美器”“美食不如美器”。“美器”一词，最初泛指一切珍贵材料、精工制作的器具，特制各类玉器，因为中国人信奉“黄金有价玉无价”，上古时代就形成了重玉的信念与传统。因为如此，历史上“美器”往往被用来赞誉德行学问出类拔萃的人，“子贡问曰：‘赐也何如？’子曰：‘女，器也。’曰：‘何器也？’曰：‘瑚琏也。’”[⑤]子贡为人，以文采修为见长，所以孔子评价他是瑚琏之“器”，“瑚”古代宗庙盛黍稷的礼器，“有虞氏之两敦，夏后氏之四连（琏），殷之六瑚，周之八簋。”郑玄注：“皆黍稷器。”[⑥]瑚琏是尊贵之器，故字皆从“玉”，显示其饰之美。“高祖谓咨议参军郑解之曰：‘羊徽一时美

---

① 周礼注疏·天官冢宰·膳夫：卷四//（清）阮元．十三经注疏[M]．北京：中华书局，1980：660.

②（西汉）司马迁．史记·货殖列传第六十九：卷一百二十九[M]．北京：中华书局，1959：3282.

③（明）王士贞，编．艳异编·戚里部一：卷十五[M]．扬州：江苏广陵古籍印刻社，1998：202.

④（唐）王翰．凉州词二首：之一//（清）彭定求，等．编校．全唐诗：卷一百五十六[M]．北京：中华书局，1960：1605.

⑤ 论语注疏·公冶长第五：卷第五//（清）阮元．十三经注疏[M]．北京：中华书局，1980：2473.

⑥ 礼记正义·明堂位：卷三十一//（清）阮元．十三经注疏[M]．北京：中华书局，1980：1491.

器……'"[①]古代最尊贵的"器"无过于王者庙堂之上祭祀祖先的礼器了，而这些祭祀礼器又基本都是盛食之具。"美食"与"美器"的关系可谓天缘紧密。而王者礼器不仅质地、工艺珍奇贵重，更重要的还是等级身份的垄断尊贵，王者礼器是禁脔独尊。至于食器中的盛物则不同社会等级的人并非绝对没有染指的机缘。因此，尊贵的身份，主要不是凭借食物，而是盛食之器，"美食不如美器"寓意显然。晋显贵王济的"人乳蒸豚"就是盛放在"琉璃"美器中的。[②]但是，美食与美器关联一起直接表达人间食事的更多文字记载，则是宋代以后："……韫椟而藏见，谓逸群之美器，自席珍而待聘……"[③]"吴有隐君子曰陈君叔方……其割寄三牲之养以奉客，亦必肴膳丰美，器皿精洁……"[④]"饮食惟取充腹，则美味珍品自不可得而贵；器具惟取适用，则珍奇精巧自不可得而贵；以至非泛不切微末细琐，人家可省则省，则物价亦有渐平之理。奈何风俗好奢，人情好胜，竞尚华居，竞服靡衣，竞嗜珍馔，竞用美器……"[⑤]"长沙公少时为人疏节，倜傥不羁，……一日有道人者羽衣策杖而过之，因止宿焉。父命侍食侑以美器，道人輙陨其一，公殊不为意，遇之如礼。"[⑥]因之，"美食不如美器"自然成了世俗之见，生活口语。成书于明嘉靖（1522—1566）间的《水浒》就有"美食不如美器"这句俗谚在市井生活场景中的应用（图7-11）：

图7-11　王元兴酒楼运河宴餐具，王斯拍摄

①（南朝梁）沈约．宋书·列传第二十二·羊欣：卷六十二[M]．北京：中华书局，1974：1662.

②（唐）房玄龄，等．晋书·列传第十二·王浑：卷四十[M]．北京：中华书局，1974：1206.

③（宋）徐自明，著．宋宰辅编年录：卷十七//文渊阁四库全书：第596册[M]．台北：商务印书馆，1984：6620.

④ 郑元佑，撰．元故慎独处士陈君墓志铭//载（宋）陈深．宁极斋稿·墓志//丛书集成续编：第133册[M]．台北：新文丰出版公司1988：5—6.

⑤（元）陶宗仪，撰．说郛：卷七十三下"物价"//文渊阁四库全书：第880册[M]．台北：商务印书馆，1984：149.

⑥（明）林大春．俞长沙传//（明末清初）黄宗羲，编．明文海·传三十五·仙释：第5卷四二一[M]．北京：中华书局，1987：4394—4395.

戴宗道："前面靠江有那琵琶亭酒馆，是唐朝白乐天古迹。我们去亭上酌三盅，就观江景。"有诗为证：白傅高风世莫加，画船秋水听琵琶。欲舒老眼求陈迹，孤鹜齐飞带落霞。宋江道："可于城中买些肴馔之物将去。"戴宗道："不用，如今那亭上有人在里面卖酒。"宋江道："恁地时却好。"当时三人便望琵琶亭上来。到得亭子上看时，一边靠着浔阳江，一边是店主人家房屋。琵琶亭上，有十数付座头。戴宗便拣一付干净座头，让宋江坐了头位。戴宗坐在对席。肩下便是李逵。三个坐定，便叫酒保铺下菜蔬果品海鲜按酒之类。酒保取过两樽玉壶春酒，此是江州有名的上色好酒，开了泥头。宋江纵目一观，看那江上景致时，端的是景致非常。但见：云外遥山耸翠，江边远水翻银。隐隐沙汀，飞起几行鸥鹭。悠悠别浦，撑回数只渔舟。红蓼滩头，白发公垂钩下钓。黄芦岸口，青髫童牧犊骑牛。翻翻雪浪拍长空，拂拂凉风吹水面。紫霄峰上接穹苍，琵琶亭畔临江岸。四围空阔，八面玲珑。栏杆影浸玻璃，窗外光浮玉璧。昔日乐天声价重，当年司马泪痕多。当时三人坐下，李逵便道："酒把大碗来筛。不奈烦小盏价吃。"戴宗喝道："兄弟好村！你不要做声，只顾吃酒便了。"宋江分付酒保道："我两个面前放两只盏子，这位大哥面前，放个大碗。"酒保应了下去，取只碗来，放在李逵面前。一面筛酒，一面铺下肴馔。李逵笑道："真个好个宋哥哥，人说不差了！便知我兄弟的性格！结拜得这位哥哥，也不枉了！"酒保斟酒，连筛了五七遍。宋江因见了这两人，心中欢喜，吃了几盅，忽然心里想要鱼辣汤吃。便问戴宗道："这里有好鲜鱼么？"戴宗笑道："兄长，你不见满江都是渔船？此间正是鱼米之乡，如何没有鲜鱼？"宋江道："得些辣鱼汤醒酒最好。"戴宗便唤酒保，教造三分加辣点红白鱼汤来。顷刻造了汤来。宋江看见道："美食不如美器。难是个酒肆之中，端的好整齐器皿。"拿起箸来，相劝戴宗、李逵吃。自也吃了些鱼，呷了几口汤汁。李逵也不使箸，便把手去碗里捞起鱼来，和骨头都嚼吃了。"①

美器不仅早已成为古人美食的重要审鉴标准之一，甚至发展成为独立的工艺品种类，有独特的鉴赏标准。举凡金属的铜、青铜、铁、锡、金、银、铝、钢、合金，非金属的陶、瓷、玉、琥珀、玛瑙、玻璃、琉璃、水晶、翡翠、骨、角、螺壳、竹、木、漆等皆可成器，且均具特色。陶瓷要名窑名款，其他质地亦要贵质名工。明世宗权臣严嵩家资籍没册《天水冰山录》所载许多饮食器具工艺绝伦，奇巧无双。古往今来各种器型几乎无不毕具。所用质料是金、银、古铜（青铜）、瓷、铜、铁，各式玉、玛瑙、水晶、犀角、牛角、象牙、龟

①（明）施耐庵. 水浒（下）：第三十八回"及时雨会神行太保，黑旋风斗浪里白条"[M]. 北京：作家出版社，1953：444.

筒、彩漆、玳瑁、珐琅、玻璃、海螺、檀乌诸木及斑竹、藤等应有尽有。其中仅金银酒器即近3500件[①]。明中叶以后，中国传统家具的品种形式和制作工艺都进入了黄金时代，作为筵席餐具配套器具的基础用具餐桌椅的质地、式样、工艺，也都伴随着中国饮食文化鼎盛发展而形成了崭新的时代风格。乌柏、檀、楠、花梨、楷、红、瘿、相思等珍贵木质及镂雕镶嵌的精工，不仅极大地突出了这些器具的专用性，且使它们以自己的加工特点和观赏性充分显示了美学价值的存在。

6. “味”

饱口福、振食欲的滋味，也指美味，它强调原料的“先天”自然质味之美和“五味调和”的复合美味两个宗旨。烹饪过程中，食材的自然味是人工调和味的基础，但烹饪是把握食材自然味性并使之成为进食者能够接受和喜爱的味道变化的过程，“有味使之出，无味使之入”才是成功的烹饪。一道美好的食物——任何“菜”与“饭”的制作，往往都是多种食材——主料、副料、配料、调料等有机结合，“美食”所以称其为“美食”，“美味”是最为重要的指标，“美食”往往等同“美味”的意义，故人们习惯称“美味佳肴”（图7–12）。因此，美味是进食过程中美食效果的关键。无论是“独行”原料的先天质味，还是多种原料相互“搭配”的复合之味，都要“味得其时”[②]，充分体现本味，认为“淡也者，五味之中也”[③]，只有如此才能充分领略原料的美味。如上所述，辨味既属于生理功能，又属于一种技能，一种高层次的饮食文化鉴赏能力；而美味便是中国古代饮食追求的最主要目标，味之美便成了一种最高的理想境界。辨味，是鼻、眼、舌、神的综合审鉴活动。通过嗅香、察色形、品味和领悟味韵最终完成。食圣袁枚说：“莫怪何曾唤奈何，佳肴原不在钱多。灵霄炙与红虬脯，未必莼羹逊让他！”[④]在袁枚理解，美味是美食的灵魂，把握是技巧，最佳成艺术，“味固不在大小华啬间也。”他认为：“以味媚人者，

图7–12　油焖春笋

①（明）佚名．天水冰山录//（民国）王云五，主编．丛书集成：初编[M]．上海：商务印书馆，1937：1502—1504.

② 礼记正义·仲尼燕居第二十八：卷五十//（清）阮元．十三经注疏[M]．北京：中华书局，1980：1613.

③（清）戴望．管子校正·水地第三十九//国学整理社．诸子集成：五[M]．北京：中华书局，1954：236.

④（清）袁枚．品味：之二//小仓山房诗集：卷三十三[M]．上海：上海古籍出版社，1988：938.

物之性也”，事厨者若“不能尽物之性以表其美于人，而徒使之狼戾枉死于鼎镬间，是则孽之尤者也。”准确地认知、恰到好处地充分利用各种食材，极致地发挥其美味效果，在人类是敬天惜物的表现；在自然造物，则是“物尽其用”“用尽其美”的最大价值实现。所以他假借家厨王小余之口感慨：天下“知己难，知味尤难。”①“人莫不饮食也，鲜能知味也。”②知味之难，方见知味之要，高度重视并不懈追求美味，是中华民族特性，也是人类口腹之欲的同性。

7.“适”

舒适惬意的口感，是齿舌触感食物的爽快愉悦效果。食物入口之后，经咀嚼获得的美好感觉与味觉是相得益彰的关系，但触觉是一个独立的美食感官指标，所以我们将其称之为“适口性”而非纯物理学意义的“触觉”。对于“适”的理解和追求，“滑”“脆”是历史上两个最常用的词，在很早的古代便留下了大量文录。《周礼》“食医”职文：“调以滑甘”；“疒医”职文：“以滑养窍”③；《礼记·内则》：“滫瀡以滑之”④；《仪礼·公食大夫礼》：“铏芼牛藿羊苦豕薇皆有滑”⑤，等等，都有软嫩润滑利口之意。《汉书》“……数奏甘毳（脆）食物。所以拥全神灵，成育圣躬……”⑥枚乘《七发》：“饮食则温、醇、甘、脆、脭、醲、肥、厚”，⑦着重的也主要是食物的适口性。

唐代时，上流社会竞相追逐美食，美食好尚、名品风靡，成社会风气，“建康七妙”即是一例，“金陵，士大夫渊薮，家家事鼎铛，有七妙：齑可照面，馄饨汤可注砚，饼可映字，饭可擦擦台，湿面可穿结带，醋可作劝盏，寒具嚼者惊动十里人。”⑧“寒具”本是春秋以下至近代以前寒食节期间的冷食品，后来逐渐精致化，且不拘于寒食节禁火期间所食，因而成了许许多多花色美味的风味小吃、点心食品。“寒具嚼者惊动十里人”，这里强调的是食物的脆美口感，并非是过度夸张一人咀嚼响声巨大，而应是寒食节期间，人们倾城出游，皆咀嚼油瀹的松脆食品——犹如“天津十八街麻花”，故有如是景观。

①（清）袁枚．小仓山房文集·厨者王小余传：卷七[M]．上海：上海古籍出版社，1988：1331—1332.
② 礼记正义·中庸第三十一：卷五十二//（清）阮元．十三经注疏[M]．北京：中华书局，1980：1625.
③ 周礼注疏·天官冢宰：卷五//（清）阮元．十三经注疏[M]．北京：中华书局，1980：667—668.
④ 礼记正义·内则第十二：卷二十七//（清）阮元．十三经注疏[M]．北京：中华书局，1980：1461.
⑤ 仪礼注疏·公食大夫礼第九：卷二十六//（清）阮元．十三经注疏[M]．北京：中华书局，1980：1086.
⑥（汉）班固．汉书·丙吉传：卷七十四[M]．北京：中华书局，1962：3149.
⑦（南朝梁）昭明．文选：第三十四卷[M]．北京：中华书局，1977：1561.
⑧（五代宋之际）陶谷．清异录·馔馐门//文渊阁四库全书：第1047册[M]．台北：商务印书馆，1984：924.

1966年12月，笔者只身到了桂林，其时正值甘蔗丰收，临街鱼贯棋布售卖甘蔗者，行人随即买食，咀嚼甜汁后的纤维渣随即吐弃路边，以至满街皆是甘蔗渣，犹若正月初一凌晨街市的爆竹废弃，亦是奇异景观。李渔（1611—1680）述习常“论蔬食之美者，曰清、曰洁、曰芳馥、曰松脆而已矣”①，紧接“味道”之后，就是食物的口感鉴别，可见适口性的重要和其与食物味道的紧密关系。总之，“脆”有因原料质地应时美好、烹调巧妙因而口感爽利酥润之意。“滑”“脆”因此也常被用来作为美味的赞美之词，“甘脆”“滑美”屡见文录。“滑”“脆”之外，适口的又一重要指标是温度。如《梦粱录》所记：“杭人侈甚，百端呼索取覆，或热、或冷、或温、或绝冷，精浇熬烧，呼客随意索唤。”②这里特别标出的，便是各种肴品从极热到绝冷的不同温度的差异情况。注重肴馔的温度差异以追求适意的美食效果，是中国古代的一个悠久传统。袁枚《品味》诗中“明珠仙露上盘时”，就是讲的热炒之热，“物味取鲜，全在起锅时，及锋而试”的口感，所谓“……现杀、现烹、现熟、现吃，不停顿而已。”③由肴馔适宜的滑、脆、热、冷等触觉引起的美感，使宴饮者在进食过程中获得了极惬心的感受，达到一种享乐愉悦的意境（图7–13）。

图7–13　明珠武昌鱼，楚菜大师卢永良供图

8.“序”

特定主题宴会设计与宴程期间的节奏、格调，“序”的美学要求是宴程起伏转承的兴趣递增、和谐流畅、圆满愉快。指一台席面或整个筵宴肴馔在原料、温度、色泽、味型、浓淡等方面的合理搭配，上菜的合理顺序，宴饮设计和饮食过程的和谐与节奏化程序等。“序”的注重，是把饮食作为享乐之事，并在饮食过程中寻求美的享受的必然结果，宴程间的仪礼规范无疑是制约与影响“序”的节律、格调的重要因素。主题公共聚餐的节律性被注重，可以上溯到史前人类劳动丰收的欢娱活动和早期崇拜的祭祀典礼行为中，从中人们获得特别隆重的欢悦感。

---

①（清）李渔．闲情偶寄・饮馔部：卷五//（清）李渔．李渔全集：11[M]．杭州：浙江古籍出版社，1992：235.

②（南宋）吴自牧．梦粱录：卷十六“面食店”[M]．北京：古典文学出版社，1956：267.

③（清）袁枚．随园食单・戒单・戒停顿[M]．上海：文明书局，1918：5.

序的讲求，在等级社会中，更发展成为上层社会饮食文化的突出特征和严格审美标准。“钟鸣鼎食”是专指中国历史上贵族豪门的饮食礼仪与气派的用语，司马迁就记述了汉初社会富豪家门的奢华饮食气派：“洒削，薄伎也，而郅氏鼎食，……马医，浅方，张里击钟。”[①]拥有这样气派的门户，被称为“钟鸣鼎食之家”[②]（图7–14）。“钟鸣鼎食”又作“钟鼓馔玉”：“钟鼓馔玉不足贵，但愿长醉不复醒。”[③]李白的《将进酒》名句描绘的就是权贵豪富阶层常见的奢侈豪华饮食气派。万历（1573—1620）初期的首辅大臣，著名改革家张居正（1525—1582）也曾批评过权贵阶层“绮衣灿烂，钟鼓馔玉，剥下自润，而不睹其艰”[④]的不良行为，但他自身也难以做到自奉节俭。周王廷饮食活动：王平居三餐、各种主题祭祀宴享、会宴万国朝觐宾客等均有严格的仪礼规定，规划、设定了宴程“序”的节律。以王的平居饮食而论，作为“天子”的王，他的一切行为都有政治性、权威和神圣的色彩，都体现礼制，而相应的节律则是这种礼制的演绎，因此王饮食活动的节律，具有更突出的制度性的特征。膳夫全面负责规划、执行王及后、世子的日常饮食：各种食材的选择、肴馔的制作、进食程序、膳品保管等。一般原则是：食用六谷：稌、黍、稷、粱、麦、苽；膳用六牲：牛、羊、豕、犬、雁、鱼（或马、牛、羊、豕、犬、鸡）；饮用六清：水、浆、醴、醇（凉）、医、酏；肴用品数：120样；酱物品数：120瓮。这些膳品由掌烹饪制作的职司完成之后，再经食医“和”（调配）、膳夫“品尝食”，然后“王乃食”。食医的“和”主要是掌握温度和搭配的标准：饭要像春天一样的温，羹要像夏天一样的热，酱要像秋天一样的凉，饮要像冬

图7–14　密县打虎亭汉墓壁画（局部）

①（西汉）司马迁．史记·货殖列传第六十九：卷一百二十九[M]．北京：中华书局，1959：3282.

②（唐）王勃．滕王阁序//吴楚材，吴调侯，选．古文观止：下册卷之七[M]．北京：中华书局，1959：304.

③（唐）李白．将进酒//（清）王琦辑，注．李太白全集:第一册卷之三[M]．北京：中华书局，1958:232.

④（明）张居正．学农园记//张舜徽，主编．张居正集（第3册）：卷三十七[M]．武汉：湖北人民出版社，1994：555.

天一样的冷。膳夫的“品尝”主要是把握火候适度和味道鲜美的原则。王进食前，先要奏起音乐，接着是祭夫捧牲肺供祭（祭在尝之前）。王用膳完毕，音乐又起。这时，膳夫负责把王吃剩下的肴馔收到“造”——厨房之中去。王一日三餐（朝食、日中、夕食），每餐都要杀牲供馔，朝食最为隆重必杀牛。日中和夕食时，朝食所剩肴馔亦由膳夫重新奉上。只有在大丧、大荒凶年、天灾地变、疫疠流行、寇戎刑杀的非常时日才不杀牲。王者之食，很重视季节性原则。春天用小羊小豕，以牛油烹制；夏天用干雉和干鱼，用犬膏烹制；秋天用小牛、小麋鹿，用猪油烹制；冬天用鲜鱼及雁，以羊脂来烹制。调味上，则坚持“春多酸、夏多苦、秋多辛、冬多咸”的原则，同时都配制成“滑甘”——加枣、饴、蜜和米粉、菜等。在主副食的搭配上，也有具体的规定：“牛宜稌、羊宜黍、豕宜稷、犬宜粱、雁宜麦、鱼宜苽”，认为只有这样才是“膳食之宜”的最佳标准。天子用膳的气派是非同寻常的，早膳时要排列12鼎：9牢鼎（牛、羊、豕、鱼、肠胃、腊、肤、鲜鱼、鲜腊）、3陪鼎（膷、臐、膮）。这些食物，又由膳夫负责一一盛在俎上（见《周礼》“膳夫”“庖人”“食医”等职文并郑玄注、孔颖达疏），这还只是常膳规模。“天子之阁，左达五，右达六”（《礼记·内则》）。阁，郑玄注云：“以板为之庋食物也。”阁可以理解为活动桌面。10张桌面陈列于前，仪范规程可略见其恢宏庄严一斑了。板之上，当置上述食、饮、膳、羞、醢、醯诸多肴馔。

但以上的叙述还只能是个朦胧的概况，并不是非常确定和固定的肴品①。而后，历代上层社会宴享文录都不同程度地反映“序”的特征。明代著名美食理论家袁宏道（1568—1610）就十分明确地反对“铺陈杂而不序”②的肴馔罗列和宴享程序。食圣袁枚则讲的更明确：“上菜之法：咸者宜先，淡者宜后，浓者宜先，薄者宜后；无汤者宜先，有汤者宜后……度客食饱则脾困矣，须用辛辣以振动之；虑客酒多则胃疲矣，须用酸甘以提醒之。”③膳品接续的时序节奏和协调搭配空间结构合理设计，使整个宴饮活动展开、起伏、变换、高潮、直至结束的全过程，同与宴者的生理与心理变化充分谐调，使与宴者优哉游哉地徜徉陶情于“吃”文化的享乐之中。

9.“境”

悦目赏心、安适怡情的宴饮环境。宴饮环境就其景观选择与建构的属性来说，有自然、

---

① 赵荣光．周王廷饮食制度略识——兼辨郑玄注“八珍”之误//赵荣光．中国饮食史论[M]．哈尔滨：黑龙江科学技术出版社，1990：198—200.

②（明）袁宏道．觞政//（民国）胡山源．古今酒事[M]．上海：上海书店，1987：105.

③（清）袁枚．随园食单·须知单·上菜须知[M]．上海：文明书局，1918：3.

人工、天人合璧三大类别；就其功用属性区别，则存在空间的内、外、大、小和不同风格等区别。在人类居室未创，或草创初期，早期人类的聚餐活动理应是原野露天的自然状态，氏族成员围拢火塘的聚餐，“境”是纯自然的。但，即便是纯自然的环境，人类的选择性与简单的适宜性改造也应同时存在了，也就是说，某一自然环境更适宜于族群围拢聚食，或被处理得更适宜于众人欢聚。公众饮食活动，被人们赋予了某种郑重意义之后，“境”就自然成了其中的一个美学因素。

《周礼》《仪礼》《礼记》等书中对天子、诸侯、大夫、士等不同社会等级宴饮宫室的记述，是关于三代时期人工宴饮环境的文字。文学作品《诗经》也印证了“三礼”等书的记载。《七月》共八首，其中第八首唱出了西周时代隶农到贵族“公堂”上庆贺丰收的欢宴场面：“朋酒斯飨，曰杀羔羊，跻彼公堂，称彼兕觥，万寿无疆。”“公堂”，即“堂食”之“堂”，后世“食堂”一词本此。故北宋相臣富弼（1004—1083）有“煮羊惟堂中为胜”，“野人”不识“堂食之味”之说[①]。这里用以“堂食”的“食堂”，就是“人工”的宫室之“境”。而晋时“竹林七贤”时常聚饮歌啸的“竹林”，则属于人工造作的小“境”——“竹林”是人工管理的私家园林环境，是人工营造的“自然景观”（图7-15）。李白《月下独酌》诗中的境，则是集自然、人工、大、小于一体的境。“花间一壶酒”[②]的花间，道出的是人工庭院或花园；上有明月，下有身影，天上地下，“云汉”之遥，境不谓不大。白居易《湖上招客送春泛舟》中当属自然的大境，“欲送残春招酒伴，客中谁最有风情。两瓶箬下新开得，一曲霓裳初教成。排比管弦行翠袖，指麾船舫点红旌。慢牵好向湖心去，恰似菱花镜上行。”[③]王勃的滕王阁会饮，欧阳修的醉翁亭小宴，均为自然、人工、大、小绝妙结合之境。苏轼《前

图7-15 《高逸图》(又名《竹林七贤图》)局部，(唐)孙位绘，上海博物馆藏

①（清）潘永因．宋稗类钞：卷之六“尤悔”四[M]．北京：书目文献出版社，1985：581.

②（唐）李白．月下独酌：四首之一//（清）彭定求，等，编校．全唐诗:卷一百八十二[M]．北京：中华书局，1960:1853.

③（唐）白居易．湖上招客送春泛舟//（清）彭定求，等，编校．全唐诗：卷四百四十三[M]．北京：中华书局，1960：4966.

赤壁赋》所记则以天地宇宙为大境。袁宏道《觞政》中的“醉花”“醉雪”“醉楼”“醉水”“醉月”“醉山”等亦是对“境”美的讨论审鉴。

当然，宴饮环境的审美，更多则在人工，在宫室楼馆，商业都会万人辐辏，尤其如此。两宋都城的“大茶坊”“熟食店”内饰精雅，且多“张挂名人书画”，“所以消遣久待也”。“又有瓠羹店，门前以枋木及花样沓结缚如山棚……近里门面窗户，皆朱绿装饰，谓之‘欢门’。”诸多“酒楼”则更是“彩楼相对，彩旗相召，掩翳天日。……诸酒店必有厅院，廊庑掩映，排列小阁子；吊窗花竹、各垂帘幕，命妓歌笑，各得稳便。”至于明清的“酒楼”等诸式饮食市肆楼馆建筑布置，更逾历代。

随着商业经济的发展和城市文化的繁荣，饮食市场和饮食文化也随之进入了鼎盛时代。其标志之一便是上层家庭厅堂及市肆饮食楼馆设计的更具专用性、实用性和布置的浓郁文化色彩，从而更突出了人们对饮食文化环境美的理解和追求。《金瓶梅词话》《红楼梦》等文学作品对宴会场景的描述及有关博物、绘画等史料都洋溢着众多的信实资料。人类近代史以前，各种“食堂”类型的人造宴会场景基本属于各级权贵，产权、使用权的社会特权阶级私人所有性，决定了其利用的垄断性。于是决定了曹丕、陆游所指出的食物认知、饮食文化感受的非世代官宦之家“难晓”的历史必然。近代以来，随着城市化的不断发展和市民消费能力的增长，人工宴会场景越来越成为主流。

现代化的大都市人口高度密集，城市居民外食几率不断增高，饭店、酒楼、餐馆各种档次与类型的公共宴会场所的环境设计成为历史趋势。20世纪80年代以来，伴随着持续高攀的“中国烹饪热”——市场消费热与文化热，各种公共或私人聚会性质的餐饮功能建筑都在用餐环境设计上尽心竭力。在笔者走过了世界许多地方，以专业眼光比较许许多多宴会环境设计之后，可以说：仅仅三十余年来，中国大陆宴会环境设计的各种投入之巨大，类型之繁复，风格之多彩，不仅为中国史无前例，且是举世罕见其匹。其中，耐人寻味者固多。

10.“趣”

宴程中洋溢的愉快情趣和一次宴饮活动令人流连回味的高雅格调。在物质享受的同时要求精神享受，最终达到二者和谐融洽的人生享乐目的和境地。尤其是那些主旨在借宴会为道场，以“食”手段为聚会目的的环境与宴程设计，更着重在情趣与格调的追求。为此，精心设计了伴随整个宴饮过程的丰富多彩的活动内容：唱吟、歌舞、丝竹、伎乐、博戏、雅谈、妙谑、书画活动等，从而使宴饮过程成了立体和综合性的文化活动。至此，可谓十美臻集，谐成韵律，饮食作为生理活动和伴随生理活动的心理过程，就成了充分体现文化特征的生理和心理的谐调享受（图7–16）。饮食审美达到了圆满完善的境界，达到了宴饮文化的历史最高层面，于是才有“胜地不常，盛筵难再，兰亭已矣，梓泽丘墟，临别赠言，幸承恩于伟饯……一言均赋，四韵俱成”的感慨和名篇；才成了“醉翁之意不在酒，在乎山水之间也”的绝唱；才能发“盖将自其变者而观之，则天地曾不能以一瞬；自其不变者而观之，则物与我皆无尽也”的邃达深远、脱俗超凡的哲理。

袁宏道的《觞政》中就宴饮的“欢之候”开列了十三条标准，并同时指出了败坏情趣之美的十六种弊端。十美风格的集中体现，用一个字来表达，就是袁宏道的“欢”，即情趣格调高雅脱俗，与宴者最后是其乐陶陶，尽欢而止，且流连回味不止。当然，一场公众宴会的情趣效果，不仅仅是宴会主人的设计组织，与宴者的必要修养及其积极参与、适当介入、优雅表现同样是非常重要的。“灌夫骂座”的典故，是中国人酒宴的禁忌，讲的是确凿的历史事实：西汉勇武闻名的“灌夫为人刚直使酒，不好面谀。贵戚诸有势在己之右，不欲加礼，必陵之；诸士在己之左，愈贫贱，尤益敬，与钧。稠人广众，荐宠下辈。士亦以此多之。”他“家累数千万，食客日数十百人”，但是这样一位“好任侠，已然诺”的丈夫气概高官，一个不好的习惯是饮酒骂人。他与丞相田蚡不和，在田蚡的婚礼酒宴上又使酒骂座，戏侮田蚡，结果被田蚡弹劾以不敬罪族诛[1]。公宴参与者的素质修养、规矩素养，很早就为上层社会高度重视：“人之齐圣，饮酒温克。彼昏不知，壹醉日富。各敬尔仪，天命不又。”[2]很有修养的人，在宴会上一定仪态斯文从容；而那些修养欠缺、自律不足的人，往往在公众宴会上出丑，甚至出现更大危害。汉高祖刘邦（前256—前195，前202—前195在位）统一天下，

图7–16 《韩熙载夜宴图》（局部），（五代）顾闳中绘，故宫博物院藏

①（西汉）司马迁．史记·魏其武安侯列传第四十七：卷一百七[M]．北京：中华书局，1959：2847—2850.

② 毛诗正义·小雅·小宛：卷十二——三//（清）阮元．十三经注疏[M]．北京：中华书局，1980：451.

获得了“皇帝”尊号后，朝廷宴会庆典无规矩可循，以至于“群臣饮酒争功，醉或妄呼，拔剑击柱”，结果让一向讨厌繁文缛节、不守规矩的刘邦很苦恼。待到一套行之有效的礼仪规矩确立之后，这位“无赖”出身的皇帝感慨地说：“吾乃今日知为皇帝之贵也。”①

①（西汉）司马迁．史记·刘敬叔孙通列传第三十九：卷九十九[M]．北京：中华书局，1959：2722—2723.

第八章

吃相：进食行为自觉与餐桌文明约束

一个人的进食情态——眼神、口型、表情、持具方式、坐姿、动作、声响、节奏，等等，总之进食过程中的全部表情动作，都被统称为“吃相”。无论是独自进食，还是公共宴饮，吃相都是一个人素质、修养在无意识或下意识状态的自然流露。“吃相”是可以在短暂一瞬间对一个人阅历路径、德行修养、发展预期作印象感觉的认知方式。“台盘”，桌面上，旧时指社会的上等场面，因为像样的酒席大都是有势力者操办，与宴者也多是斯文场面人物（图8-1）。元代曲词中的生活口语与日常俗事描述很生动感人，批评那些不务正业、修身不谨的人是上不得大场面的下流坯：“好朋友都是伙不上台盘的狗油东西。”[①]《红楼梦》中王熙凤责骂贾环“毛脚鸡”不成器：“我说你上不得台盘！”[②]上不上得了“台盘”，是中国人很看中的为人修养，“上不得台盘”是近乎恶毒的骂人话、咒人语，甚于市井世俗的詈人粗口：“缺德”“绝户”“不要脸”，因为那是对一个人素养与前途彻底蔑视的批评，近乎“不是人类”“猪狗不如”的恶咒，足以伤心刻骨。

吃相，是中国人一向极其看重的大问题，是一个人基本修养的标志，是历代中国社会衡量人的苛责与严格自律。然而，中国人的吃相却又是一个一直普遍存在的大问题，甚至成为虽屡严教而终不化的社会痼疾。究其原因，道理似乎很简单，那就是中国人饿怕了，于是饥不择食，于是出现种种不雅象。张竞生认为美的食客应有这样的态度：“在食一项，要食得温徐。每件物少少入口。入口后闭嘴，使他人不见口内食物。……我国人食时最大毛病就在

图8-1　晚清翰林院编修宴请英国商人纪德，引自《晚清映像》

① （元）高文秀．好酒赵元遇上皇：第一折“哪吒令”//张月中，王钢，主编．全元曲：上[M]．郑州：中州古籍出版社1996年版，第209页。

② （清）曹雪芹，高鹗．著．红楼梦：第二十五回“魇魔法叔嫂逢五鬼，通灵玉蒙蔽遇双真”[M]．北京：人民文学出版社，1957：290.

每次入口的食物太多，致口合不来，口又不闭，则凡食物在其中的烂糟，完全露出他人眼前。而且声音怪难听，食起来，使同食者起了不好的感触。又他们一物入口囫囵吞下，毫不咀嚼，其状如饿鬼的抢食。不到几分钟，杯盘狼藉，饭菜俱空。所食不知何味，有食等于无食，只求塞腹。……美的食客，最要是缓缓食。大概一中碗饭要到二十分钟始食完（当然和食菜的工夫在内），好好咀嚼，时时和同食者谈些有趣味的话。"[①]温徐进食方式的养成不容易，对此笔者深有体会。尽管幼小受训，家教甚严，自己亦道理明知，然而终于没有养成餐桌旁的绅士斯文。难改的恶习，源于骨子里的俗气。长久的饭一碗、菜一盘独自进食生活，让笔者不自觉形成了埋头充饥、麻木味觉、心不在焉的习惯，匆匆了事，不顾形象。于是，每逢会食，难以洒脱裕如应对。因此，在讲到餐桌文明题目时，我总会郑重提醒以我为戒。莫言有一篇《吃相凶恶》的散文，文笔足犀利，但道理够坦诚。资中筠先生的《记饿》文回忆，20世纪60年代初，国家招待外宾的酒会、宴会上，应邀的内宾"要人有请必到，十分踊跃。在那种冷餐会上，服务员端着盘子走过来，大家一拥而上，顷刻间杯盘一扫而光。有一次周总理在场，我亲眼见他不动声色地走过来，轻声对一些高级干部说：'注意点吃相！'""仓廪实而知礼节，衣食足而知荣辱，……"[②]近几十年来，绝大部分中国人都可以吃饱饭了，越来越多的人追求吃好，好吃——好好吃饭，应当顺理成章地成为当下议题，是全社会应当高度共识的实践课题。

第一节 "无酒不成席"

中国俗语有"无酒不成席"之说，为何？因为从上古以下，祀鬼神、敬宾客都离不开酒，或曰不可或缺的第一位食物就是酒，酒是祭祀与沟通鬼神的"灵媒"，是隆重敬客的基本标志[③]。通常，待客有酒，则必有相应的"下酒之肴"：佐酒肴品的食材选择通常是肉，或

① 张竞生，著．食经//引自张培忠，编．老吃货 吃不老 张竞生的养生食经之道[M]．南昌：江西科学技术出版社，2012：72.

②（西汉）司马迁．史记·管晏列传第二：卷六十二[M]．北京：中华书局，1959：2132.

③ 赵荣光．中华酒文化[M]北京：中华书局，2012：27—31.

为冷荤，或为热炒；中国传统烹饪方法多离不开炒，所以“小炒”之类的菜肴是必备的。总之，有酒的一餐，菜肴通常比较丰盛，至少要比仅仅是吃饱肚子一餐的“下饭”菜肴品质档次要高。有酒，菜肴会高级丰盛，而有了高级丰盛的菜肴就是必须有酒，否则不仅是待客失礼，而且也是主人的遗憾——“无酒不成席”——热情付出没有收到应得的认可与感戴，主人、客人都难免会有功亏一篑或美中不足的遗憾。“美酒佳肴”“美酒”与“佳肴”的结合才是“酒席”。“酒席”，“酒”在“席”前，酒的地位可知。

一、“酒以成礼”

“酒以成礼”，《礼记》记载：“是故先王因为酒礼。一献之礼，宾主百拜；终日饮酒而不得醉焉。此先王之所以备酒祸也。故酒食者，所以合欢也。”孔颖达疏：“一献之礼，宾主百拜者，谓士之飨礼唯有一献，言所献酒少也。从初至末，宾主相答，而有百拜，言拜数多也。是意在于敬，而不在酒也。终日饮酒而不得醉焉者，谓飨礼也，以其恭敬示饮而已，故不得醉也。”[①]“酒以成礼”，酒成何礼？首先是“献”礼，谓满斟酒以“拜”的方式敬所祀、奉所尊；“献”自然有“拜”的动作，因此亦称为“拜献”。“一献”，献礼一次，即满斟尽饮一次。其次，“酒礼”的本质在于“戒”逸和“抑”无度，禁止过饮。因此，“酒礼”就是要让饮酒者循礼，“不及乱”[②]。宴程中，宾主或与宴者彼此间斯文问答，侃侃而谈，频频相互谦恭礼让，不容贪杯独饮酒，酒宴的气氛提醒与宴者要恪守“意在于敬，而不在酒”。

汉代以后，当并非是郑重祭祀或隆重宴会场合的饮酒，就不一定实行“献”（一献，以至于九献）的严格仪式，但饮酒，还是要行“拜”礼仪。东汉末年的孔融（153—208）有好酒能饮之名，他有两个儿子，某年“大者六岁，小者五岁。昼日父眠，小者床头盗酒饮之，大儿谓曰：‘何以不拜？’答曰：‘偷，那得行礼！’”同样的故事，在三国魏太傅钟繇（151—230）的两个儿子钟毓（？—263）、钟会（225—264）身上也发生过：“钟毓兄弟小时，值父昼寝，因共偷服药酒。其父时觉，且托寐以观之。毓拜而后饮，会饮而不拜。既而问毓何以拜，毓曰：‘酒以成礼，不敢不拜。’又问会何以不拜，会曰：‘偷本非礼，所以不拜。’”[③]可见，饮酒是件很郑重的事。

即便是在现代，人生的第一次饮酒也还是件很郑重严肃的事，“第一次喝酒”的紧张心

---

① 孔颖达，疏．礼记正义・乐记：卷三十八//（清）阮元．十三经注疏[M]北京：中华书局，1980：1534.

② 孔颖达，疏．论语注疏・乡党第十：卷第十//（清）阮元．十三经注疏[M]北京：中华书局，1980：2495.

③（南朝宋）刘义庆．世说新语・言语第二：上[M]．上海：上海古籍出版社，1982：49、56.

理、口腔刺激与味道感觉，以及场景记忆，都是毕生难忘的。中国的酒精饮料在原始农业以后不久就有了最早的原产。自从酒进入炎黄先民的生活，一部炎黄文明史就深深地打上了酒的烙印：民生大事必有酒，历史名人皆与酒有缘，而且都在“循礼”与“违礼”两者间徘徊纠葛[①]。

二、食礼非食物

《礼记》记载：“食飨之礼，非致味也。……大飨之礼，尚玄酒而俎腥鱼，大羹不和，有遗味者矣。是故先王之制礼乐也，非以极口腹耳目之欲也，将以教民平好恶，而反人道之正也。”[②]（图8-2）“食飨之礼，非致味也”，公众宴饮，尤其是荟萃精英的高规格宴会，很少有谁是为了“一顿饭”而郑重其事赴宴的。此类宴会，“吃什么”以及“怎么吃”，甚至关于“吃”的所有一切不过是过场仪式和轻松谈资而已，重要的是“大家来（吃）了”，动动筷子、张张嘴巴并不重要。“吃”生理需求不重要，重要的是“吃”的场境，正是种种隆重的公宴场境，让所有与宴者规矩斯文，彼此以善意与礼貌相待，“优哉游哉”的语境，让许多人都尽兴如愿。这种场合，若是某人地狱恶鬼般地“吃”了，反倒会被人不屑，会成为别人的谈资，成了某一社会圈子里的笑柄。这就是“食礼非食物”——公众宴会“吃”的是交际、斯文、礼仪，而非食物，所谓“醉翁之意不在酒。”

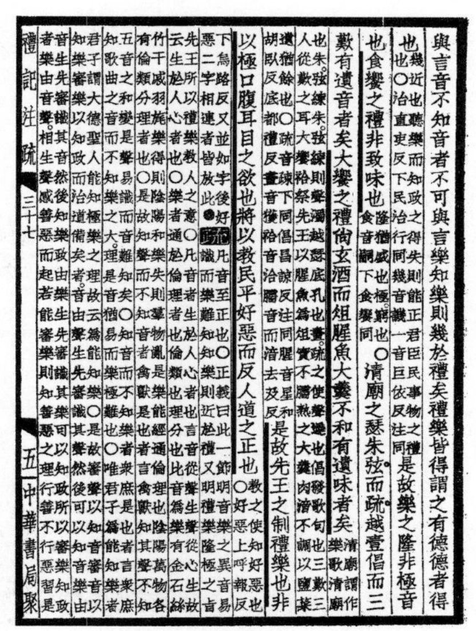
與言音不知音者不可與言樂知樂則幾於禮矣禮樂皆得謂之有德德者得
也……是故樂之隆非極音
也食饗之禮非致味也……清廟之瑟朱弦而疏越壹倡而三
歎有遺音者矣大饗之禮尚玄酒而俎腥魚大羹不和有遺味者矣
……是故先王之制禮樂也非
以極口腹耳目之欲也將以教民平好惡而反人道之正也

图8-2 《礼记正义·乐礼》书影

中国俗语：“十里地为张嘴，不如在家喝凉水。”这是下层社会的话，“没有文化的人”说的“很有文化的话”，下层社会大众毕生就是为的一张嘴，对于他们来说，生活与生命就是“吃饭”——活下去是他们的第一要务，然而他们也知道某一餐饭当吃不当吃。笔者出身卑贱，大半生历尽贫寒，既经历了多年的饥饿折磨，也饱尝了仅仅果腹、难以下咽糙食的难过，尤其是木然沉思、讷与人言的习惯，更让餐桌前的自己有了一幅“贪吃”形象。30—40岁间，这一形象尤为自顾不堪，虽一直反省羞愧，警惕于前，然临案举箸之际，“台盘外

① 赵荣光．中国饮食文化概论[M]．北京：高等教育出版社，2003：137—147.

② 孔颖达，疏．礼记正义·乐记第十九：卷三十七//（清）阮元．十三经注疏[M]北京：中华书局，1980：1528.

人”根基的劣性矫饰不得，往往露出《西游记》中孙悟空的尾巴。三十年前的一次熟人宴会上，某位女士看着笔者旁听他人闲话时却自顾自地专注于食，因笑语：“大家都说赵先生事事都有风度……”我漫应：“唯独吃饭时没风度”，一座绝倒。正因为本人自幼卑微低贱，吃饭仅为果腹，无暇顾及斯文，中年以后餐桌修养意识伴随食学研究反而日趋强烈，所谓“九折臂而成良医”。一个人，果然能从容裕如做到“食礼非食物”，是功到自然成的历练修养，而这首先应当是长久衣食无忧、养尊处优生活自然而然陶养的结果，而非谨小慎微的刻意约束遵循。

第二节 座次

一、“对号入座”

“对号入座”是中国社会的流行俗语，本于科举时代士子考场管理制度：“县试之整肃，惟崇祯七年甲戌……最为有法。是时，应试童生不下二三千人，先期盖厂北察院中，借取总甲棹杌，编号排列，用竹木绑定，不得移动，将儒童姓名，编定次序，如院试挨牌之法。各路巷栅，先遣官役把守，朝不得早开，独留学前一路。诸童俱集广场听点，自拥高座，以次唱名给卷。领卷毕，即向东转北，由东栅入试院，卷上编定坐号，入场对号而坐。又分号出题，题即密藏卷后。既封门，方示以题之所在。外无拥挤之忧，内无传递之弊……”①科举考试规矩严格，考场制度近乎刻酷，防范的就是抄录预稿、枪手替代等各种可能性弊端。

公宴场合的座次，尤其是比较郑重的某种主题宴会一般都会在请柬上标明被邀请与宴者的桌号，宴会场所的各号台面通常还会逐一摆放各位与宴者的名签。这种场合，也就省却了同桌与宴者可能应对的许多麻烦。公众宴会场合的座次是与宴者之间社会地位与身价比较后的判定显示，因此一般人都很在意自己的席位与座次。在中国历史上，因席位座次引起的纠葛频频见于文献记载，鲁隐公十一年（前712），山东的两个小诸侯——滕侯和薛侯同时

①（清）叶梦珠．阅世编·学校五[M]．上海：上海古籍出版社，1981：33.

来到曲阜觐见鲁隐公，两位侯国的君主因为座次产生纠葛。“滕侯、薛侯来朝，争长。薛侯曰：‘我先封。’滕侯曰：‘我周之卜正也，薛庶姓也，我不可以后之。’”薛侯认为薛国是黄帝后裔，夏即封国，又受周封在藤国先，理应位尊；而滕侯认为自己是姬姓（周文王之子错叔绣建立），又世代为周朝卜官之长，薛国则是异姓（大禹的后代任姓）诸侯，滕国应当居前。这样一来，主人鲁隐公自然很为难。但是，鲁隐公也有他周公封国和国大于滕、薛的优势，于是他行使“客随主便”的主动权，对薛侯亲近客气地说：您和滕侯屈尊来看望我，让我感到非常荣幸，由衷感激。我们都是周的封国，而我们“周谚有之曰：‘山有木，工则度之；宾有礼，主则择之。’周之宗盟，异姓为后。寡人若朝于薛，不敢与诸任齿。君若辱贶寡人，则愿以滕君为请。”鲁隐公以大国强势主人的身份，极尽谦恭地对薛侯讲道理：我们既然都是周的封国，理当共同遵从周的礼俗，周礼不是有“诸侯相会，同姓在前，异姓在后”的规定吗，这是我们都共同认可的血缘宗亲法则啊。如果我到贵国去拜访您，也应当尊重您的意见，不会与任姓诸国君计较位置的。请您委屈一下，赏赐给我一个面子，就谦让一下滕侯，让他排在前面吧。鲁隐公的诚恳与据理，结果是“薛侯许之”[①]，于是让位于滕侯。应当说，鲁隐公算是比较好地解决了棘手的问题。但是，座次的纠葛处理不好往往可能产生纠纷，甚至导致不可解的矛盾，酿成杀生流血，激化战争的惨剧。鲁隐公的继承人鲁桓公就遇到了这样的倒霉事：桓公十年，郑伯联合齐、卫两国发兵攻打一向关系友好的鲁国，开战的理由是四年前的一次诸侯聚会上，在宴会座次安排上鲁国让郑国受到了侮辱。原来鲁桓公六年（前706）夏季，“北戎伐齐，齐使乞师于郑。郑大子忽帅师救齐。六月，大败戎师，获其二帅：大良、少良，甲首三百，以献于齐。”齐国大胜，郑国援军立了大功，“于是诸侯之大夫戍齐，齐人馈之饩。”齐僖公厚馈前来庆贺的各国大夫，并举行盛大宴会答谢。但座次安排，却很让齐僖公头痛，于是就以“周礼在鲁”，鲁国最擅长礼仪知识的理由转请鲁国的大夫为各诸侯国宾客安排座次：“使鲁为其班，后郑。”鲁国大夫拘泥尊爵的常礼，没有让立了大功的郑国代表居最尊位，根据是：郑国君是伯爵，只能排在其他侯爵诸国代表之后。但，问题是，这不是只论爵位的寻常宴会，齐僖公举行的是一次庆祝打败北戎侵略的庆功主题宴会，而功劳是郑军帮助获得的，“庆功”也包含着“谢恩”——感谢郑国的救援。看来受命安排宴会座次的鲁国大夫是个食古而不化的死脑筋，结果自然让郑国很没面子，“郑忽以其有功也，怒。”[②]结果让蒙羞怀恨四年之久的郑国终于对世代友邦发难。

1894年，腐败透顶的清朝在抵抗日本帝国侵略的战争中惨败，次年，清政府依遵日本要

① 春秋左传正义·隐公十一年：卷四//（清）阮元．十三经注疏[M]北京：中华书局，1980：1735—1736.

② 春秋左传正义·桓公六年：卷六//（清）阮元．十三经注疏[M]．北京：中华书局，1980：1750.

求派出李鸿章（1823—1901）去马关签订《马关条约》。李鸿章是淮军、北洋水师的创始人和统帅、洋务运动主要领袖、晚清重臣，官至东宫三师、文华殿大学士、北洋通商大臣、直隶总督，死后追赠太傅，晋一等肃毅侯，谥文忠。他代表清政府签订了旨在维稳满清帝国统治的三十余个不平等条约。这样一位晚清重臣，即便钦差在身，也难免坐席的纠葛。李鸿章之兄，时任两广总督的李瀚章（1821—1899）刚好在上海，上海地方长官饯行钦差大臣李鸿章，于公于私都不能不邀请李瀚章出席。李瀚章是李鸿章的胞兄，职爵不在其下，且与曾国藩（1811—1872）为戊戌（道光十八年，1838）同年进士，李鸿章又曾拜曾国藩为师。因此，按照尊师、序长、敬兄的通行礼俗，礼当李瀚章居首席；但李鸿章此时是肩负国际瞩目大任的钦差大臣，又是饯行主题宴会的主角，按理则应上座；至于官职与爵号，兄弟二人又足以分庭抗礼。于是，如何安排李氏兄弟的座次让东道主头痛了。时人记其事："乙未（1895），李文忠奉命至日本之马关议和，过上海，官场例设宴。时文忠兄筱荃（李瀚章字）制军亦在上海，势不得不请，顾有难者，坐席次序本应先兄后弟，然文忠气概似无屈尊第二之势。诸人相商，甚难其事，乃拟姑勿先定，俟临时再设法。届时则文忠已自据首座曰：'今日诸君特为我盛设，不敢不坐此。'视筱荃制军，已梭巡坐次席矣。"①（图8–3）还是李鸿章圆通练达，他深知东道主窘境和乃兄难言之隐，于是不待主人相让，临坐径直声明："今日诸君特

图8–3 清国全权特使李鸿章在上海吃"满汉全席"，引自《点石斋画报》大可堂版

①（清）汪康年．汪穰卿笔记：杂记卷三[M]．上海：上海书店，1997：61.

为我盛设，不敢不坐此。”窘境排开，大家释然。这是一次晚清最为著名的一次饯行宴会，当时许多媒体都予关注报道①。作者感慨其事，有诗论：“时刻不忘座次尊，犬伏倭寇卑儿孙。官场例宴吃战败，安居首座仍猢狲。五千文明满清毁，一脉相承专制昏。马关一枪血满面，奇耻大辱四亿吞！”

二、各安其分

各安其分，讲的是与宴者要清楚自己的身份地位，要知道自己是某一主题宴会的角色，应守的规矩，需注意的事项，要把握的分寸，以及应尽的责任，等等。

“对号入座”当然是首先的，不能越界，更不能僭越。一次隆重的公宴，都会有明确的主题、严格的程序，每位与宴者的身份、地位、角色一般都是经过宴会主人认真遴选并明确设定的（图8-4）。无论客气话怎么说，与宴者的“三六九等”已经事实上主客双方心知肚明，大多数与宴者只是“出席”的作用。对于这些仅仅是“出席”的与宴者，只要是以愉悦的心情——至少是以愉悦的表情，斯文得体的方式跟进宴程就达到了主人的目的。重要的是

图8-4　晚清社会筵席座次，《点石斋画报》大可堂版

① 赵荣光．中国饮食文化概论[M]．北京：高等教育出版社，2003：98.

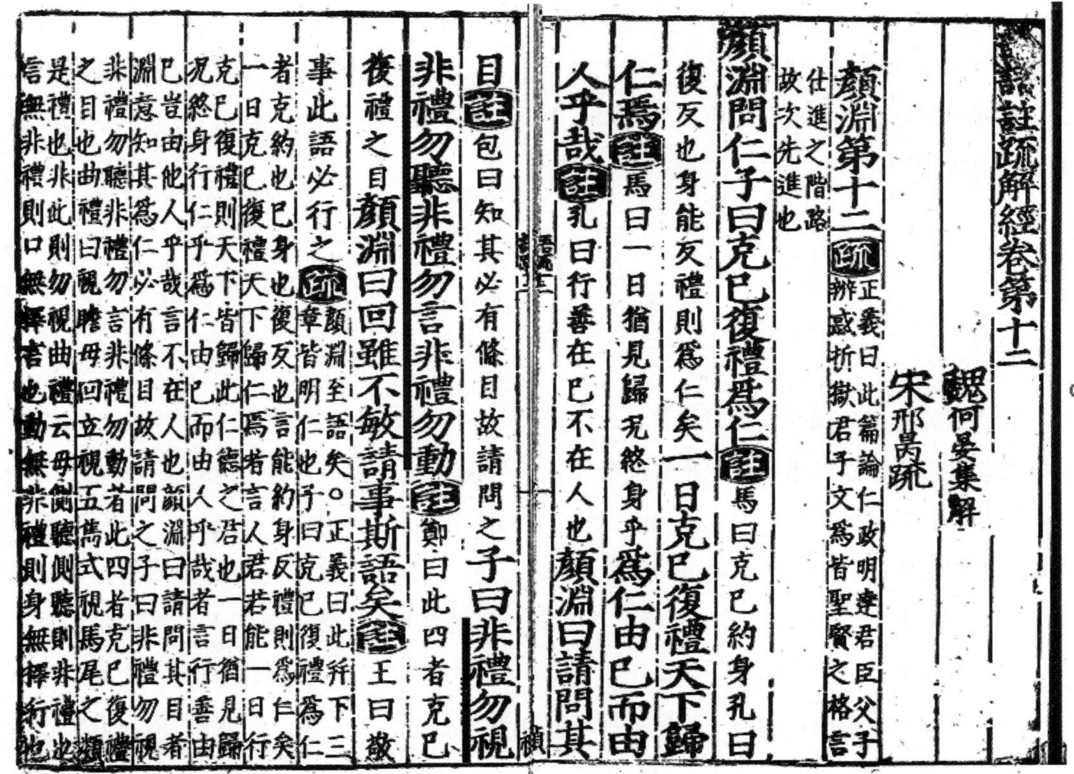

論語註疏解經卷第十二

魏何晏集解

宋邢昺疏

顏淵第十二 疏 正義曰此篇論仁政明達君臣父子辨惑折獄君子文爲皆聖賢之格言仕進之階路故次先進也

顏淵問仁子曰克己復禮爲仁 注 馬曰克己約身孔曰復反也身能反禮則爲仁矣 一日克己復禮天下歸仁焉 注 馬曰一日猶見歸況終身乎 爲仁由己而由人乎哉 注 孔曰行善在己不在人也 顏淵曰請問其目 注 包曰知其必有條目故請問之 子曰非禮勿視非禮勿聽非禮勿言非禮勿動 注 鄭曰此四者克己復禮之目 顏淵曰回雖不敏請事斯語矣 注 王曰敬事此語必行之 疏 顏淵至語矣○正義曰此并下三章皆明仁也子曰克己復禮爲仁者克約也己身也復反也言能約身反禮則爲仁矣一日克己復禮天下歸仁焉者言人君若能一日行克己復禮則天下皆歸此仁德之君也一日猶見歸況終身行仁乎爲仁由己而由人乎哉者言行善由己豈由他人乎哉言不在人也顏淵曰請問其目者淵意知其爲仁必有條目故請問之子曰非禮勿視非禮勿聽非禮勿言非禮勿動者此四者克己復禮之目也曲禮曰視瞻毋回立視五巂式視馬尾之類是禮也非此則勿視曲禮云毋側聽側聽則非禮也言無非禮則口無擇言也動無非禮則身無擇行也

图8-5 《论语·颜渊》书影

不能“哗众取宠”，更不能“喧宾夺主”，这里，恪守孔夫子的“非礼勿视，非礼勿听，非礼勿言，非礼勿动”[①]的“四勿”原则是必要的（图8-5）。总之，要行为举止得体，要谈吐表情分寸合适，要循规蹈矩。

事实上，当代中国人最欠缺的就是“非礼勿视，非礼勿听，非礼勿言，非礼勿动”的修养与习惯，尽管政府有各种严格的管理制度约束，但许多非理性的制度及其实施却造成了这样的后果：监督边缘的社会空间或特定的圈子里则八卦泛滥，不吐不快，一吐为快，成了各类型、各层面人众的生活习惯。结果是，“四勿”的良好修养与风气，几近荡然无存，社会生活现实是“非礼视，非礼听，非礼言，非礼动”习惯成自然。许多名流，以精英自诩的长官、董事长、教授们不仅肆无忌惮，甚至根本不具备“四勿”基本的意识。

① 论语注疏·颜渊第十二：卷十二//（清）阮元. 十三经注疏[M]. 北京：中华书局，1980：2502.

第三节

筷子礼俗

中国人用筷子的历史可以追溯到距今6000余年的新石器时代，中华筷子文化早在6000年前便广泛地分布于江淮大地和广阔的黄河流域。中华筷子文化在既往的漫长演进历史上走过了五个顺序递进的发展阶段：前形态——燔炙时代至陶器饪物之前；过渡阶段——新石器时代；梜——青铜时代；箸——东周至唐；筷——宋至当代。20世纪与21世纪之交，中华筷的文化演化则开始了第六个历史阶段，这一阶段的文化特征标志有以下十个方面：

（1）世界近代史、中国明代（1368—1644）中叶以来中华筷趋向规制的标准式样成为华人整体认知与接受的助食具选择；

（2）规范执筷法得到普遍认同与广泛普及；

（3）餐前捧箸感恩礼得到华人族群心悦诚服地自觉实行；

（4）餐毕横箸示意仪式被华人族群自觉接受与实行；

（5）传统中餐公宴双筷进食方式在华人公宴场合普遍实行；

（6）中华筷的中华文化要素装饰普遍实行；

（7）中华筷的工艺性、文化鉴赏价值增加进食者乐趣成为时代特征；

（8）中华筷的礼品价值、纪念意义、珍藏价值的提升扩散成为时代特征；

（9）个人专用筷将越来越多地成为华人族群成员的自觉选择；

（10）筷子生产将会逐渐接受上述相关理念。

一、中华筷

“中华筷”并非一般意义的区别性称谓，它有特定的寓意与标识。寓意有三：华人习用的助食具；华人习用筷的基本规制；此种助食具使用族群是其发明者。

二、中华筷标识

中华筷的具体标识（参照作者设计方案）：

（1）标准形制前段（接触食物的首部）为直径5毫米圆柱体，后段（手持的足部）为直径7毫米正方体的全等对偶。

（2）成人、少年、学龄前儿童使用长度分别为28厘米、24厘米、18厘米。

（3）成人中华筷标准样：长度28厘米，前段（接触食物的首部）圆柱体12厘米、直径5毫米，后段（手持的足部）正方体16厘米（1厘米为由圆柱体向正方体过渡长度）、直径7毫米，两根全等对偶，每双筷为两镶，前后两段为不锈钢套件。

（4）成人中华筷后段顶部为光亮不锈钢材套件，套件顶端为略微隆起4面等腰三角形平面，整个套件浑然一体，长3厘米，套件四面镌16字餐前祝祷辞，是中华筷的文字标记："皇天后土，苍生讬福，恩德长乐，福祚绵足"，每面4字，均为正体字。

（5）成人筷前段为光亮不锈钢材套件，长度7厘米，通体光洁，无任何修饰，后段不锈钢材套件至前段圆柱体过渡段，长度为12厘米，四面（即木质中段）镌中华传统文化信赏的"文人四友"图案，古琴（一把）、围棋（棋盘一具）、书（竹简一捆）、绘画（画轴一卷），并将图示以正体字镌于图案上方。图案与祝祷辞对应为：琴—皇天后土（以下略为"皇"）、棋—苍生育哺（以下略为"苍"）、书—恩德长乐（以下略为"恩"）、画—福祚绵足（以下略为"福"）。

（6）成人中华筷简装式样，规制一如成人中华筷标准样，仅略去中段文化要素，材质不限。

三、学龄前儿童与少年用中华筷标准样

基于生理特征注重与心理尊重的双重考虑，学龄前儿童与少年都应当有适合其年龄阶段的筷子。这首先有助于孩子愉快自觉地使用，因而也有助于培养孩子规范使用筷子助食的良好习惯。孩子心理受到尊重的同时，是其心智启发与其他相应良好习惯培育的必然良性效应。学龄前筷、少年筷用过之后，会自然成为人生成长过程的愉快记忆与珍贵纪念。

（1）学龄前儿童用中华筷一般供2～6岁的儿童使用。

（2）学龄前儿童用标准中华筷长度为18厘米，前段长7厘米，后段长11厘米（由圆柱体向正方体过渡长度为1厘米）。后段顶部套件材质、规格、祝祷词一如成人筷。

（3）学龄前儿童中华筷后段顶部套件至前段圆柱体过渡段，四面镌中华历史上的“四大神话人物”：开天地盘古、补天女娲、射日后羿、闹海哪吒图案，图案与祝祷辞对应：盘古—皇、女娲—苍、后羿—恩、哪吒—福。

（4）少年用标准中华筷适用于小学与中学年龄段的少年。

（5）少年用标准中华筷长度为24厘米，前段长10厘米，后段长14厘米（由圆柱体向正方体过渡长度为1厘米）。

（6）少年用标准中华筷后段顶部套件材质、规格、祝祷词一如成人筷。

（7）少年用标准中华筷后段顶部套件至前段圆柱体过渡段，四面镌中华历史上的“四伟人”——神农、大禹、孔子、屈原图案，图案为两只筷身并拢合成，并将图示以正体字镌于图案上方。图案与祝祷辞对应：神农—皇、大禹—苍、孔子—恩、屈原—福。

四、六合民天如意中华筷枕

（1）六合民天如意中华筷枕，简称“民天如意枕”或“民天如意”“如意枕”“如意”。经典式样设计定义：用来支撑筷子前端，避免筷子直接接触桌面的物件。中华食礼双筷的配型筷枕应具备两个凹槽，能同时容纳两双筷前端并排放置。

（2）中华筷前端——箸首摆放筷枕位置，应前探出中华筷枕6厘米——进食时避免汤汁沾染筷枕的安全距离。

（3）中华筷枕经典式样外观为“如意”形，顶端为祥云外观的“云头”，能平稳立于桌面，弧度两端下凹处可供食礼双筷并排支撑。筷枕长6.6厘米，柄宽1.6厘米，云头椭圆直径为2~2.4厘米。云头顶端镌甲骨文“食”字，如意柄钻一小孔，孔径2毫米。

（4）六合民天如意中华筷枕设计寓意：“如意”是集中华传统文化吉祥意蕴、珍贵材质、精美工艺于一体的富有鉴赏、把玩、珍藏的艺术品；甲骨文“食”字寓古朴尊贵意，云头寓意“天”，因而凸显“民以食为天”意；“食”“如意”的合璧寓意人生美满幸福；如意中华筷枕的尾部呈正方形——上边略凸起故整体隐喻“山”，按中华传统“天圆地方”说，如意中华筷枕的柄部象征“地”，云头则象征“天”；中间隆起圆形象征“日”，对应底部的凹进圆形则象征“月”；如是，则如意中华筷枕寓意“六合一体”；如意中华筷枕柄部的小孔便于爱好者用为饰物佩戴或悬挂；如意中华筷枕规制的6.6厘米、1.6厘米、2~2.4厘米等数据既是工具的最大便捷性，亦是吉祥的寓意。

五、礼品中华筷设计

鉴于中华筷作为礼品赠送或艺术品收藏的社会需求，笔者设计了“礼食中华筷”，又称为“金声玉振筷”“龙凤呈祥筷”。

（1）“礼食中华筷”设计之一：“中华筷家庭套装”式样：可置10双中华筷，乌木和红木各5双，家庭日常用。

（2）“金声玉振筷”或“龙凤呈祥筷”式样：可置2双成人筷，乌木和红木各1双，结婚纪念、情侣信物、赠送礼品。

（3）每双中华筷配套一个六合民天如意中华筷枕。

（4）内附长16厘米、宽6厘米精美卡片一张：两面分别印有中华筷名称、规范执筷法、中华餐桌文明48字诀等文字与图画资讯。

六、筷子的功能

中华筷在华人手上充分地发挥了物理、生理、心理三大功能。

（1）中华筷的物理功能因其在大众的视觉空间，是容易理解的。有理由说，筷子助食具物理功能发挥已臻极致化，它被中国人灵活准确地对各种食料进行恰如其分的夹、拨、挑、分、搅、拌、刺、剥、剃、切、拆、撕、捞、卷、托、放、压、穿、运等多种动作，其精巧、灵活和准确的程度丝毫不亚于鸟喙和人手，事实上，它是大脑智力指挥下的手技能的延长和升华。此外，筷子还被人们作为工具发挥食事以外的许多功用。

（2）中华筷的生理功能，也不难理解。经测定证明，筷子的使用，会牵动手指、手腕、手臂直至肩膀等30多处关节和50多处肌肉，由此牵动的神经组织多达万条左右。研究表明，长期以筷子助食对手的灵活性训练和智力的发展都有不可忽视的意义，尤其是对幼儿智力的开发更具重要性。西方学者曾著文说明，中国青少年智力发展的重要原因之一，是来自于他们自幼所接受的以筷子助食的长久训练。物理学诺贝尔奖得主李政道博士认为：“筷子是人类手指的延伸，手能做到的几乎它都能做到。”事实上，许多场合手无法直接完成的动作，筷子都可以便利灵活地完成。

（3）至于中华筷使用的心理功能性，则需要专诸思考、辨析。《简明不列颠百科全书》对筷子的深层文化解读说：“中国以筷子取代餐桌上的刀、叉，反映了学者以文化英雄的优势胜过了武士。”《简明不列颠百科全书》同时说：“现代大量生产的不修饰筷子用木材、竹子或塑料制造，较精美的亦加涂饰或雕刻。”[①]应当特别指出的是：木材、竹子或塑料制造是“现代大量生产的”中华筷的基本情态，“不修饰”或略加修饰是街边小餐馆和一般民众家庭用筷的大宗，但“加涂饰或雕刻”的较精美的筷子亦同时存在——当然数量较少。正如我们对中华筷文化演化第六历史阶段特征的分析，中华筷的“文化”意义将得到进一步地阐释演绎，筷子使用者的“学者文化英雄优势”将会更自由潇洒。标准式样中华筷的普遍推广，规范执筷法的自觉自如，餐前捧箸感恩与餐毕横箸示意仪式喜闻乐见，传统中餐公宴双筷进食方式裕如自然，中华筷中华文化要素的悦目赏心，个人专用筷的感情渗入与珍惜，以及规范执筷过程中平衡、和谐、稳重、节律、斯文意识等，都是虽描绘不清，却思想确实的心理活动。可以说，一位能够斯文裕如规范执筷进食的人，一定会给人留下“抑抑威仪，维德之隅”[②]，外绅士而内君子的美好印象。

比兴寓意、借题发挥，是中国文学史与思想史的特点，历代都不乏对“中华筷”文化阐释的记录，所有关于中华筷的文字记录都是不同历史时代人们的认知理解与情感意愿表达。当一些解读逐渐为越来越多的人们发自内心地自觉接受，并最终成为民族大众对中华筷的共识认知，它们就成了中华筷的品质性寓意，成了中华筷的属性。人们各种文学性的描绘就依附成中华筷的外相风格，并渗进其中成为精神品质。事实与规律是历史科学的两个基点，文化是人们行为的事象；两者的灵魂都是史实。因此，历史不是文学演绎的故事，文化不是一厢情愿的话文；前者是“戏说乾隆”“野史演义”，后者是“摆龙门阵”或“瓦肆说书”。我们今天对中华筷文化的理解与阐释，是基于中华筷历史6000年、演进6阶段文化积淀的严肃学术研究，不是各种似是而非的比附和玄虚怪诞的戏说。如传统成人中华筷长度28厘米标准的结论，是基于历史实物统计测定与餐桌椅规制、人体解剖学、行为学、心理学的印证分析结论[③]。网络流行的所谓“筷子7寸6分代表中国人的七情六欲”的说法就是典型的话文，其依据是现时代中国人使用的筷子许多都是25厘米左右，而25.308厘米等于7寸6分。这一只能疑惑认知能力不足者的说法，至少有两个严重的错误，第一个错误：现时代中国筷子长度一派乱象是因广大消费者文化缺失因而对筷子没有规制要求，导致许多厂家偷工减料倾向制作短筷，这种供求的结果造成25厘米左右筷子大量流行；于是“7寸6分”被一些人误解为中国筷子的标准长度，而事实是25厘米左右的筷子只是现时中国流行许许多多不同规格筷子的一大类，并且严格25.308厘米长度的筷子很少见。第二个错误：误导“七情六欲”之说是中国筷子发明依据与长短根据。因此，诸如此类的话文，都不能牵强为中

---

① 简明不列颠百科全书：4卷[M]. 北京：中国大百科全书出版社，1985：853.

② 毛诗正义·大雅·抑：卷第十八——二//（清）阮元. 十三经注疏[M]. 北京：中华书局，1980：554.

③ 刘云，主编. 中国箸文化大观[M]. 北京：科学出版社，1996：143—178.

华筷文化，都是中国筷子文化的谬说、误导，严格说来是对中华筷文化和中华文化的亵渎不恭。

真正可以称之为中华筷文化风格与品质的应当是唐代人的“既直且坚”，“持则偕至，岂彼后而我先？有协不孤之德，无愧同心之贤。”①民国时社会呼吁的“公务员箸化”“官箴”或“官教”：“大小公务人员都来学箸。诚能学箸，民犹口而官犹箸也：甘苦先尝，冷热先赴，凡所得来，无论大小精粗，珍馐藜藿，悉送诸口，点滴归公；而箸之本身，除却适可必需之津津湿湿而外，绝无过分逾量之沾染，亦绝无藏私于己而与口争食夺利之贪饕。及其既役而罢，奉公而退，又洁己宁静，既不邀功，亦无德色，……箸操诸手，而非手操于箸，正如管为民役，而非以役民。国与民一体，又正如口与手一身，……箸既操诸手，自然尊重手意，体贴手心，必轻重以适量，亦点滴而归公；……要皆一身挺直，两端纯正，透体坚贞，毫无隐蔽。且箸与箸之间，又极通功合作，意趣集中，力量集中，绝无尔诈我虞，或尔左我右等貌合神离，各自为政之毛病，一言以蔽之，箸也者，生活之功臣而民族之恩物也。”②要言，中华筷是民族精神与道德君子的物化表征，而不仅仅是助食和进食的工具。

七、规范执箸

“规范执筷法”是笔者研究中华筷历史文化提出的概念，是基于长久社会生活经验，广泛田野考察，大量民族、民俗等历史文献研读、审视、思考后对大众执筷姿势的概括，从这种意义上说，“规范执筷法”并非笔者的创造，而只是客观描述与准确表述（图8–6）。我们不能不说，时下中国居民中的许多人——祖孙三代都不能规范用中华筷。不仅仅是年龄问题，真正严重的是各种精英人群和大学生们都随便自然、不以为然，执筷姿势畸形笨拙，蛇形鸭脚，光怪陆离。我们谨慎地使用“规范”而不用“正确”一词，是

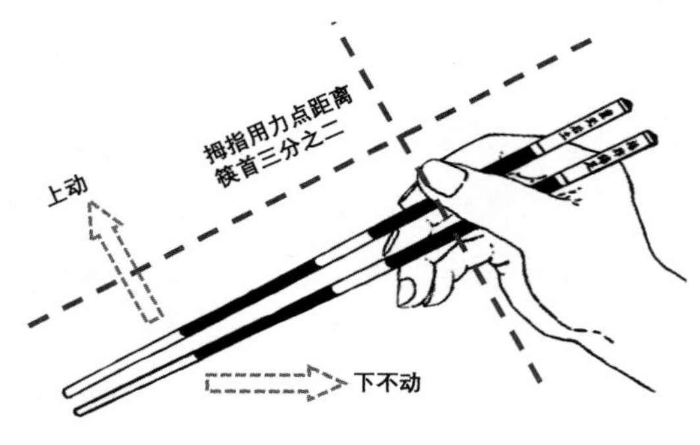

图8–6 规范执筷法，笔者手绘

① （唐）杨洽．铁火箸赋//刘云，主编．中国箸文化大观[M]．北京：科学出版社，1996：146.

② 沙仑．愿公务人员箸化[J]．灯塔月刊・一月评论．1947：1卷（4）：18—19.

为了尽可能尊重大众的感觉，是一种尽可能友善、温和、礼貌的语态，取悦大众，避免抵触和反感。中国历史上流行的规范执筷法，执筷的姿势应当是：取位处，以成人为例，一般应是拇指捏按点在上距筷头（接触食物部位）约占筷长三分之二（或略多于三分之二）处为宜。这样既看起来雅观大方，又便于筷的适当张合使用。而时下各种不规范执筷姿势的取位，大多是过分向下靠近筷头——雅驯的称谓应当是"箸首"，一般是中间（或更下）取位，不仅看上去不雅，且筷头张合不灵。同时会两根筷头碰撞到一起发出不愉快响声。因为取位过低，筷头不能做适当的张合，因此在取食物时，尤其是夹取诸如粒、丁、块、条一类较细碎食料时，其笨拙不灵活便会充分显现出来。

凡是取位偏低的执筷者，其执笔的姿势一般也是不正确的。正确的执筷姿势应是五指协调并用，颇类毛笔握管姿势的变异。不同的是，握管与执筷的拇指方向相反，执筷时中指兼有上撑下按的更为复杂灵巧的变化。五指的分工合作，若分解开来说，则是拇指、食指、中指三指主要负责上支筷，拇指、中指、无名指主要负责下支筷，小指通过支撑无名指以协调其他四指的工作。持筷姿势一般是：拇指第二节前腹（指头肚）、食指全指（三节指骨内侧）、中指第三节骨处与上支筷接触；拇指第一节后腹将下支筷上端由虎口处压向食指的中手骨位置，中指前腹端将下支筷压向无名指第三节；两根筷基本呈平行状，或筷头略靠近。但不宜两筷头并拢或张口过大，两筷开距，在中指第三节顶部与第三关节接触处，依成年计算，约当1.5厘米。工作时，由拇指做对掌运动压向另三指而使筷巧妙地对食物实施夹、拨、挑、分、搅、拌、刺、剥、剃、切、拆、折、撕、捞、卷、托、放、压、穿、运等灵活精确的动作。灵活和文明的用筷方式，应当是筷足接触食物一下到位，一次成功，即入即出，进退有序，筷不宜与食物接触时间过长。尤其是在中国传统的聚餐场合，一般情况下，筷在公食膳器停留超过一个单位——点到即止的一次性夹取动作时间——以上，即属不准确灵活，是失败，会被视为文明教养不够，至少是训练有亏。而不规范的执用姿势，一般很难准确掌握和灵活实施筷子可能发挥的上述各种细微动作。姿势不规范执筷者手中的筷，伸到膳器以后总要停留一个时间单位以上，笨拙地撅、挑、搅、翻，如同儿童用筷极无看相，但儿童的不灵活则是幼稚可爱，而成人的不灵活则只能令人生厌。

值得注意的是，中国人或华人执筷乱象基本是近一个世纪，尤其是20世纪中叶以后的餐桌情态，此情以中国大陆地区为最严重。清末街巷食摊社会底层民众的执筷姿势都基本是规范的，当时的西方采风者拍摄的照片留下了生动真实的历史记录（图8-7）。

图8-7　清末西方人在中国拍摄的社会各阶层吃饭场景，执筷几乎都是规范的

八、用筷禁忌

华人的食心理，表现在用筷上，其形态为正负的两个方面。一是从质料、形制、色泽、图饰到文字（多是祝颂吉祥语）等繁杂工艺所展示的集功用、装饰、观赏三者合一的主体和正面的形态，它表达了中国人欣悦和祈颂的心理；另一个则是种种忌避所形成的亚文化侧面。这个亚文化的侧面，有以下诸多表现：筷的摆放，应当整齐并拢置于进餐者右手位；手执的箸足——筷子后段一端要垂直朝向餐桌的边缘（以方形桌为例；若是圆桌面，摆放角度应与半径重合）；切忌筷头向外，亦不可一反一正并列。居家用餐，若是子女误置如此，长辈一定会严格批评。倘是旧时代官宦人家的奴婢役佣做出如此差错，詈斥杖责或者难免。待客如此，会被认为不敬，直认晦气。至于宾馆饭店等的郑重进餐或宴会场合，筷则摆放筷枕（一般为瓷质工艺品）之上，夹取食品的筷头一端略微跷起，不与餐台面接触，既显得郑重又合卫生观念。而最忌讳的，莫过于将筷插立于碗盘之中，因此举甚似灵前设供的“倒头饭”。筷的摆放数量要求与进餐者人数一致，不可多也不可少，否则均属不敬不祥。进餐者执筷，例用右手，幼少之时初学用筷，父兄辈必教此规，当然这是旧时代的传统。一段时间

以来，由于思想导向的作用，人们多不以历史传统为意，家教松弛，三代人下来，左手执筷者不乏其人。而在旧时代，左手执筷既表明家教有亏、修身不善，也是宴享场合失礼的行为。规范的执筷位置一般在距筷头三分之二处，这样不仅使用灵活适宜，也合乎大多数人的通行习惯。不可取位太下，那样显得笨拙和缺乏必要的教养；也不宜取位过高，这样易被视为清高孤傲，刚愎自用；同时也被视为有远离父母家门之嫌和克长者的危害。进食时，筷不可开口过张，夹取食物要适量，太多易被视为贪嘴，太少又有矫揉造作之嫌；筷不可在席面上延伸过长，也不可伸及自己口内；还不可在盘碗之中挑拨翻拣，这些行为都是缺乏教养、没有基本礼貌的表现，进食过程中间，筷还不可以与餐器食具以及唇口弄出声响来；食竟，传统习俗是郑重轻置其位如食前，不可随意弃置。总之，在中国人看来，食礼因具有社会性，故是人生大事；一个人的“吃相”又最易于反映其修养与文明水准。“民以食为天”，吃饭固是活命大事，但是中国人同时又认为，“饿死事小，失节事大”[①]，可见筷对中国人而言，其所承担的责任又不仅限于助食的餐桌这样一块小天地了。

历史上，华人的用筷禁忌颇多，归纳起来大约有以下二十种。

①忌供筷：用饭前，把一双筷子直插在饭中俗称“死人筷”，只有在给死者上供品祭拜时才这么做。

②忌短命筷：使用的筷子一长一短谓之“短命筷”。

③忌敲筷：平时忌用筷子敲碗盒。此谓“讨饭筷”，因乞丐讨饭时常敲碗盆伴有哀求声。

④忌泪筷：搛菜时，忌汤汁淌滴餐桌，这种情形状如流泪，故称“泪筷”。

⑤忌黜筷：搛了菜又放下，半途又放下。

⑥忌乱筷：挑精拣肥乱翻菜肴俗称“乱筷”。

⑦忌急筷：筵席上越过首席及其他位尊者而争先动筷。

⑧忌落筷：席间，掉落筷子会被视为不吉利，特别是喜筵或正月餐饭时，不慎碰落了筷子，宜说声“快乐”（与筷落同音）或“快快乐乐”以取回好兆头。

⑨忌拙箸：中华传统礼俗要求一般是右利手执筷，执筷应规范，忌讳取位过高或过低。旧俗以为执筷位置预示孩子未来事业与择偶离家远近。

⑩忌舔筷：用舌舔筷子，或将筷子放入口中吮吸。

⑪忌迷筷：拿不定主意，手握筷子在餐桌上乱游寻。

⑫忌移筷：刚吃过一个菜接着又吃另一个菜，中间不停顿，不配饭。

---

①（宋）程颢，程颐，撰．二程遗书：卷第二十二（下）“伊川先生语八下”[M]．上海：上海古籍出版社，1992：235.

⑬忌粘筷：用粘了饭的筷子去搛菜。

⑭忌跨筷：别人搛菜时，跨过去搛另一菜。

⑮忌掘筷：用筷子在菜中间扒弄着吃。

⑯忌剔筷：用筷子剔牙。

⑰忌分筷：一双筷子之间摆放时不可被其他任何物体分割开来。

⑱忌语筷：不能举着筷子和别人说话，说话时要把筷子放到筷枕上，或将筷子并齐放在饭碗旁边。

⑲忌助筷：不能用个人独用的筷子、汤匙给别人搛菜、舀汤。

⑳忌叉筷：用餐时将两根筷子交叉摆放，“×”是否定之意。

以上二十忌是就普泛意义而言的，而在中餐公宴场合礼仪要求繁多，用筷禁忌尤为严格，简括有十，名曰“十忌”。中餐公宴场合用筷的“十忌”与俗常的“二十忌”并不矛盾，只是更注重公众形象与他人感觉。

①忌三长两短：一双筷子必须材质、规格完全一样，不可规制两样、长短不齐。俗语有“三长两短”，其意代表“死亡”。因为中国人过去认为人死以后是要装进棺材的，在人装进去以后，还没有盖棺材盖的时候，棺材的组成部分是前后两块短木板，两旁加底部共三块长木板，五块木板合在一起做成的棺材正好是三长两短，所以说这是极为不吉利的事情。

②忌倒头饭供：一双筷子颠倒摆放。隐喻死亡。

③忌执位不当：规范的执箸法应当是取位自箸足至箸首的三分之一处，取位过于靠上或偏下，不仅使用者有欠灵活失效，而且看相不雅，在聚餐场合会格外不谐调。民间禁忌取位过高，被认为是“撅老人”——促长辈早死。取位过低一般不会灵活准确，形似马戏团表演节目的猴子蹒跚挑水。

④忌击砵讨饭：这种行为被看作是乞丐要饭，其做法是在用餐时用筷子敲击盘碗。因为过去只有要饭的才用筷子击打要饭盆，其发出的声响配上嘴里的哀告，使行人注意并给与施舍。这种做法被视为极其不好的行为，被他人所不齿。

⑤忌眼花迷路：家肴满案，举筷不定，游移选择。

⑥忌戟指训人：这种做法也是极为不能被人接受的，这种拿筷子的方法是，用大拇指和中指、无名指、小指捏住筷子，而食指伸出。这在北京人眼里叫“骂大街”。因为在吃饭时食指伸出，总在不停地指别人，北京人一般伸出食指去指对方时，大都带有指责的意思。所以说，吃饭用筷子时用手指人，无异于指责别人，这同骂人是一样的，是不能够允许的。还有一种情况也是这种意思，那就是吃饭时同别人交谈并用筷子指人。

⑦忌灵前上香：则往往是出于好心帮别人盛饭时，为了方便省事把一副筷子插在饭中递

给对方。会被人视为大不敬，因为北京的传统是为死人上香时才这样做，如果把一副筷子插入饭中，无异是被视同于给死人上香一样，所以说，把筷子插在碗里是决不被接受的。

⑧忌翻箱倒柜：规范灵活的用筷子方式，斯文修养的进食行为，应当是节制适当、从容裕如，取食动作应当是单元时间、一次动作。不宜用筷子在食器中翻来搅去。

⑨忌移山填海：取食时，箸首——接触食物的筷子头部不宜开口过大，不宜挟取过多，这不仅可能在运送的过程中洒落，不利细嚼慢咽、有碍吸收健康，也易让人产生私心过重、贪得无厌的感觉。

⑩忌品箸留声：把筷子的一端含在嘴里，用嘴来回去嘬，并不时发出咝咝声响。这种行为被视为是一种不好的做法。因为在吃饭时用嘴嘬筷子的本身就是一种无礼的行为，再加上配以声音，更是令人生厌。所以一般出现这种做法都会被认为是缺少家教，同样不能够允许。将筷子在唇齿间啜来吮去同样是不良习惯，这意味着每次在公共器皿中夹取食物时都会留下唇痕，被另一位食客挟取送进口中，形同间接接吻。

十忌之中，一二两款系设宴布台者的责任。

第九章

宴会情结与菜谱学

频频举行宴会，宴会名目繁多，菜谱文化丰厚，这些都是一个民族饮食文化悠久、发达的必要例证，这不宜简单用资材多寡、经济富贫的纯物质要素来解释，而应更多地关注心理特性，正是深刻与丰富思考的不断创意，才促进了中华民族“菜谱文化”和“菜谱学”的高度发展[①]。

第一节 宴会情结

宴会名目，或曰各种名目的宴会，在中华历史上可以算得上是独特和独到的文化。我们几乎无法确切统计流传至今的中华历史文献上究竟记录了多少宴会名目，这些宴会名目既有相对稳定的，更有不计其数随机的。以起源最早的“祭祀宴”来说，远古时代供奉鬼神的“祭祀筵”，无论其膳品、盛器选择如何，也不论其工艺、仪式怎样，它们都是奉献给各路鬼神的，祭祀都是其功能，名目可以笼统地称为“祭祀筵”，而献祭者郑重地享用，则是“祭祀宴会”。若就其食材选择而言，以鹿肉为主的则可称之为“鹿肉宴”——后世可以称之为“全鹿宴”。三代以下的太牢之礼，则是以牛为大件“头菜”的最高级别“祭祀筵”。而就其主其事者和与宴者的社会身份来说，又可以称之为“国宴”“族宴”“家宴”，等等。《诗经·那》篇记载宋国国君祭祀商始祖成汤的宴会属于以“国”的名义举行的“祭祀筵”：“……庸鼓有斁，万舞有奕。我有嘉客，亦不夷怿。自古在昔，先民有作。温恭朝夕，执事有恪，顾予烝尝，汤孙之将！”[②]《论语·乡党》篇记载的应是家族的“祭祀筵”：“祭于公，不宿肉。祭肉不出三日。出三日，不食之矣。食不语，寝不言。虽蔬食菜羹瓜，祭，必齐如也。”[③]历史上曲阜衍圣公府每年从先祖、孔子以下历代列祖列宗并各路天地神祇浩瀚举行的祭祀，都

---

① 赵荣光．中国“菜谱文化”源流与“菜谱学”构建．//餐桌的记忆：赵荣光食学论文集[C]．昆明：云南人民出版社，2011：718—734.

② 毛诗正义·颂·商颂·那：卷二十——三//（清）阮元．十三经注疏[M]．北京：中华书局，1980：620.

③ 论语注疏·乡党第十：卷十//（清）阮元．十三经注疏[M]．北京：中华书局，1980：2495.

是嫡传长孙家庭名义的“祭祀筵”[①]（图9–1）。而当社会活动越来越繁复之后，各种目的与寓意的主题宴会就自然不断增多，于是，宴会的名目也就因事而举地繁花似锦、逐渐丰富起来。而推动名目宴会耀眼繁华并深隐其表象之下的，则是历史上华人族群心中牢牢的宴会情结。

图9–1 《〈衍圣公府档案〉食事研究》

一、宴会情结

“食为民天”的观念应当是人类的共识，而且历史一定非常久远，在中国作为常识俗语也至少应有三千年的历史。可以说，人类有“宴会情结”：通过餐饮聚会形式达到联络感情、抒发胸臆、协调利益、传播信息、享乐口腹等目的的人群意愿与希冀。应当说，华人有更为突出的“宴会情结”，那是因为，自专制政治、宗法制度紧密联手严格管制小农族群之后，吃饭就一直是炎黄百姓的天字第一号大事，终岁劳苦竟至于每年一度的家族祭祀供物不能：“若至家贫亲老，妻子软弱，岁时无以祭祀进醵（jù）”[②]。专制政权下的小农民众，事实上一年到头很难得有几次可以聚会一起的理由，事实上专制政府也不允许它统治下的人民不经允许就聚会，政府会以有害维稳、涉嫌不轨的罪名禁止或惩处，秦汉时就屡屡禁止民间“醵饮”现象。“三人以上，无故聚饮，罚金四两。”（明·胡侍：《真珠船·酒禁》）“醵饮”是人们自发凑资买饮的行为，政府十分警惕，严格禁止。清代还有禁止生员“醵钱群饮”的明文规定。[③]但是，当聚餐和宴会被政府限制，当宴会行为仅仅成为权贵阶级的地位身份标志，就必然造成逆反的社会效应：有条件的人借机频频举行、参与，无条件的人孜孜渴望，结果是心理的强化。因此，民众总还会利用难得的机会一尽宴会之乐：“场功俱已毕，欢乐无壮老。野歌相和答，村鼓更击考。市垆酒虽薄，群饮必醉倒。鸡豚治羹胾，鱼鳖杂鲜槁。”这是南宋诗人陆游目击家乡的一次丰收之后庆娱宴会，所以他

① 赵荣光.《衍圣公府档案》食事研究[M]. 济南：山东画报出版社，2007：113—119.

②（西汉）司马迁. 史记·货殖列传第六十九：卷一百二十九[M]. 北京：中华书局，1959：3272.

③（清）李文炤. 恒斋文集·岳麓书院学规//李文炤，撰. 赵载光，点校. 李文炤集：卷中四[M]. 长沙：岳麓书社，2012：65.

“但愿时太平，邻里常相保。家家了租税，春酒寿翁媪。”[①]这些宴会同时是寻常百姓期盼的“大快朵颐之期”，既饱口福，亦快心意。当然，寻常百姓的“宴会情结”通常只能处于压抑状态，因为那是富有者的特权，所谓“朱门酒肉臭，路有冻死骨”。[②]

而中国历史上的权贵社会“宴会情结”的沉溺沉重，当以爱新觉罗家族为核心利益集团的清帝国为最，清帝国的优等民族是满族，他们整体上享受清政府的福利供养政策，因此养尊处优，耽溺口腹是入关以后满族，尤其是“京满”的习性，可以说满清帝国是一个将口腹之欲以庄重仪礼充分装饰的“爱吃”的帝国[③]。清帝国明刊国典的“大宴仪”规定典则：“凡国家例宴，礼部主办，光禄寺供置，精膳司部署之。”清朝首设“建元定鼎宴”，继之“元日宴”“冬至宴”“元会宴”“千秋宴”“大婚宴”“耕耤宴”“凯旋宴”“宗室宴”“外藩宴”“乡试宴”，以及各种册封宴、庆娱题目宴享，等等。这些宴享都排场浩大，若乾隆十一年（1746）设在乾清宫的宗室宴，“命皇子、王、公等暨三、四品顶戴宗室千三百有八人入宴。其因事未与宴者咸与赏，都凡二千人。”规模更大的则是乾隆五十年（1785）设在乾清宫的千秋宴，“自王、公讫内、外文、武大臣暨致仕大臣、官员、绅士、兵卒、耆农、工商与夫外藩王、公、台吉，回部、番部土官、土舍，朝鲜陪臣，齿逾六十者，凡三千余人”。嘉庆元年（1796）设在皇极殿的千秋宴规模再次超大：“与宴者三千五十六人，邀赏者五千人。”[④]这两次超大规模的千秋宴，也就是满清帝国历史上颇有名的“千叟宴”。“千叟宴”在满清帝国共举行过四次，康熙朝、乾隆朝各两次，即康熙五十二年（1713）、康熙六十一年（1722）、乾隆五十年（1785）、嘉庆元年（1796）各举行一次。

而在有清一代，最著名的筵式无过政府明文确定的官场酬酢筵式“满汉全席”。“满汉全席”的称谓出现在满清帝国的末期，时当光绪（1875—1908）初期，其形态发展则经历了“满席—汉席”“满汉席”“满汉全席”三个演进阶段，作为清帝国律令规定的官场酬酢筵式这三个阶段历时约230年之久（图9-2）。而慈禧太后时期的[⑤]“添安膳”则是清宫御膳的最高级筵式，并且对推动“满汉席”再扩张成“满汉全席”事实上起到了上行下效的作用[⑥]。满清帝国的宴会奢侈之风盛行在乾隆年间，“吃垮清朝”之势已成，以至老爸刚一闭眼，继承人颙琰立刻发布上谕追究责任，感慨“……奢靡之风，实古今之所未有也。”归纳“外省

---

①（南宋）陆游．道上见村民聚饮//剑南诗稿：卷七十九[M]．上海：上海古籍出版社，1985：4283.

②（唐）杜甫．自京赴奉先县咏怀五百字//全唐诗：卷二百十六[M]．北京：中华书局，1960：2265.

③ 赵荣光．满汉全席源流考述[M]．北京：昆仑出版社，2003：55—150.

④（民国）赵尔巽．清史稿·志六十三·礼七：卷八十八第十册[M]．北京：中华书局，1980：2627—2635.

⑤“慈禧太后时期”是笔者对清帝国末期即咸丰后期至光绪时期（1851—1908）半个多世纪时间叶赫那拉氏深刻影响中国政治历史时段的表述，这一时段的清宫、官场、社会饮食风气具有明显的历史阶段性特征。

⑥ 赵荣光．满汉全席源流考述[M]．北京：昆仑出版社，2003：361—403.

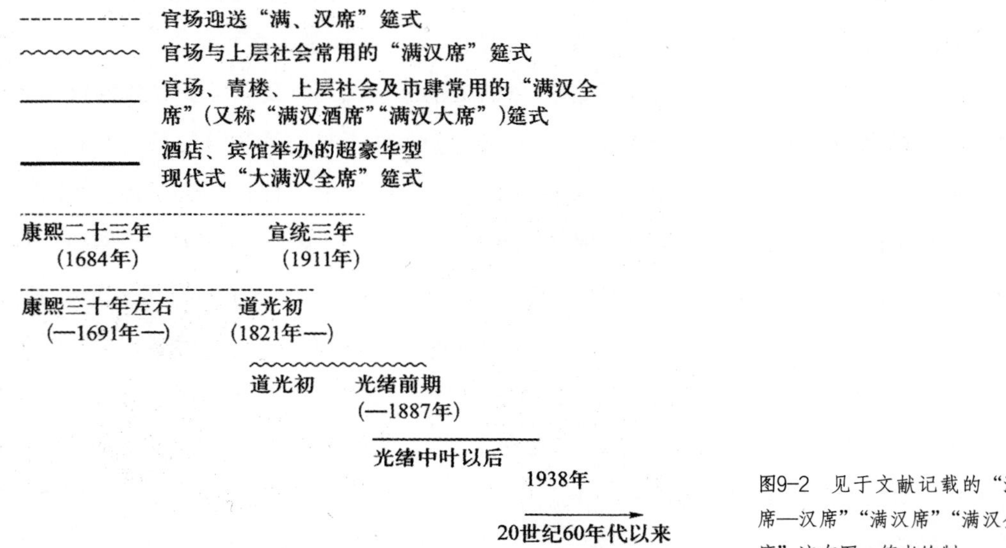

图9-2 见于文献记载的“满席—汉席”“满汉席”“满汉全席”流布图，笔者绘制

积弊四项”几乎都是假公济私、吃喝玩乐之事[①]。好逸恶劳是人的本性，满族攫得了中国统治权后，以分享战利品的心态榨取、迫使汉族供养全体满族人，满族族群整体上奢侈享乐入关不久就恣肆成风，并一发而不可收。爱新觉罗·玄烨于康熙二十三年强制推行“国宴”一至六等“满席”筵式，同时伴行三等“汉席”[②]，其用意在以制度予以限制，但事实上无济于事。

二、宴会目的

俗语说：“酒无好酒，宴无好宴。”意思是凡请人喝酒吃饭都是有目的，都是有所求的；而“吃人嘴短，拿人手短”，总要担当点什么，总要付出的，流行语说“没有免费的午餐”就是这个道理。于是，“为什么吃这顿饭？”“要不要去吃这一餐？”就成为被邀者自然会考虑到的问题。当然，也有歇后语“嘴巴上抹石灰——白吃”一说，那是寓意讥讽，而凡是不请自到的“撞席”之客，通常都是不受人待见的大众歧视者。元代市井唱词就有此类社会风习

① 赵荣光．满汉全席源流考述[M]．北京：昆仑出版社，2003：117—118.
② 赵荣光．满汉全席源流考述[M]．北京：昆仑出版社，2003：208—211.

记录："今日请得当村父老……都在我家赛社。猪羊已都宰下，与众人烧一陌平安纸，就于瓜棚下散福，受胙饮酒……你把柴门紧紧地闭上，倘有撞席的人，休放他进来。"[①]唱词中防范的"撞席的人"应当是游手好闲的乡里无赖。

不过，那种"不顾脸皮只顾肚皮"的"撞席"现象属于宴会目的讨论之外的问题，我们可以姑且无论，让我们还是回到本题上来。特定主题的宴会，是倡行者为着某种目的将与其有某种关系的诸人邀集到餐桌语境中的社交活动，参与者也有着相应的个人利益诉求。"联络感情"只是宴会的功能之一，或一般意义功能，许多特定主题宴会主人有很明确与强烈的功利性目的。东晋（317—420）时，政治家、名士谢安（320—385）的弟弟谢万也是名士，虽非大将之材，却被任为北伐军统帅，但是他性"善自衒曜""矜豪傲物，尝以啸咏自高，未尝抚众。"为此，谢安十分忧虑，对其告诫说："汝为元帅，诸将宜数接对，以悦其心。岂有傲诞若斯而能济事也！"意思是：用兵打仗，要在将士用命，统帅应当与属下将官情同意和，赢得大家的尽心竭力。因此，应当经常用宴会来拉拢关系，增进感情，来换取麾下诸将的遵令效命。于是，谢万就召集诸将宴饮。结果是这位名士本性不改，仍然摆出一副玄谈讲道的派头，手里拿着一柄雅称"如意"的爪杖挥舞指点，言语高傲，让诸将心生憎恶。及至与北军对阵，尚未开战"便引军还，众遂溃散，狼狈单归，废为庶人。"[②]人类战争史上，像谢万这样，将帅离心背德，临阵一哄而散，落得统帅一人落荒逃命的荒唐事还真不多见。显然，这位名士元帅宴请诸将的宴会是事与愿违了。

中国有句俗语："摆席容易，请客难。"宴会主人当然希望精心设计的宴会获得圆满成功，与宴者越是社会地位声望显赫，就越是反映主人的地位，也就更有益于主人意愿的表达与利益追求。但是，"客"——尤其是"贵客"——他（她）或他们（她们）是"一号主宾"，并非"招之即来"的普通食客，"请客"的"请"很有学问在其中。"人以类聚，物以群分。"[③]每个人都因其家庭、家族，政治、经济实力，教养经历等要素，而归属于一定的社会族群，都有其特定的社交圈，都居于相应的层次；而且彼此都处在错综复杂的利益关系中。因此，"请客"与"吃请"都显然不仅仅是动动嘴巴的简单动作问题，宴会目的——设宴请人的目的和受请与否的目的，都是双方斟酌的结果。设宴者的宴会名目，主题要冠冕堂皇，要足以动受邀者之心，要争取受邀者——至少是主要的受邀者——愉快依允或不便不允的结果。所

① （元）王子一．刘晨阮肇误入桃源：第三折//张月中，王钢，主编．全元曲：上[M]．郑州：中州古籍出版社，1996：1324.

② （唐）房玄龄，等．晋书·列传第四十九·谢安：卷七十九[M]．北京：中华书局，1974：2086—2087.

③ 周易正义·系辞上：卷七//（清）阮元．十三经注疏[M]．北京：中华书局，1980：76.

以，宴会名目的设定是重要的，也就是孔子所说“必也正名乎”[①]。一般来说，被邀出席某次宴会——在此郑重说明：被邀者都是宴会主人慎重斟酌、妥当明确的，因此，被邀者都会依照礼仪程序礼貌地表达自己“欣然”接受，或“遗憾不能赴约”某种理由。这一过程中的客气、礼貌总是必要的。当然，有许多宴会是被邀者没有任何“理由”可以拒绝的，比如项羽邀请刘邦的“鸿门宴”[②]，曹操邀请刘备的“青梅煮酒宴”[③]，鲁肃邀关羽的“单刀赴会”[④]，等等。历史上的许多宴会都让主客双方紧张警惕，甚至剑拔弩张、充满杀机。

三、宴会效应

宴会既然是特定利益关系人群为着某种目的进行的社会活动，那么，社会活动——尤其是明确功利目的的社会活动就自然会有得与失的价值判断，喜与怒的好恶不同，是与非的历史认知。也就是说，许多宴会自然是或隐或显的利益分配、实力较量、矛盾谐调的关系互动，并非都是客客气气的表面现象。

1. 乡饮酒礼

中国历史上最悠久著名的公众宴会“乡饮酒礼”，可以视为正向意义比较多的典型。乡饮酒礼应源于上古氏族社会族群因时而聚的集体活动，周代时形成严格的仪式制度：“乡饮酒礼者，所以明长幼之序也。”[⑤]“乡饮酒之礼，六十者坐，五十者立侍以听政役，所以明尊长也；六十者三豆，七十者四豆，八十者五豆，九十者六豆，所以明养老也。民知尊长养老，而后乃能入孝悌。民，入孝悌，出尊长养老，而后成教，成教而后国可安也。君子之所谓孝者，非家至而日见之也，合诸乡射，教之乡饮酒之礼，而孝悌之行立矣。”[⑥]政府组织乡饮酒礼的目的是序长幼、别贵贱，维系约三千年之久的乡饮酒礼确实达到了普及与强化社会孝悌、尊贤、敬长、养老的德治教化目的。

---

① 论语注疏・子路第十三：卷十三//（清）阮元．十三经注疏[M]．北京：中华书局，1980：2506.

②（西汉）司马迁．史记・项羽本纪第七：卷七[M]．北京：中华书局，1959：312—315.

③（元明之际）罗贯中．三国演义：第二十一回“曹操煮酒论英雄，关公赚城斩车胄”[M]．北京：人民文学出版社，1953，186—188.

④（晋）陈寿．三国志・吴书・周瑜鲁肃吕蒙传第九：卷五十四[M]．北京：中华书局，1959：1272.

⑤ 礼记正义・射义第四十六：卷六十二//（清）阮元．十三经注疏[M]．北京：中华书局，1980：1686.

⑥ 礼记正义・乡饮酒义第四十五：卷六十一//（清）阮元．十三经注疏[M]．北京：中华书局，1980：1686.

2. 摘缨会

中国历史上最为乐道又最富情趣的宴会莫过于楚庄王的“绝缨会”（又称“摘缨会”）了。周定王二年（前605）楚庄王镇压了令尹斗越椒发动的军事政变，于是在渐台大摆庆功的“太平宴”，与群臣欢贺，命爱姬许姬巡回敬酒，长筵在日落后照明继续。忽然一阵风来，灯灭场黑，许姬恰巡斟至一将座前，该将被酒色迷，暗中以手牵其袂，许姬一惊之际随手掠下其盔上缨，回到庄王身边附耳告：“妾奉大王命敬酒，内有一人乘烛灭之机牵拉妾衣袖。妾已揽得其缨，王可促火察之。”庄王闻告，却急急命掌灯者：“切莫点烛！寡人今日直会，约与诸卿尽欢，诸卿俱去缨痛饮，不绝缨者不懽。”灯再明时，只见满座客盔皆无缨，不知牵袂者何人。美人本意表节邀宠，不解国王之意，庄王回答：“古者，君臣为享，礼不过三爵，但卜其昼，不卜其夜。今寡人群臣尽懽，继之以烛，酒后狂态，人情之常。若察而罪之，显妇人之节，而伤国士之心，使群臣俱不懽”。后晋楚交兵，一将极其骁勇冲杀，庄王为晋将先蔑追袭，也赖其救助。事后，庄王高度赞赏，此时他才亮明身份：“臣即太平宴上被王姬掠盔缨者，大王宽仁不咎，臣唯有万死以报。”后人将此次宴会雅称为“绝缨会”。[①]正是楚庄王的雄才大略、博大胸怀，才成就了他“春秋五霸”的辉煌地位。

3. 千叟宴

时下的许多文化人，包括很多饮食文化研究者都侈谈“千叟宴”的浩大、辉煌，甚至定义为“尊老”“敬老”，传播者一片和谐、温馨的美好感觉。其实，这只是后来者的臆想幻象与望文误解。准确地说，“千叟宴”真正“敬”与“尊”的“老”只有“九五之尊”的皇帝一人，也就是年号“康熙”的前两次“圣祖合天弘运文武睿哲恭俭宽裕孝敬诚信功德大成仁皇帝”爱新觉罗・玄烨（1654—1722，1661—1722在位），年号“乾隆”的后两次“高宗法天隆运至诚先觉体元立极敷文奋武钦明孝慈神圣纯皇帝”爱新觉罗・弘历（1711—1799，1736—1795在位）。

康熙五十二年（1713），是这位满清帝国的皇帝六十大寿，他对自己的帝王事业、帝国成就及两者的前景都充满信心，朝廷上下、朝野内外都被体制营造的乐观情绪所笼罩。于是决定举行史无前例的旷世大典：

---

①（明）冯梦龙，蔡元放，编. 东周列国志：第五十一回“责赵盾董狐直笔，诛斗椒绝缨大会”[M]. 北京：人民文学出版社，1955：455.

“宴直隶、各省汉大臣官员、士庶人等，年九十以上者三十三人，八十以上者五百三十八人，七十以上者一千八百二十三人，六十五以上者一千八百四十六人，于畅春园正门前……宴八旗满洲、蒙古、汉军大臣官员、护军兵丁、闲散人等，年九十以上者七人，八十以上者一百九十二人，七十以上者一千三百九十四人，六十五以上者一千十二人，于畅春园正门前……”①

玄烨生于顺治十一年三月十八日（1654年5月4日），举行旷典的时间是康熙五十二年三月二十五日（1713年4月19日）、二十七日（1713年4月21日），第一次宴会汉民4240人，第二次宴会旗民2605人，两次共旗民、汉人等6845人。庆寿的前一日宴会，中国历史上被称作“暖寿”，而玄烨的这次“万寿”大典竟然提前生日十七日举行。

为什么要限定入选与宴人年龄最低为六十五岁呢？目的是为“万岁爷”“增寿”，即追求所有与宴者年龄相加的庞大数字“数十万岁”，若按6845名与宴者人均65岁合计，则是总岁数444925岁；若按90岁40人、80岁730人、70岁3217人、65岁2858人合计，则得472960岁。皇帝要的就是全国老人“数十万岁”代表们的一阵阵“万岁！万岁！！万万岁！！！”的疯狂高呼。毫无疑问，与宴者都感到莫大的荣耀，不仅是本人的殊荣，而且是家族的荣耀。而本质与事实上，这都是对许多老年人的驱役，是对他们人格、尊严、健康、甚至寿命的榨取。因为许多被选定的与宴者——尤其是汉族人，他们要不远千里、数千里跋涉赶到京师对“万岁爷”叩颂“万岁！万岁！！万万岁！！！”帝国中枢利用“国”的名义和政府资源——当然都是纳税人的钱，组织如此浩大、靡费的个人庆典，而这些来自全国各辖区的老迈与宴者所得到的仅仅是皇帝赏赐给的虽名声显赫却事实上微不足道的“一餐饭”，以及几样餐具等小玩意儿。这次旷典宴会是征集全国老人代表的一餐饭，近七千位65岁以上老人——没能征集到一万名或是最初谋略者的遗憾。虽然宴会尚未明确“千叟”的名目，但寓意与事实是明确的，而且它最终导致了九年后“千叟宴”的见诸文献。

康熙六十一年以执政61年因“天下晏安”而再次举行盛典，是年正月初二、初五（1722年2月17日、20日）两日，又“召八旗满洲、蒙古、汉军文武大臣官员及致仕退斥人员年六十五以上者六百八十人，宴于乾清宫前……召汉文武大臣官员及致仕退斥人员年六十五以上者三百四十人，宴于乾清宫前，命诸王、贝勒、贝子、公及闲散宗室等授爵劝饮，分颁食品，如前礼。御制七言律诗一首，命与宴满汉大臣官员各作诗纪其盛，名曰《千叟宴

① 清实录·圣祖仁皇帝实录：总第6册（《圣祖仁皇帝实录》第3册）卷二百五十四[M]. 北京：中华书局，1985：509—514.

诗》。”[①]这两日举行的宴会，65岁以上与宴者旗民、汉人等计1020人，皇帝成“御制七言律诗一首”名《千叟宴》，同时又命与宴者人各讴歌一首成集，遂名诗集曰《御定千叟宴诗》，“千叟宴”因《千叟宴》诗而得名传。这两日举行的宴会，若按与宴者1020人均65岁计，则累66300岁。玄烨的《千叟宴》有句：“万机惟我无休暇，七十衰龄未歇肩。”[②]感慨的词句之下，是享国秉政61年的矜安自得。

弘历是玄烨的孙子，毕生都以自己的这位伟大爷爷皇帝自豪，并且一直以其为自己执政榜样。我们可以在乾隆皇帝传世的各种文献中见到大量的对“圣祖仁皇帝”的崇敬恭谨和讴歌赞美，而我们也隐隐地感觉到，在乾隆中叶以后，弘历事实上内心里在不停地与其祖父攀比，他越来越希冀自己能够创造超越康熙皇帝的业绩，至少留下自己更独到的文字记录。但这种攀比的心理与“超越”的想法属于中国“孝”文化语境中的“不孝”，所以它被隐含着，但它却是顽强地存在着，而且越是晚年，弘历这一心理就越是强烈。乾隆五十年（1785）、嘉庆元年（乾隆六十一年、1796）[③]的两次“千叟宴”隆重举行就是例证之一。

不过，值得注意的是，尽管“千叟宴”的称谓已见于清帝国官方正式文献，但在正史的严肃语境下仍然称为“千秋宴”而非“千叟宴”，原因很简单，“千秋宴”是为皇帝祝寿的祈颂宴会，中心是皇帝，是常设的更庄重的名制，有更规范的仪礼。而“千叟宴”则是变通的例外，“千叟宴”是无数老人给皇帝一人添寿祝福的会宴，既非1000个老人自娱自乐的宴会，也非皇帝给1000个老奴才们的会宴。乾隆四十九年（1784），好大喜功的弘历为隆重庆祝登基将届五十年，因一再下谕“着于乾隆五十年正月初六日，举行千叟宴盛典。”[④]“……上御乾清宫，赐千叟宴。亲王、郡王，大臣、官员，蒙古贝勒、贝子、公、台吉、额驸，回部，番部，朝鲜国使臣，暨士商兵民等，年六十以上者三千人，皆入宴。……命以“千叟宴”联句，颁赏如意、寿杖、缯绮、貂皮、文玩、银牌等物有差。……御制《千叟宴，恭依皇祖元韵》诗……”[⑤]“预宴三千人”，规模不可谓不大，然而问题来了：弘历生于康熙五十年八月十三日（1711年9月25日），而正史文献将此次庆典记为“千秋宴”似不够准确，因为其主题明确是庆祝登基五十年，且“上谕”等帝国文件都明言“千叟宴”。嘉庆元年（乾隆六十一年、1796），弘历内禅皇位给颙琰，授受礼成，复以“太上皇帝”身份再度主持“千

---

① 清实录·圣祖仁皇帝实录：总第6册（《圣祖仁皇帝实录》第3册）卷二百九十六[M]. 北京：中华书局，1985：869.

② 王志民，王则远，校注. 康熙诗词集注[M]. 呼和浩特：内蒙古人民出版社，1993：702.

③ 乾隆六十年，爱新觉罗·弘历不得已履行其登基时“在位及圣祖当内禅”的许诺，然于内廷仍行乾隆年号直至乾隆六十四年，见赵荣光. 满汉全席源流考述[M]. 北京：昆仑出版社，2003：335—337.

④ 钦定千叟宴诗·谕旨//文渊阁四库全书：第1452册[M]. 台北：商务印书馆，1984：1.

⑤ 清实录·高宗纯皇帝实录：总第24册（《高宗纯皇帝实录》第16册）卷一千二百二十二[M]. 北京：中华书局，1986：385—389.

叟宴”。“皇帝奉太上皇帝御宁寿宫皇极殿，举行千叟宴。赐亲王、贝子，蒙古贝勒、贝子、公、额驸、台吉，大臣、官员年六十以上，兵民年七十以上者三千人，及回部、朝鲜、安南、暹罗、廓尔喀贡使等宴。……并未入座五千人，各赏诗章、如意、寿杖、文绮、银牌等物有差。”[①]与宴者入座与“未入座”者多达八千余人。当然，这次主题明确为内禅庆典的宴会也与“千秋宴”寓意不甚符合。

不过，这都不重要，重要的是，康熙、乾隆两朝的四次征集全国数千合规老人的隆重庆典，在强化皇权、推重皇威并满足皇帝唯我独尊多种需求的同时，也收到了广泛、深远的社会影响。第一，加固了体制内的结构协调性，强化了帝国官吏族群的向心性，因为与宴者多数都是曾经的各级官员、名望乡绅，他们基本都是帝国体制中人或集团利益受益者；第二，进一步强化了对知识阶级的牢笼掌控，因为这些与宴者基本都是现代意义的“知识分子”（汉人基本如此）或“知识分子”心理与形象的人，历史上的中国知识阶级的社会中坚地位与作用是强大的；第三，起到了维稳帝国统治的歌舞升平、晏安天下的麻醉、催眠作用。以至于历数百年后，“千叟宴”还被时下的论述者视为历史盛典和文治辉煌（图9–3）。

图9–3 《清实录》

① 清实录．总第27册（《高宗纯皇帝实录》第19册）卷一千四百九十四[M]．北京：中华书局，1986：988—993.

第二节

食单、菜谱与筵式

笔者理解的菜谱文化应当是："菜谱的形成过程、所承载的信息及其使用与影响的诸相关要素集合。"菜谱学则可以理解为："以古今菜谱数据作为基本信息对特定社会的食物加工、食品制作、食事等相关视域以及菜谱著述及其文化承载体制作技艺、经营、使用等进行研究的学术领域。"（图9–4）人类文明的历史告诉我们，人类居室最初注重的是客厅，因为那是主人和家庭的门面，是给客人看的。继之是卧室，人生的近乎一半时间是在卧室里流连度过的，那是自己私密的空间，希望尽可能温馨。再后来才是家庭厨房。对于上流社会的家庭来说，厨房不仅是自己的，同时也是客人的。那里提供人生享受的美味。厨房因而也是家境实力、主人品位、社会地位的标志。有能力享受美味，有修养鉴赏美味，有格调和风度与友朋在府邸中享乐美味，那是上层社会名流的生活。因此，专用厨房，最好是拥有设备齐全的中餐、西餐、日餐、韩餐等不同的操作间，有专业厨师。与我合作过的一位日本国著名艺人、美食家的家中就拥有装修典雅、功能齐全的和式料理、中华料理、西餐料理的现代化厨房。我的一位美国小康家庭朋友的家中也有一个综合功能的现代化厨房，可以进行美式、法式、意式不同风格的食品加工。与家庭厨房相配备的，一定是数量可观的菜谱书。据本人的观察了解，有理由这样说：当中国社会进入小康社会的时候，中国的大众家庭应当平均拥有10本菜谱书，中产家

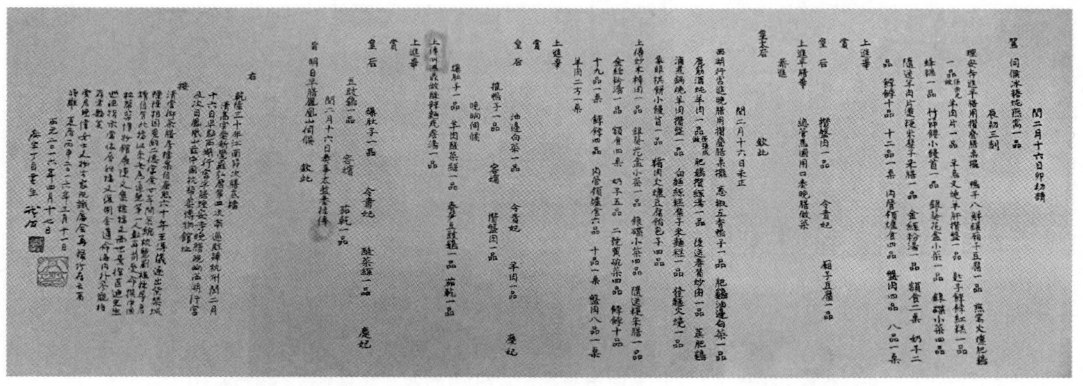

图9–4　清高宗爱新觉罗・弘历御膳单，作者依现存中国第一历史档案馆藏《清宫御茶膳房档案》之《江南节次膳底档案》原始规制抄录复制，中国杭帮菜博物馆展

庭则平均拥有30本，富贵阶层会有50～100本，豪富大贵之家则可能拥有更多。这是因为，不断更新内容和装帧的新菜谱书在厨房参考之外，同时具有鉴赏与珍藏的意义；而中国人的尚食传统在富裕人群中会表现得尤为突出，这将是一个高度发达社会的必然[①]。

一、食单

“食单”一词始见唐代，本指专门用于铺陈在地面、坐床、台、桌等之上，用以陈放食品的编织物一类用品。食单的使用，在唐代极为普遍，不仅各地均有生产，而且风格各异，多有名优。如《唐书》记载，唐振州延德郡（今海南崖县）的“土贡”物品中就有“五色藤盘、斑布食单。”[②]（图9–5）引文中的“五色藤盘”应当是盛放果品食物的用具，而“斑布食单”则应当是手工编织的纤维料食单，是图案斑斓的精美手工艺品。食单最初主要是用于郊游野宴的场合，历史上，尤其是上层社会、知识阶层、市民族群，置身于山野园林、湖渚水滨等与大自然亲密接近结合的野餐外食机缘很多，是浓郁悠久的风俗习尚。杜甫诗句有：“脆添生菜美，阴益食单凉。”[③]这种意义，直到清代还在使用，如曹寅《和毛会侯席上初食

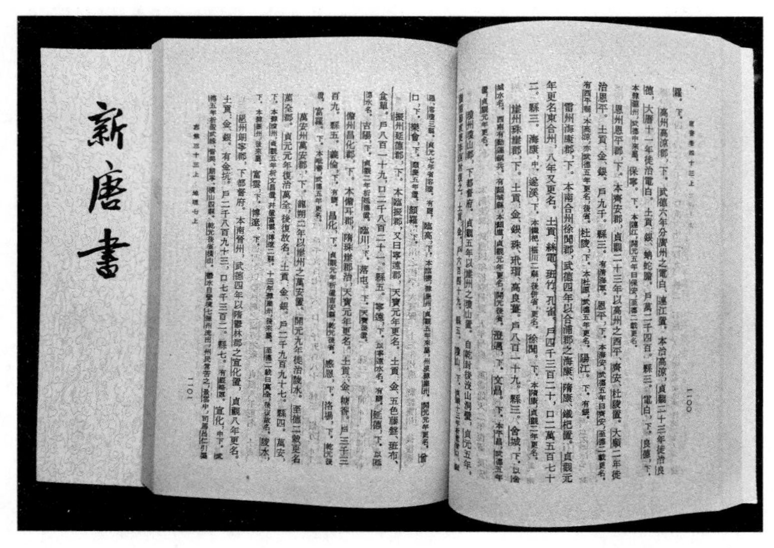

图9–5 《新唐书·地理志》书影

① 赵荣光. 中国食育文化的历史评估与现实思考[J]. 南宁职业技术学院学报，2010（6）：5.

②（宋）欧阳修，宋祁. 新唐书·地理七上：卷四十三（上）[M]. 北京：中华书局，1975：1101.

③（唐）杜甫. 陪郑广文游何将军山林十首：之七//全唐诗：卷二百二十四[M]. 北京：中华书局，1960：2397—2398.

图9-6 清道光皇帝御定进膳单“手掐”，笔者摄于中国第一历史档案馆

鲥鱼韵》：“婪尾花残水驿忙，晚庭清荫食单凉。”因一次聚宴的所有食品均布陈其上，故其始就隐有“一席宴会膳品名目总汇”之义。因此，后来也往往被用来指称一席膳品的“食谱”或一台酒席的“菜单”义，再后来又泛指食品名目登录。如宋人郑望之《膳夫录·食单》所记：“韦仆射巨源有烧尾宴食单”；明·王志坚《表异录·饮食》：“晋何曾有安平公食单。”清·黄景仁《午窗偶成》句：“只余童仆劝加餐，那望园官进食单。”郑、王二人文句中的“食单”系指晋、唐时代的两大权贵何曾与韦巨源府上的膳食记录，并非仅指一席膳品。而黄氏的“进食单”则是指一席或一餐的膳品名目。现存于北京故宫内中国第一历史档案馆的约两亿字的清宫御茶膳房档案中的“膳底档”“手掐”等均是规范的“食单”[①]（图9-6）。

二、菜谱

菜谱，时下辞书大多解释为“菜单”，显然失于笼统和含混。如果说，历代文人表述不免率性和随意，近现代直至20世纪中国烹饪学和饮食文化学的发展还囿于阶段性限制的话，那么，今天我们则没有理由仍然含混其词，语焉不详了。民族大众科学饮食理念的逐渐成熟，餐饮市场的日益繁荣发展，国际食品科学与时代饮食文化的进步，这一切推促烹饪与饮

① 现存北京故宫内中国第一历史档案馆的“清宫御茶膳房档案”“约两亿字”是笔者作为“自有清宫膳档以来的第一个系统研究的人”（中国第一历史档案馆馆员刘桂林先生语）的估算，此语曾见于《社会科学报》1993年7月15日《饮食文化的海外使者——记黑龙江商学院副教授赵荣光》等文中。

食文化学科必须跟进发展。于是，学科术语的科学严格、系统完备就成了必然趋势。我们的理解，“菜谱”，作为一个烹饪科学的专有名词，应当，也必须与“食谱”有所不同，作为餐饮人的我们，有责任予以明确界定。既然我们将“食谱”理解为“膳品烹饪方法的记录”，那么，“菜谱”就应解释为“菜品烹饪方法的记录”。“菜谱”与“食谱”二者的区别，就在于后者比前者更宽泛，“食谱”是主食与副食，也就是中国俗语所说的“饭”和“菜”的加工方法记录。

三、筵式

筵式一般是指为餐饮业沿用成习并为消费者均认知接受的相对固定的宴席模式，其文化要素有：大菜、行菜等基本膳品的品目与质量，冷盘、围碟、饭菜、点心、主食等品目的质量与数量等（图9–7）。如历史上上层社会习用的“上席”“中席”“燕菜席”“烧烤席”“翅子鱼骨席”“鱼翅席”“海参席”“满席”“汉席”“十六碟八簋四点心”“八小吃十大菜”“满汉席”“满汉大席”“满汉全席”等；市井社会流行的“全羊席”“全猪席”“全鱼席”“八大碗”等①；当代各级政府食事部门及管理机构编制的众多名目宴会的席面标准，时下各级各类酒店推出的时令、节庆、欢娱名目的“寿宴”“婚宴”“中秋宴”“年夜饭”，以及“开国第一宴”②等，皆是其例。

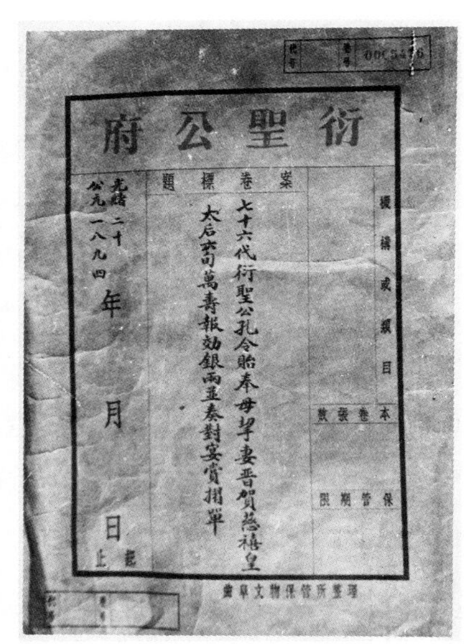

衍聖公府

案卷標題

七十六代衍聖公孔令貽奉母挈妻晋賀慈禧皇
太后六旬萬壽報効銀兩並奏對宴賞摺單

光緒二十 公元一八九四 年 月 日

图9–7 七十六代衍圣公孔令贻奉母携妻赴京贺慈禧皇太后六十寿进“添安宴”档案，笔者摄

① 参见（清）袁枚：《随园食单》，（清）佚名：《调鼎集》，（清民之际）徐珂：《清稗类钞》等诸多相关食书。

② “开国第一宴”系北京市饮食文化研究会原会长李士靖先生于21世纪初在北京模拟再现的1949年10月1日宣告诞生的中华人民共和国党和国家领导人与各相关与事人员的庆典宴会的宴席称谓。李先生曾邀请笔者、季鸿崑教授、姚伟钧教授、马静女士等几位策划《中国饮食文化区域史丛书》项目人员在龙潭湖品尝，厨师、服务员皆当时担当对应任务者，食材、肴馔、器皿、酒水及宴程服务等皆历史原貌再现。

第三节

菜谱学

中国历史上很早就有“菜谱”的记录，但只是历史文化溯源意义的记录。清代蒙古学者博明曾经说过如下经典的话：“由今溯古，推饮食、音乐二者越数百年则全不可知。《周礼》《齐民要术》、唐人食谱，全不知何味，《东京梦华录》所记汴城、杭城食料，大半不知其名。”[①]“饮食、音乐二者越数百年则全不可知”，指的是饮食、音乐二者历史文录的空疏。《周礼》、唐人食谱等“全不知何味”，是因其只有食物之名而无其制作记录。而所谓“《东京梦华录》所记汴城、杭城食料，大半不知其名。”则谓其笼而统之、泛泛指称，语焉不详。严格说来，博明的看法虽然基本属实，但也失之一般读书人的外行感觉。事实上，就饮食一项来说，对历史文献关于某一食品具体制作方法有限文字记录能否解读，还要看是否遇到真正的解人。以笔者的研究理解与实验操作体会，《齐民要术》中的许多食品均可以原形态恢复，事实上我们已经成功地对“水引面”“索面”等一些品种做过了这样的实验。至于“味”，由于时态变迁、物性变异的过多复杂因素，严格的历史恢复难度过大。尤其是书中所记各种酱、酒、醋等发酵食品的风味，再现的难度就更大。不过，以我们以上的理解，《齐民要术》八、九两卷是基本可以视为完整的食谱。事实上，它们也的确是后世食谱书的取法范式[②]。据说世界上最古老的菜谱出现在底格里斯河和幼发拉底河之间的美索不达米亚地区。考古学家在那里发掘出了公元前1700年的一些石制铭牌，牌上镌刻着用水牛、羚羊和鸽子肉制作菜食的烹调法。这些食品要在用牛肉或者羊肉配制的清肉汤或者菜汤里炖好之后，再撒上一点面包屑。考古学家认为，这是人类历史上最古老的菜谱。如果按这样的思路追寻，中国先秦典籍中就已经有了“菜谱”的最早信息。《周礼》《仪礼》《礼记》“三礼”，尤其是《礼记》的《内则》篇，事实上已经是兼容了食料、食品、食技、食礼、食理等饮食文化的诸多基本要素，因此也就具备了“菜谱”原则性内容。至于《吕氏春秋》中的《本味》篇，则可以认为是饮食思想、饮食理论、加工技法等的综合性文献。

---

①（清）博明．西斋偶得：卷上“饮食音乐”[M]．1934.

② 笔者自1986年始，曾经指导哈尔滨、济南、曲阜、杭州多个实验组依照《齐民要术》记载食品做过恢复性试验，依据文本为缪启愉农业出版社1982年版《齐民要术校释》并参悟历代食书文献。

一、菜谱文化

“菜谱文化”是以菜谱社会存在的形态与方式所展现的人群生活风貌，我们对“菜谱文化”的理解是：“菜谱的形成过程、所承载的信息及其使用与影响的诸相关要素集合。”具体一本《菜谱》，以及广义的“菜谱”——《菜谱》集群及其延伸、衍生，是一定时空特定族群食生产、食生活、食文化的记录与内存。《菜谱》是“菜谱文化”的载体，而“菜谱文化”则是“菜谱学”研究的基本依据。

二、中国菜谱的历史文化特征

概言之，中国菜谱有五点历史文化特征。

（1）与“菜单”或“食单”仅记名目的性质不同，中国历史上的菜谱因其认识与表述的文化修养要求，故其编撰者基本都是有相当学养的文化人，而非出自纯粹的厨工或庖人之手。

（2）中国历史上菜谱书的滥觞，应当与本草书药剂炮制、农书原料加工有启承关系。

（3）中国历史上的事厨者，无论其名目为“庖丁”“厨人”“食工”“食手”等何种称谓①，他们的群体特征都是识字不多，或基本手不握管的。他们基本都是凭经验和记忆实施操作的，他们的头脑里都有一本无形的“菜谱”和“食谱”。

（4）从《齐民要术》开始，直至20世纪中叶，中国历史上的几乎所有菜谱书均是单一的文字记录，而基本无图画说明。

（5）历史上的“菜谱”，两宋之前基本是权贵之家的郇厨私录或兴趣文化人笔记，其读者亦多为小康阶层以上城市居民，而非职业餐饮人。20世纪以降，则读者群始兼为小康以上市民及职业餐饮人。

三、中国菜谱文化的近现代特征

笔者将大陆中国菜谱文化的“近现代”时段界定在20世纪20年代初至70年代末的60年

① 赵荣光．中国历史上的厨师称谓//赵荣光．中国饮食史论[M]．哈尔滨：黑龙江科学技术出版社，1990：136—143.

间，这一时期的菜谱又大致可以看到两个阶段性特点：第一，民国时期的菜谱。从满清帝国灭亡到中华人民共和国建立之前的三十七八年时间是中国社会被饥饿、动乱严重困扰的时期，但菜谱仍有特定的社会需求。简胪其目，略有：卢寿籛《烹饪一斑》（1917）、李公耳《家庭食谱》（1917）、王言纶《家庭实习宝鉴》（1918）、梁桂琴《治家全书》（1919）、李公耳《西餐烹饪秘诀》（1922）、时希圣《家庭食谱续编》（1923）、时希圣撰《素食谱》（1925）、薛宝辰《素食说略》（1925年左右）、辽东饭庄《北平菜谱》（1931）、陶小桃《陶母烹饪法》（1936）、张恩廷《饮食与健康》（1936）、费子珍《费氏食养三种》（1938）、龚兰真、周旋《实用饮食学》（1939）、任邦哲等《新食谱》（1941）、单英民《吃饭问题》（1944）等。介绍饮食科学、宣传饮食文明是这一时期的菜谱的历史特征。但是，它显然不具有广泛的社会意义。第二，1949年至1966年间，中国大陆出版菜谱很少。据笔者初步统计，大概数仅十余种，印行量亦极少，如20世纪50年代上海的“大众菜谱”。当时的菜谱，自然尚无生活菜谱书和专业菜谱书的区别概念，事实上它们基本上是“饭馆子里的”大宗菜品烹饪要点记录，而且基本上是以政府主管部门或企业（同样是行政管理体制）的名义编制的。

四、烹饪文化热——“改革开放”以来的菜谱

伴随着20世纪70年代末“改革开放”政策，“烹饪文化热”接踵社会餐饮业的勃兴式持续发展而迅速兴起，中国菜谱文化出现了前所未有的形态与规模。对于40余年来的中国菜谱的时代文化特征，笔者认为用“烹饪文化热菜谱”来概括比较准确，至少很形象。某种类型菜谱的营销，能够鲜明地反映该社会的文化、经济，一定程度上是该社会特定时代社会生活诸多信息的生动反映。这40余年间菜谱生动反映了中国餐饮业行情、餐饮人群情、餐饮文化国情的鲜明时代特征。40余年间中国出版的各类菜谱种类之多、数量之大可谓山积，从这种意义上说，40余年超越了历史上的4000年。概括起来至少有以下五大特点。

1.“改革开放”初期餐饮业菜谱整理与文化总结①

“改革开放”初期的菜谱，具有明显的文录属性。传统烹饪技术受到重视，优秀烹饪技

① 赵荣光：《大众餐桌：中国饮食文化的时代主题与中国餐饮业全新经营理念》，第一届徽商论坛（2005年5月）餐饮文化论坛主题演讲稿。

艺保有人受到重视，中国烹饪文化研究与社会性关注，明显的特征是对历史的钟情，业界显现出将传统烹饪神圣、神秘、神奇化的“三神”思维。陆文夫的《美食家》可以视为这一时代文化特征的敏锐生动反映。《美食家》是陆文夫（1928—2005）的巅峰之作，1983年发表于《收获》，“美食家”这个称谓也由此风行。《美食家》被收入各种文集，并翻译成英、法、日等语言，畅销海内外。那是一个餐桌、厨房、厨师被从数千年的漠视中突然解放出来的时期，“中国烹饪热”“特级厨师热”在中国大陆同步兴起。记录食肆业流行的传统膳品，笔录名厨口述，总结业界经验，整理勤行故事，搜寻食客轶趣，成了“改革开放”最初一段时间的中国大陆“烹饪文化”或“餐饮文化”热点。这一时期的菜谱，对当时餐饮业界正在经营的肴馔名目和仍保留的传统膳品品种的记录整理之功显著而重大。它们更能有力地反映其时的餐饮文化、烹饪文化遗存、时代消费观念与水平，这一时段大约经历10年左右。

2.“大众菜谱”向“美食图书”转化

进入“改革开放”的第二个十年，中国菜谱一改昔日“大众”面孔和朴实格调，燕、鲍、翅纷纷登场，山珍海错竞相媲美。“菜谱”开始向“美食图书”变相，昔日“大众菜谱”的价值基本是使用，“美食图书”则是集实用、阅读、观赏、收藏于一体的，“可以上架”的藏书了。

3.“文化菜谱”流行

进入21世纪的大约10年间，菜谱文化的生态走向特征是内容完善与文化意蕴的追求。它反映的是厨师文化水平、职业理念、审美情趣、价值观念与年龄结构变化的新趋势、新特征。传统的“大众菜谱”已经不适应读者大众的口味了。因此，笔者借用《新概念英语》（*New Conception English*）来标示这一新趋势与新诉求，《新概念中华名菜谱》的编撰代表了这一趋势，体现了菜谱编写的全新理念，分别胪述了“成名原因”“花样变化”“技术要领”“营养保健”等格式内容。该套菜谱的编撰者，都是具有多年实务体验和教学经验且术业有成的烹饪学专家[①]。

---

① 赵荣光．新概念中华名菜谱[M]．北京：中国轻工业出版社，1999：1—2.

4.“大师菜谱”

“大师菜谱”是名厨立传的需求，事业成就标志的追求或厨师声誉的渴望促使精美菜谱的编撰与出版得到了名厨群体的积极支持与支撑。大师个人菜谱的竞相出版，无疑拥有了编著者和出版者两方面的积极性，菜谱的个性化和技术风格愈趋发展。

5. 厨师编菜谱

当代中国的厨师，就基本群体来说，已经是文化型或曰转文化型了，中国厨师用40年走完了行业前人4000年的路程。

中国菜谱文化的未来走向，总离不开特殊的国情因素，经济、政治、文化三元基本要素是最终的杠杆。但菜谱文化的生态，根本上说来还在于其为社会不同类型与层次族群的需求，在于其服务社会的功能性发挥。

我们将“菜谱学”理解为：“以古今菜谱数据作为基本信息对特定社会的食物加工、食品制作、食事等相关视域以及菜谱著述及其文化承载体制作技艺、经营、使用等进行研究的学术领域。”它凝集了中国菜谱文化的历史发展，反映了当代中国餐饮人的认知与追求，是时代饮食文化的集中反应，也是食学研究的历史性成果（图9–8）。

概括起来，中国菜谱学有十项功能性特征：

（1）“菜谱数据”，广及历史文献中的相关记录，现时代的摄影与声像数据等。

（2）“特定社会”，明确地域、具体时限、特定文化系统与结构中的民族、族群、阶层、类型。

（3）“食物加工”，包括加工对象的各种类别、质地、形态的食料，各种加工技法与阶段结果。

（4）“食品制作”，包括手工操作、经验把握的传统食品和工业化生产的食品两大类。传统食品又分为“中馈”——家庭饮食与“外食”——饭店食肆经营的品类。工业化生产的食品，如模具月饼的生产线流程、机制快餐等。

（5）“食事”，包括一切与“菜谱”相关的文化，参与者行为、事象、习俗、心理、礼仪、规范等。如各种宴会的“食单”设计，《菜谱》审读，菜品选择，膳品食用知识等。

（6）“‘菜谱’著述”，“菜谱”编写的原则、技艺、风格、规范、评价标准等。所谓原则，应当包含科学性、准确性、实用性、适用性、可读性、趣味性等。

（7）“文化承载体”，包括纸张、盘片、声像带等。

图9-8　反映新阶段特征的菜谱代表

（8）“制作技艺”，包括摄影、录像技艺，制作材质选择，承载体设计艺术，等等。

（9）“经营”，指“菜谱”营销理论方法、谋略技巧。

（10）“使用”，即“菜谱”的选择、识读、利用、批评、鉴赏、珍藏等。

以上，均是菜谱学作为一个学科可以涵盖和应当研究的具体内容。可以说，“菜谱学”早已经是中华饮食文化与食学研究的一个进行时态。

第十章

近代以来的中华食学

第一节
清末民初的食学革命

古往今来，人类饮食生活史上各地域或各种不同文化间的交流，都是相互补益的。尽管这种相互间补益性质的交流会因政治、文化等各种因素影响特定的历史形态，但经济实力、科技高度、文明程度则是最终的决定因素。历史上食材物种、食物品种、工艺与工具、食学理论等流布演进的无数事例证明了这一基本规律。19世纪以来约近200年时间，从腐败的清政府到内忧外患不息的中华民国，“饿乡”阴影笼罩，中国庶民大众维生艰难，中国社会的食生产、食生活更多的是接受西风东渐的强势影响。这包括近代医疗卫生学、食品营养学、增产化肥、杀虫农药、高产物种与品种的源源不断舶来涌进。于是，在官方正统文化、社会主流文化、民众主体文化均处于劣势的世界力量对比的大趋势下，最早接受西方近代文化浸淫的中国社会知识群体，开始以革陋习、救民族、新文化为使命，清末民初的食学革命发生了。

一、借鉴反思

中国社会的开始审视聚餐合食人手一筷一戳到底进食方式，终于认定其不卫生、不文明，并决定予以改革，无疑是一个痛苦反省、艰难割舍的认识过程。是西方近代文化强力影响态势下的西餐进食法比照，让晚清时代的智识者反省：“欧美各国及日本之会食也，不论常餐盛宴，一切食品，人各一器。我国则大众杂坐，置食品于案之中央，争以箸就而攫之，夹涎入馔，不洁已甚。惟广州之盛筵，间有客各肴馔一器者，俗呼之曰‘每人每’，……”[①]于是引发改革试验：“无锡朱胡彬夏女士以尝游学于美，习西餐，知我国宴会之肴馔过多，有妨卫生，且不清洁而靡金钱也，乃自出心裁，别创一例，以与戚友会食，视便餐为丰，而较之普通宴会则俭。……食器宜整齐雅洁，案上有布覆之。每座前，杯一，箸二，碟三

① （清末民初）徐珂．清稗类钞·饮食类·每人每：第十三册[M]．北京：中华书局，1984：6268—6269.

（一置匙，一置酱油，一置醋），匙三（一置碟中），巾一（食时铺于身，以防秽且拭口），凡各器，食时宜易四次。”[①]仿效西餐进食礼仪，不仅实行双筷制，而且整个宴程中还更换四次。这当然不是特例，一些最初沐浴西风的东南沿海都会多有实行双筷的事例，并且颇有开风导俗的影响，因此被人传说：“前清时候，南京暨南用过这法子”[②]。

二、革新实践

旅华的外国人也鲜明地注意并记录了这种社会新风，美国人葛烈腾（Edward H. Clayton, 1889—1946）1912年抵达中国，长期生活在浙江，在他1944年出版的个人回忆录中说：“十年前，中国人开始了一场运动——为每个人提供两双筷子，一双用来从公共的碗里夹菜，另一双用来自己吃饭。在杭州，这种清洁卫生的筷子被称为‘卫生筷’。”[③]

第二节 重新解读“烹饪”与“饮食”

等级制的中国历史上，教育——至少是文字、典章制度的教育，最初是权力阶层垄断的。孔子诸多创造性的伟大贡献之一就是首开平民教育：“自行束脩以上，吾未尝无诲焉。”[④]但孔子还只能是开风气、创先例，仅仅是教育开始下行，既远不是平民群体的知识普及，也绝非庶民大众自我意识的提升。历史上的知识——至少文本知识的授受——基本都是社会统治者的认识、观点、意识，社会主导地位的意识形态是既得利益集团的，被剥夺者大众事实上没有属于自己族群利益的舆论空间。因此，直到近代以前，中华食学基本上没有超越本书第一章所概括的生理、物理、医理、心理、法理、伦理、道理、学理传统思维“八

① （清末民初）徐珂. 清稗类钞·饮食类·改良宴会之食品：第十三册[M]. 北京：中华书局，1984：6295—6296.
② 矢二. 改革中式餐的我见[N]. 申报，1920. 6. 28.
③ [美]葛烈腾，著. 人间世[M]. 蕙兰，译. 杭州：浙江古籍出版社，2020：46.
④ 论语注疏·述而第七：卷第七//（清）阮元. 十三经注疏[M]. 北京：中华书局，1980：2482.

理”的理念界面，“八理”是历史上知识群体的认知和社会的主导意识，而自孔子以后2500年几乎无重大理论突破，历代学人的食学思考基本没有突破“肉食者”群的“食享”与“藿食者”群“食安”（果腹即安）的层面。袁枚曾做了传统食学建构的努力，并且有了突破性的尝试，但最终徘徊在悦目、福口、赏心的举箸之际而未能更多进步。我们理解的近代以来的中华食学，在时限上是始于19世纪以降西风东渐大势下一些大智者的食学见识。他们觉悟于世界新知识体系的理论、方法，开始冷静甚至几乎冷酷地审视中华民族全部遗存的既有文化，其中包括食学领域的思考。

一、“烹饪”文化新解读

传统价值观下，“烹饪”属于“万般皆下品”的行列，果腹谋生既是基本需求就自然被视为低能，而且“福口”追求在主流伦理价值观上是被否定、贬斥的。在袁枚之后，从社会与人性角度继续深化审视、外延解读“烹饪”，是20世纪初一些大智者的食学见识思维特征。孙中山（1866—1925）先生在中华文化对比西方明显劣势的知识界近乎一片民族虚无主义的情态下，最早给了中华烹饪文化以崇高的评价。他在《建国方略》（图10-1）等文献中指出：“是烹调之术，本于文明而生，非深孕乎文明之种族，则辨味不精；辨味不精，则烹

建國方略之一　心理建設

孫文學說　行易知難

第一章　以飲食為證

图10-1　孙中山《建国方略》

调之术不妙。中国烹调之妙，亦足表文明进化之深也。”[①]孙先生无疑有中西文化比较的视野和近代医学的审视，他认为，作为饮食文化重要组成部分的烹调技艺的发展与整个饮食文化水平的提高，同整个民族的经济、文化的发展紧密相连，并且是社会进化的结果与文明程度的重要标志。孙中山是作为革命家的政治谋略思考在《建国方略》中留下了上述一段话的。他在号召国人文化自信，表达的是“中国不是什么都不行，我们的烹饪文化就很可以”。当然，这种语境下他不会说：一个民族的烹饪文化无论如何发达，既不意味全体国民都是美食享受者和鉴赏家，也与民富国强、社会进步关系不大。

孙中山先生之后，诸如蔡元培（1868—1940）、林语堂（1895—1976）（图10-2）等文化哲人，也都不乏此类论点。他们一致认为，“烹饪是属于文化范畴，饮食是一种文明，可以说‘饮食文化’……烹饪既是一门学科，又是一门艺术……要看一个时代、一个民族的生活文明，从饮食去观察，多少总可以看出一些的”[②]；“总括起来烹调这一门应属于文化范畴，我们这个国家历史文化传统悠久，烹调是劳动人民和专家辛勤地总结了多方面经验积累起来的一门艺术。”[③]林语堂先生特别强调了中国学者“写着讨论食物的文章”——这一可贵的历史传统。并指出，“仅只在这种精神中食物在我们中间生长成一种高超的艺术。”“中国人欣赏着食物或女性一样的专注，一般是妇女和生活。”“中国食单使外国人觉得惊异的是种类和数量。我们吃着整个宇宙。我们是人口过多而女性对我们太普遍。不吃些优美的东西，我们是太乏味了。”“假使我们的牙齿存在着一天，我们永是唯一善食的动物。”“你不愿谈到你的食物，你便不能发挥你民族的烹调艺术。学习怎样吃的第一条件是怎样去谈。只有在某一种社会中那里的人民以访问厨司的健康来代替天气的谈论才有了烹调艺术的发展。”[④]

图10-2　林语堂（1895—1976）

值得注意的是，林语堂先生的这些话是于20世纪30—40年代用英文发表在美国，是说给英语世界读者的。应当说，这位富于幽默的文学巨匠关于中华饮食文化的理解和议论要比他的同时代人来得都全面和深刻。可以说，林先生是有着明确的食学意识来审视饮

① 孙文：建国方略[M]. 10版. 上海：民智书局，1925：3.

② 汪德耀. 回忆蔡元培先生关于我国烹饪的评价//学人谈吃[M]. 北京：中国商业出版社，1991：360—366.

③ 鲁耕. 烹饪属于文化范畴[J]. 中国烹饪，1980（2）：5.

④ 林语堂，著. 中国文化精神[M]. 朱澄之，译. 上海：国风书店，1941：8.

食文化的，他着眼于民族性和比较欧美饮食文化的特点来发挥议论，因而代表了中华食学思考20世纪前半叶的前沿水准[①]。

这期间，当然也有极富鼓动性的观点：中国烹饪"应列入文艺学中，成为一个门类。"[②]钱学森（1911—2009）（图10-3）先生是当代中国很有地位和影响的科学家，1987年他以领导身份在文艺部门的一次讲话中发表了"属于文艺的有十个方面"：小说杂文、诗词歌赋、建筑、园林、美术、音乐、技术美术、服饰、书法、综合艺术。随之他说"现在，再加一个烹饪"，因此，这位科学家的"文艺"类别就成了11类[③]。

图10-3　钱学森（1911—2009）

二、"饮食"的"文化"认定

将人们的日常食事生活行为现象，进而将人类的食事事象视为"文化"，并进一步将其设定在"文化"的学术视阈予以研究，今天已经是大众传媒领域的常识了。但是，在20世纪80年代初，这还是个问题，甚至在学术界也是不确定性看法。1985年，笔者在上海吴德铎（1925—1992）先生寓所请教其对上海自然博物馆藏青铜蒸馏器的看法，其间涉及了"烹饪文化"题目，吴德铎先生当即表示："烹饪不宜称'文化'，只是技术；就像制鞋，怎么舒服、耐用，都是技术问题，不能说制鞋也是'文化'。"闻是说，笔者有些惊诧且窘，因为笔者是持人群行为、社会事象"宽泛文化论"者。其时，正是国门初开，洪水滋漫久涸沙漠的"文化热"狂躁的时代语境，科技史专家吴先生的谨慎与警惕可以理解，而其溢于言表的对餐饮业界痴迷状态"烹饪弘扬"的不以为然，亦是不言而喻。

学者的关注，是一定社会"饮食"文化意蕴发掘与学术思维界面提升的主要推手，梁启

① 赵荣光．中国饮食文化研究概论//赵荣光．中国饮食史论[M]．哈尔滨：黑龙江科学技术出版社，1990：1—11.

② 秦耕．真知灼见——钱学森同志提出烹饪为文艺学的十大部门之一//钱学森．美学、社会主义文艺学和社会主义文化建设[J]．中国烹饪，1987（2）：5—6.

③ 钱学森．烹饪也属于文艺范畴——在〈文艺研究〉编辑部的讲话"社会主义精神文明建设与文艺工作"（摘要）[J]．中国烹饪，1987（5）：3.

超（1873—1929）先生的《中国文化史目录》一书中列有28个几乎囊括中国民族生活全部内容的“篇”，其中便有一个独立的“饮食篇”，遗憾的是书未能完成。于是，“饮食文化”作为食学科建构的术语在中国大陆的出现又延迟了半个世纪时间，迟至20世纪80年代初才有了接续，最初是研究者对学科属性、研究领域界定的运用。笔者在高校课堂上，继而在文著中使用这一概念时，听众还都无一例外地感到新奇。笔者理解，饮食文化是一个涉及自然科学、社会科学及哲学的普泛的概念，是个介于“文化”的狭义和广义二者之间而又融通二者的文化范畴：“指食物原料开发利用、食品制作和饮食消费过程中的技术、科学、艺术，以及以饮食为基础的习俗、传统、思想和哲学，即由人们食生产和食生活的方式、过程、功能等结构组合而成的全部食事的总和。”“饮食文化”的意义，在表述上，往往又简略为“食文化”，“食”用为食物与食事的泛指——自然也包括“饮”在其中了。

人类的食事活动包括这样一些内容：

食生产：食物原料开发（发掘、研制、培育）、生产（种植、养殖）；食品加工制作（家庭厨房、外食社会供应、工厂生产）；食料与食品保鲜、贮运；饮食器具制作与使用；社会食生产管理与组织；以及一切有关食料与食物提供的社会性活动。

食生活：食料、食品获取（如购买食料、食品）；食料、食品流通；食品制作（如家庭饮食烹调）；食物消费（进食）；饮食社会活动与食事礼仪；社会食生活管理与组织；以及一切有关食物消费的社会性活动。

食思想：人们的食认识、知识、观念、理论等。

食生产与食生活两者的综合，就是广义的饮食文化或简称“食文化”。而广义的饮食文化既然很包容庞杂，那就可以在其中界定更具体的视阈。例如，食事象：人类食事或与之相关各种行为、现象等；食惯制：食生产、食生活的习惯、风俗、传统等。

人类社会全部食事活动，现在人们习惯称之为“饮食文化”或“食文化”，而在20世纪80年代初却曾经是很弱势的“一家之说”的观点。因为当时追逐餐饮业勃兴发展而起的“烹饪文化热”中，“烹饪”拥有了强势的话语权，不仅仅烹饪与烹饪文化的热衷者没有“饮食”的意识，绝口不谈“饮食文化”，他们对“烹饪”的理解扩衍到囊括一切食事，因而不认为有提“饮食”的必要，甚至受过严格学术训练且覃学有素的学者也接受这样的流行观念。在论及“烹饪”与“饮食”的关系时，一种有影响的观点认为：“凡动物皆有饮食活动，唯人类有烹饪活动。……烹饪史和饮食史很难区分。”[①]我们的主要任务是明确研究对象及其范

① 陈耀崑．关于烹饪、烹饪史的几点思考[J]．中国烹饪，1988（4）：4—6.

畴，科学界定“饮食”“烹饪”术语的内涵，各自学科的范畴，以及二者之间的关系①，等等。

由于理论与方法论的科学，大约历经十年时间，“饮食文化”的学者“一家之言”就取代了“烹饪”思维与表述的一统天下，彻底反转取得了主流话语权。1991年由北京市政府支持，在北京人民大会堂隆重举行的“首届中国饮食文化国际研讨会”及《首届中国饮食文化国际研讨会论文集》的出版，可作为历史阶段性标志。1991年北京举行的题标“饮食文化”会议，至少具有三重不可忽视的象征性意义，首先，它标志着“中国烹饪国粹”业界意识与社会心态弥漫“烹饪热”情态下“饮食文化”话语权的确立；其次，它表明了“饮食文化”在国际环境中比被中国人自己极度“弘扬”了的“中国烹饪”具有更强大的亲和力；再次，它无疑是受到了1989年在台北成功举行的“中国饮食文化学术研讨会”的启发。正因为如此，尽管1991年北京的那次“首届中国饮食文化国际研讨会”的学术性功能未能充分发挥，但其象征性意义至今仍被人们不时提起。

第三节
“烹饪”餐饮文化热

一、餐饮业的“烹饪”理解

在西风再次强凌中华大地、所向披靡地冲击人们梦幻般的自尊，“烹饪”便成了尚存国粹社会根基心理的最后依凭，肚皮的渴望，嘴巴的希求，心理的慰藉，在越来越多介入者联袂不断给力的推助下，餐饮市场的“中国烹饪热”与社会的“中国烹饪文化热”山崩海啸般爆发并迅速不断刷新极限，弘扬和陶醉“中国烹饪世界第一”成了20世纪80年代初以下至少十余年的爽心快语。对中国烹饪神圣、神奇、神秘“三神特征”的热情弘扬，具有重要影响力的是“烹饪专家”“烹饪教授”们的“弘扬式”研究，诸如：“庖丁解牛”“运斤成风”成了三千年前“中国烹饪刀工”出神入化的证明；解牛的庖丁是与商王武丁一样“名字为

① 赵荣光．也谈有关“中国烹饪史”问题的几点想法//赵荣光．中国饮食史论[M]．哈尔滨：黑龙江科学技术出版社，1990：63—71.

‘丁’”的名厨；“烹饪与营养学的基本理论早在《神农本草经》《黄帝内经》中就已经解决了”；“西餐讲营养，中国菜讲味，中国烹饪世界第一”；“中国烹饪是技术、是文化、是艺术”，而且是最高的技术、文化和艺术；中国厨师因而也就理所当然是技术、文化和艺术的化身；“大学烹饪系应当开设在艺术学院”；国家应当成立直属于国务院的“烹饪艺术部”；“西方是男女文化，中国是饮食文化”，中国文化就是“烹饪文化”或“饮食文化”；等等。当“弘扬派”在热情讴歌“中国烹饪是艺术”时，他们心里基本是认为世界上的各种烹饪只有“中国烹饪”才是伟大而独特的艺术，他们只满足于这一观点，不再进一步思考一个基本事实：任何一种“手工操作、经验把握”的烹饪的艺术属性，本质上都是“应用工艺技术”。

这些今天听来近乎匪夷所思的种种说法，都是20世纪80年代烹饪专业课堂上让学员们听了很受用的教学内容，是烹饪文章撰写人倾向性的观点。在烹饪拜物心理驱使下，导致了20世纪末期诸如“红楼宴”“三国宴”“水浒宴”“西游宴”“封神宴”“战国宴”“金瓶梅宴”的一阵阵热热闹闹的“发掘”“研究”的同时，则是“三神”思维对历史文献的一厢情愿解读。诸如：西汉桓宽《盐铁论》中记载的“韭卵”就是今天的“鸡蛋炒韭菜”；袁枚的身份变成了“美食家兼诗人”；将袁枚《厨者王小余传》中的叙述不假分析地理解为信实，且将王小余“倚灶”和“雀立”两个词分别理解为“靠墙站立”和“单腿站立”；等等，学术研究的严肃性、科学性因此大打折扣。

笔者是一个历史意识、情感很重的人，读历史书和以历史观认识、理解昨天的历史与明天的“历史”是笔者的思考习惯。因而，当不明何路的各路专家们煞有介事地发表“研究烹饪史”的文章与著作时，笔者深为忧虑。尽管如此，笔者也一直认为：“弘扬”性的研究，成为20世纪末二十年间“烹饪热”的重要文化特征，既有明显的行业属性，亦是中华食学研究的历史局限性。而禁区打破，历史颠倒，丑小鸭一夜之间变成白天鹅，“吃”的人性本能受到基本尊重，“吃”的技术受到尊重，“吃”的文化属性与艺术意蕴被重视和研究，而且是被全社会认同，这不仅在中国历史上是空前的，而且其力度与影响也是举世无匹的。

二、商业的“烹饪文化热”

曾经的中国“烹饪文化热”，与餐饮企业及其各级管理部门有明显的利益驱动关系，也就是说，中国“烹饪文化热”有明显的商业性。其间，餐饮人的个人利益、餐饮企业的利益、各级管理部门的利益，都在三者联袂推助的“烹饪文化热”中得到各自的目标兑现。

中韩两国正式建交前，笔者作为韩国邀请的第一位中国食学者在梨花女子大学为大韩民国食生活文化学会会员作题为“我的食学研究”报告。问答环节，有学者提问：“赵先生，听说中国有‘特级厨师等于副教授’的政策，是这样吗？先生对此有何看法？”千余座位无虚席，且站立者满两侧甬道的梨花女子大学学术大厅顷刻静得异乎寻常。我意识到两千只眼睛都在注视我，两千只耳朵都在听我，我一时很窘——已经风传到国际学界的“中国烹饪的国情态”让我很窘，似乎有一种“可是他什么衣服也没穿呀！”的声音在迴荡，而且越来越响……似乎我做了一件最对不起民众的事，等待汹涌而来的人山人海的围观者人手一刀地凌迟……我必须在转瞬之间完美无瑕地应对，因为这关系到“民族尊严”，而我无疑有责任担当！“在中国国内我确实听到过这样的议论，但据我有限的资讯所知，这似乎仅仅是餐饮业管理部门商业部的拟行意见，但国家劳动部并不认同，理由是它打乱了全国技工等级制度与管理的法定常规，因此也没有广泛的社会认同。至于我本人，我不认为这是理性的，也没有注意到它的科学性所在。‘厨师’‘教师’，或‘技师’‘巫师’‘法师’等，都是对某种职业技能者的区别性称谓，它们各有专业所属，未必相通或相等。厨师与教授之间似乎很难准确类比，至于‘特级厨师等于副教授’的说法，本身就不够准确。从前，中国的厨师等级如同其他行业的技术工种，仅有初级、中级、高级三个档次。现在餐饮业出来了特殊等级——‘特级厨师’，而特级厨师又有三级、二级、一级三个档次，具体标准依据以及三级之间的区别是什么，都很难说。‘特级厨师等于副教授’，那么，是特几级厨师等于副教授？特三级，还是特二级、特一级？为什么是‘副教授’而不是教授？副教授、教授之间应当是有区别的，如果特三级厨师等于副教授，那么特一级是否就等于教授？”我不清楚提问者是否有轻蔑羞辱之意，或者他很羡慕中国，也希望他所在的大韩民国厨师们都援例成为“副教授”？当然，这只是我的怀疑，因为礼堂里的所有聆听者，即来自全国各地的大韩民国食生活文化学会的会员都是博士学位的高级职称专家学者，许多都有吃美国热狗、欧洲汉堡的留学经历。

尔后笔者曾三十余次应邀访学韩国，在许多大学里做过演讲和交流，对韩国的相关研究信息有了更多的了解，知道20世纪以后的韩国大学里有了烹饪专业，也有了研究烹饪方向的教授，但没有从业烹饪的教授，日本的情况也是如此。“烹饪教授”基本是“中国国情”，中国厨师的荣誉地位可以说是全世界同行中最高的，在“特级厨师”之后，又风起云涌地出现了一批批各种渠道与路径的“烹饪大师”，又有“国宝级烹饪大师”“注册烹饪大师”等各种名目①。

---

① 赵荣光.“饮食文化大师”的定义、职责与社会期待//餐桌的记忆：赵荣光食学论文集[M]. 昆明：云南人民出版社，2011：32—48.

伴随其间的，是“烹饪教授”的出现。中华人民共和国原商业部、内贸部在20世纪80年末至90年代末的十年间曾几度举行“烹饪教授”职称评定，以“专业特殊”“事业需要”等理由，为全国仅有的几所设有“烹饪系”的高等教育单位的教师解决“晋职”难题。因为按照常规，高校教员晋职一般要有履职时限等具体限定，并要通过外语考试、文章质量（学术期刊等级）与数量衡量、专著水准（创见与影响）评估等，而当时的烹饪系员工多数没有基本学历，或者不懂外语，至于文章——如果有的话，也基本是发表在普及读物上经验体会类的文字。于是，“烹饪系列的教授”严格说不是“评出来的”，而是“推出来的”，因为外语免试、文章不论期刊等级，因此社会疵议很深。因为仅仅推行过几次，中国的“烹饪”副教授、教授大约总数不足二十人。笔者曾为此致函过内贸部主事者明言异议：“‘烹饪’不宜滥授‘教授’之名，只宜考核技师；可以教授烹饪，烹饪不宜教授，‘烹饪学’可以评教授——如果真正达到了必备的基本要求的话。名器不宜授之太滥。”有某“烹饪”副教授撰文感慨历史上厨师可以总理国政，没有明言的是为时下厨师没能出任各级政要而心怀不平。

至于对“满汉全席”的狂热痴迷，就不仅仅是餐饮业界内，不仅仅是厨师和酒楼饭店经营者的兴趣，许多文化人、学者都热烈置喙，各种传媒都有介入推助。中国大陆与香港等地持续二十余年的“满汉全席热”至今余波未息，波及了日、韩、新加坡等国的业界。“满汉全席”成了中国烹饪的指代，甚至被解读为“中国文化符号”①。

更有甚者，湖南长沙曾有饭店以“崇尚自然，推崇母爱”的名义，隆重地推出“人乳宴”，采用的是“哺乳期妇女的乳汁”，“乳源”——提供乳汁的女人被美其名曰“营养师”，她们年纪最小的23岁，最大的30岁，都来自益阳市安化县水淹镇沙湾村。店方介绍，挑选的“营养师”都是居住在方圆八九公里没有工业污染的偏远山区，“营养师”需经过严格的卫生体检，如乙肝、艾滋病检测等，以确保提供的乳汁健康、无污染。26岁的“营养师”李某说，她把刚断奶的小孩放在老家由父母带，每天她们用吸奶器挤奶，每人每天挤奶量从三四两到七八两不等。据店老板介绍，他们花了三个月时间开发“人乳鲍鱼”“奶汤鲈鱼”“人乳河蚌”“人乳鱼头火锅”“人乳肚花”“乳香藕片”等60多个菜品。据知情人说，该店年内还准备在深圳推出标价高达28万元的“极品人乳全宴”②。2013年7月2日媒体的“深圳牌奶妈”报道，中介将哺乳服务推向成人群体，“一时间‘雇个奶妈回家，每天饮用新鲜人奶’，甚至成为很多人的幻景。”该报道称，“成人奶妈”业务甚至将会成为主流型业务，其月薪在1.6万元左右，面容姣好的奶妈价格更高，“交钱即可嘴对乳房直接吸奶。”“顾客清一色是成

① 赵荣光．满汉全席源流考述[M]．北京：昆仑出版社，2003：489—518．

② 陈飞卿，永锋．长沙推出全国首桌“人乳宴”邀请记者品尝[N]．华商报，2003-1-26．

年男性，需缴交入会费，每次喝奶要支付600至2000元给奶妈，还要交高达1万元的中介担保费，但可以以嘴对乳房直接饮奶，部分还涉及性交易。”[①]“人体盛”也曾很有市场，除了美女之外，还有俊男（同时也是“猛男”）。当然，“人乳宴”“人体盛”等经营基本都是“俱乐部”“会所”等比较私密的，所谓“高档”“高消费”的特殊群体。

问题是，这一切都是“烹饪研究”“烹饪创新开发”等心态驱动与利益追求的结果，都属于商业性“烹饪文化热”中的现象。

第四节 “饮食文化”成热学

凡人皆“口之欲五味”[②]，饮食活命的生理需求与美味享受的心理希冀，人生悠悠万事唯食重大，因而让人津津乐道。应当说，20世纪80年代中国社会井喷海啸般肆漫的“泛文化热”风潮中，受众和波及最广的，无过于饮食文化了。陆文夫的《美食家》（图10–4）一文

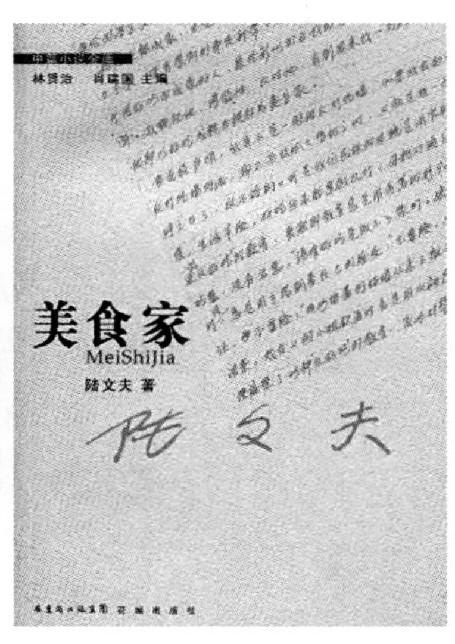

图10–4 陆文夫与《美食家》

① 雇奶妈回家 成人喝人奶[N]. 南方都市报，2013-7-3.

② 吕氏春秋·仲春纪第二·情欲：卷第二//国学整理社辑. 诸子集成. 六[M]. 北京：中华书局，1954：16.

的发表既是中国大陆饮食文化热的表征，亦是巨大助力，一时洛阳纸贵，风靡全国，阅读者众，竟成文坛奇迹。

其后是袁枚《随园食单》（图10-5）各种版本的不断涌现，是让·安泰尔姆·布里亚-萨瓦兰（1755—1826）的越来越为中国人所认知，是《厨房里的哲学家》（图10-6）的热销，是食学译作的不断引进，是汉文食学著述的潮流涌现。

图10-5 《随园食单》的部分海外译本及相关内容的海外出版物

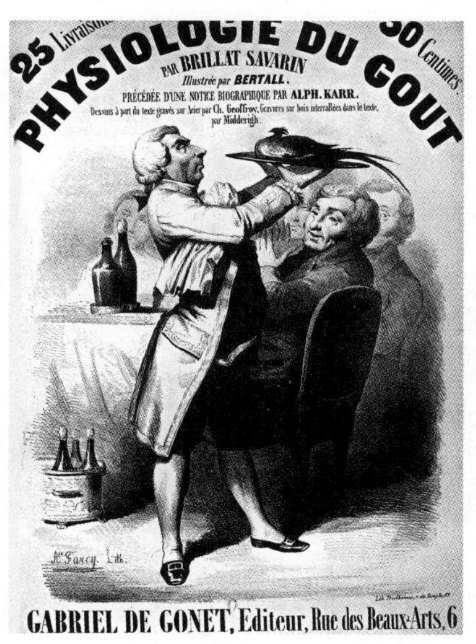

图10-6 让·安泰尔姆·布里亚-萨瓦兰和《厨房里的哲学家》

一、“饮食文化”思维

20世纪80年代以后中国大陆知识群的“饮食文化”思维，是“泛文化热”时潮中的领域之一。中华文化的独尊意识，至少自1840年以后就一路下滑，中经离析、崩溃、散落、漂失，外部的海啸山崩冲击未止，内部的狂风暴雨扫荡继之持续，至“改革开放”国门大开，中国封闭梦醒。满清帝国的篱笆墙是被列强的利炮轰毁的，是外力破禁，而中华人民共和国的大门则是主人主动打开的。与世界近代史以来“西风东渐”态势下的回避、选择、逐渐适应态度不同，四面来风的文化热席卷了中国社会。中国人知道自己太落后了，于是若谷虚怀、尽情拥抱，而“饮食文化”因其民族性、大众性以及其与意识形态的相对疏离，因而舒展空间比较自由广阔，因而关注议论者众多。但是，在学界的传统意识与习惯思维模式中，“饮食文化”也如同“烹饪文化”一样，人人可云，算不得严肃的正经学问，虽学界涉猎者日众，泛泛论说，立足维艰。而由于研究者视阈的大多局限“中国”和省视不足，相当长时间里，中国大陆学者的“饮食文化”思维与烹饪文化研究的“三神”心态相去不远。“文化热”中，人们热议泛谈中华文化，并且至今学者们仍在对“传统文化”争论不休。实则，“传统文化”与“文化传统”不宜轻率视同一物，前者更具官方主流意识的“正统”意味与色彩，而后者则侧重表述民族或历史文化代代相因的形态存在、大势流态。

每个民族的饮食文化都不是一个无差别的整体系统，“每个民族都有两部饮食史”①，中华民族饮食文化则有更多类型、层次与板块。下层社会，或曰庶民大众对社会饮食文化的关注，主要是自身日常生活的三餐无忧及其之后的心理愉悦，长久封闭束缚生存环境中认识局限的不自信和对太多不确定性的恐惧，使得许多下层民众往往易于耽溺神秘文化，并对世事多存侥幸心理。近几十年间各种神秘文化流行广有市场，大众饮食生活中亦然。数年前，北京一个叫张悟本的人成了网红，他的一本宣传食疗理念的小册子《把吃出来的病吃回去》卖得很俏，据说因其提倡“喝绿豆汤”而造成了绿豆市场价格的飙升。他强调：“最好的医生，是自己；最好的医院，是厨房；最好的药物，是饮食；最好的疗效，是坚持。”他的广为人知，得益于媒体的蓄意炒作，但他的“热起来”和人们对他的关心，本质上却是大众对饮食安全希求心理的必然结果，因为食品不安全问题会威胁到千家万户、亿万民众。因此，笔者将这出闹剧称之为“张悟本现象”。无知和希冀培养了大众轻信盲从的社会土壤，而有害食品的“病从口入”和医疗保健的期待落差，使得张悟本一类人应运而生，使得“张悟本现象”乘风飙起。

---

① 赵荣光. 关于中国饮食文化研究的几个问题[N]. 学术界，1994（5）：42—50.

从时下中国社会大众对食品安全与饮食文明的忧虑着眼，我们注意到的是：民族大众饮食文化知识的渴求，渴求过程中的悲哀，社会饮食文化研究的严重滞后大众需求，连带的就是饮食文化研究者的反省与羞愧。比较海外饮食文化研究，中国大陆学者的研究，在历史领域更多褒誉叙述，客观审视、深度思考不足；现实生活关照，总体上比较薄弱。从这种意义上来说，相当长一段时间里，中国大陆的饮食文化研究是落后于社会食生活与文化发展需求的；而且相较于烹饪文化研究对餐饮业的积极干预力度而言，饮食文化研究同样也显得薄弱得多。

二、"饮食文化"研究热

中国大陆的"饮食文化"研究热起来，基本是进入20世纪90年代以后。中华饮食文化近现代研究的兴起，并非在中国大陆，也并非是由华人为中坚力量率先搞起来的。严格地说，中华食文化研究在近现代的兴起，是由日本国学者率先开始并以该国学者为主力队伍的，如：青木正儿（1887—1964）的《华国风味》，林巳奈夫（1925—2006）的《汉代饮食》，筱田统（1899—1978）的《中国食物史の研究》《中国食物史》《中世食经考》《近世食经考》等，田中静一（1913—2003）的《满洲野菜读本》《满洲野菜贮藏加工读本》《满洲食用野生植物》《一衣带水——中国料理伝来史》《中国食物事典》等，石毛直道（1937—）的《好吃！放开胃口的中国漫游》以及《食事的文明论》《东亚食文化》《面类文化学探源》等中的有关内容，村井康彦（1930—）的《茶文化史》，熊仓功夫（1943—）的《茶の汤》《近代茶道史の研究》《茶の汤の历史——千利休ボ》中的相关内容，小泉武夫（1943—）的《中国怪食纪行》，吉田寅（1926—）的《元代制盐技术资料熬波图研究》等。除日本学者之外，对中国饮食文化研究作出了先导性贡献的，当以李盛雨（1928—1992）等为代表的韩国学者的工作。

上述著述，既不包括诸如《中国食经丛书》《中国的茶书》《中华茶书》《中国料理技术选集》《中国料理大全》等大量文献整理编译类书目，也未涉及两国学者不可胜数的食文化著述中有关中华食文化的部分。而由于日中文化的"一衣带水"和中国与朝鲜半岛的紧密毗连，中日长久交往的历史事实，日本学者食文化研究的许多著述，都有相当部分的中国食文化内容或相当的参考意义。总之，最迟自20世纪40年代以来的半个多世纪里，有大批日本学者从事中国食文化研究并提供了堪称丰硕的成果，而在1940—1970年这30余年里，则几乎是日本学者垄断着中国食文化研究的领地。

伴随日本、韩国学者的是海外华人学者和欧美汉学家的研究，这些研究共同构成了我们称之为“世界瞩目，先著一鞭”的中华食文化研究发展过程的第三个阶段[①]。日、韩以外的海外华人学者和欧美汉学家，张光直（1931—2001）、张起钧（1916—1986）、杨文骐（1922—1994）、安德森（E. N. Anderson，1941—）、唐鲁孙（1908—1985）等，应当是较具代表性的。综观数十年间海外学者的中国食文化研究，可谓成果丰厚。这些学者大都是文史专家、哲学家、文化学者等，有些甚至是著作等身、卓有建树的大学问家；他们在开拓食文化领域之前大都已经是博学多识、建树颇丰的学者，即由成名之学而后治食史或食文化。他们的研究的审慎求实精神是足堪称道的，由基本的资料入手，旁征博引、推勘论列、田野实验，实事求是地揭示事物本质特征和内在规律是这些研究者的共同方法论。比如，筱田统（日）、李盛雨（韩）等在完成大量的史籍编纂整理工作的基础上开展中国食文化研究；石毛直道（日）、张光直（美）、贾桂琳M. 纽曼（Jacqueline M. Newman）（美）、费朗索瓦丝·萨班（Francoise Sabban）（法）诸位的田野、文献与比较研究功夫等，就都是这样的楷模。张光直先生主编的*Food in Chinese Culture*是一部有特色、有影响的著作，其史料文物的精确诠释与理论方法对治食事史者具启发意义。《烹调原理》是一本烹调文化哲学思考的方法论著作，该书从哲学高度和文化学角度对中国传统的烹调技艺作了理论上的系统讨论，具有许多新鲜的见解和启发性内容。书中关于饮食—烹—烹调关系的论述，关于烹、调、配的讨论，以及对各地菜品文化的比较分析，都颇具特色。该书实现了作者写作的目的，即构建了中国烹调学的简单体系。萧瑜（1894—1976）《食学发凡》（台北1966）则最早提出了“食学”的理念。杨文骐的《中国饮食文化和食品工业发展简史》算得上是筚路蓝缕之作。唐鲁孙先生一系列以食史为素材的文化食事之作，以及刘华康《中国人吃的历史》等较早进入大陆，阅读者众。尹德寿的《中国饮食史》没有大陆版本，因而与闻者少。筱田统、李盛雨先生等一大批日、韩食文化与饮食史学者对汉文食事典籍的系统整理、出色利用，石毛直道（1937—）博士足迹遍世界的田野经历及实验室经验，贾桂琳M. 纽曼（1932—）博士卓有成效的中华菜谱学研究、费朗索瓦丝·萨班（1947—）博士极具影响力的中华饮食史研究，等等，可以视为20世纪90年代以前中华食文化与饮食史研究的最具代表性成果。

20世纪80年代以来，中华饮食文化研究开始了以中国人自己的研究为重心的历史阶段。自20世纪70年代末以来的40余年间，中国人的研究队伍日趋扩展壮大，研究领域逐渐拓展深入，研究成果累如山积，饮食文化已经为越来越多的人们所关注，说中华饮食文化研究已经成为时代“显学”与大众社会学并不为过。饮食文化是关于人类（或一个民族）在什么条件下吃、吃什么、怎么吃、吃了以后怎样等等的学问。因而它便由食物原料（生产、开发、

① 赵荣光. 中国饮食史论[M]. 哈尔滨：黑龙江科学技术出版社，1990：7—9.

选择、分类等)、加工技术和制作工艺、保藏、保鲜、饮食商业和服务、加工工具和饮食器具，以及有关习俗、制度、心理、思想等，构成了自己基本的学科范畴。对上述领域的具体和不断深入研究，则形成了诸如食物原料学、食品与烹饪工艺学、饮食营养与食疗保健学、食品风味与生物化学、饮食心理与食事行为、饮食民俗与民族、食生产生态与食生活系统、食事思想与理论、进食环境与餐饮场所设计、食事典籍与食事考古研究、食料食物流通与文化交流、饮食商业与消费服务、食育与食事制度，等诸多的学科方向或方面。以上诸项，均可从史的角度作分别和总体的研究，从而构成了饮食文化作为一门独立学科的体系，研究的重点为食事的形态、方式、过程、规律与社会、历史功能。如《中国饮食文化专题史》《中国饮食文化区域史》两大系列丛书的出版，就是这种研究的尝试与初步成果[①]。

第五节 食学思维

笔者的民族与社会食事研究，伊始就是饮食史、饮食文化、餐饮文化的对象明确、领域把控、范畴界定，研究题目与理论方法明确基于学科的视阈与路数，也就是“食学”思维。教学与研究紧密结合，田野与实验踵接影随，理论方法随时跟进，食学思维，所以积沙抽茧、渐成结构轮廓[②]。

笔者理解的食学，是基于民族食事的基本事实、真实过程再现思考、客观规律的理论建构，因此我们理解：食学是研究不同时期、各种文化背景人群食事事象、行为、思想及其规律的一门综合性学问。事实上，食学思维与研究，三千多年以来人类从来就没有间断过。古希腊的美食研究和《尚书》等先秦元典的食事理论探讨为较早的文字记录。“中国古代食圣”袁枚（1716—1798）、“法国美食学鼻祖”让·安泰尔姆·布里亚-萨瓦兰（Jean Anthelme Brillat-Savarin，1755—1826）就是200多年前的两位著名的食学家。他们两位的不朽著作《随园食单》（1792初版）、《厨房里的哲学家》（1825初版）代表了东方与西方18世纪的食学历

① 赵荣光. 中国饮食文化研究概论[M]. 北京：高等教育出版社，2003：1—18.

② 蒋梅. 食文化亟须拓宽大视野——饮食文化专家赵荣光访谈[N]. 中国食品报，2011-12-20.

史水准与时代特征。毫无疑问，只有秉持比较视野、大历史观的食学学科结构思维，才会有助于提高我们对本民族饮食文化认识与研究理论方法的科学性。

一、食生产与食学思维

1. 食学时代

以“手工操作、经验把握”为基本特征的“烹饪文化”的深厚原壤是小农经济；以“情趣娱乐、味觉享受”为特征的“饮食文化”的社会基础是市民社会；前者的主体群基本是“劳力者”，后者的主体群则主要是“劳心者”知识阶层。“食学”作为社会趋向性文化，也有其历史成因：食生产—食消费—食生活的深度社会性互动，没有发达到一定规模的城市就不可能有这种互动。互动的结果，就是食材不断延长半径空间供给关系的依赖、中心城市等级性消费的不断拓展，以及由此必然引发的人—社会—饮食间错综关系的学家思考。因此，“食学”的确立——非其萌芽，应当是中心城市与商品经济发展到一定阶段的产物，也就是说，是世界近代史的产物。15—18世纪，也就是中国历史上的明代（1368—1644）中叶至清代（1644—1911）中叶是中国饮食文化历史发展的鼎盛期[①]，这一时期应当视为中国传统食学确立的时代。19世纪以下，近代营养学知识的浸淫中国，人权、民权意识的觉悟，尤其是环球结构关系中的中国社会食生产、食生活的时代发展进步，使得知识界关注社会民生问题的角度、高度、深度都应运而生，中华食学思想与研究进入到了历史新时期。我们今天所做的，正是先驱者的接踵与努力超越。

2. 食学思维

20世纪中叶，杨步伟（1889—1981）的《中国食谱》是继袁枚《随园食单》之后，可以与之比肩的中国食书经典。袁著是中华历史食书之最，是中华传统食学的巅峰与终结；杨著则是近代中华食书的典范代表，是中华新食学的开拓，并且70年来无出其右者。她的《中国食谱》已经超越了一般菜谱的意义，也不是一本简单的烧菜指导手册。杨步伟出生于南京望

① 赵荣光．对中国饮食史阶段性问题的初步思考//赵荣光．中国饮食史论[M]．哈尔滨：黑龙江科学技术出版社，1990：56—62.

族，1912年（22岁）担任中国第一所“崇实女子中学”的校长。后到日本学医，1919年在东京帝国大学医科博士毕业。回国后，在北京与人合办了一所私立医院“森仁医院”。32岁与著名语言学家赵元任先生结为伉俪，传世多部著作[①]。杨步伟80岁生日时，友人献给了这位不平凡女性许多赞美文字，其中有一首诗写道：“远学瀛东卢扁术，接生起死岂唯千。著书能续随园谱，扶业尚承瓯北传。爽朗雄谈谁见老，氤氲和气悉怀贤。三来三识沧桑变，更显清游至万年。”[②]这首诗，概述了杨步伟八十人生的要点、成就、风格，可谓信实真诚。“著书能续随园谱”，是说她《中国食谱》的著作、成就及其影响是继袁枚《随园食单》之后的食学著作新巅峰，在中华菜谱学、中华食学与中华饮食文化传播历史上，该书都不容忽略。

《中国食谱》以*How to Cook and Eat in Chinese*名英文初版于美国[③]。美国饮食文化学者Janet Theophano认为食谱是一种集体记忆和自我认同，是一种文化的沟通与交流，它揭示了女性阅读与写作生活的深层世界。她认为：“《中国食谱》最大的意义在于，它一方面为美国人解释了中国的家庭烹饪，一方面又暗示了中国新移民在文化认同过程中的困难。作者写作的过程既充满了对昨日美味的美好追忆，也反映了一个动乱时代中饮食的变迁，也反映了饮食在不同文化中的处境。”[④]《中国食谱》表面上是教人如何经由烹调认识中国文化，以其特定的身份和社会影响力向美国人解释中国的家庭烹饪，实现了中餐文化在美国社会粗俗鄙陋的成见突围；《中国食谱》的文化自信以及作者电视演示讲解的征服性感染力，开始了中华饮食文化在美国以及英语世界、国际视野被重新认知的开始。诺贝尔文学奖获得者、中国学家赛珍珠（Pearl S. Buck，1892—1973）富有感情地说：“我想要提名作者获得诺贝尔和平奖，因为这本食谱对促进各国相互理解做出了贡献。”她说的当然有道理：“从前我们大体上知道中国人是世界上最古老最文明的民族之一，如今这本书证明了这点。只有高度文明的人们才会这样享用食物。”《中国食谱》向英语世界解释了：“正是吃着这些简单的中国菜，中国的男女们长期辛劳，展示了惊人的忍耐与力量；他们的食物培育了人格。”[⑤]《中国食谱》深受《随园食单》的影响，至少杨步伟心中是始终有一部《随园食单》存在的。《随园食单》所记膳品，品品有来路根据：出自何人（处）、选用何材、采用何法、成果何质，注重的是特定膳品的一个个明确的点；《中国食谱》在《随园食单》基础上更关注的是各个风格近似

---

① 赵荣光．中华食学两高峰：《中国食谱》《随园食单》——从袁枚到杨步伟[N]．南宁职业技术学院学报，2018（6）.

② 杨步伟：杂记赵家（*The Family of Chaos*）[M]．南宁：广西师范大学出版社2014年版，第331—332页。

③ Buwei Yang Chao, *How to Cook and Eat in Chinese*, John Day Company, N. K. 1945; Faber & FaberLtd. , London, 1956, 1968, Johndickens & Co.Ltd, Northampton, 1972.

④ [美] Janet Theophano，美国宾夕法尼亚大学通识教育学院副教授，研究美国社会的食物与食事，主要关注十九世纪以来美国女性的烹饪与家政史，对美国的食谱起源与发展做过专门研究，著有*EAT MY WORDS: Reading Women's Lives Through the Cookbooks They Wrote*（《食其言：透过女性写作的食谱看她们的生活》）。

⑤ 杨步伟．中国食谱[M]．北京：九州出版社，2016：22—23.

点的集群特征——地区或区域——“北方”“南方”“四川”“山东”“广东”“南京”“北京”等，后者是城市商业餐饮发达后的必然结果。

有趣的是，《随园食单》开篇就说“学问之道，先知而后行，饮食亦然。”而杨步伟与赵元任寄给亲友的结婚纪念照片上写的格言也是：“阳明格言：知是行之始，行是知之成。”也许作者夫妇的知近朋友著名学者胡适先生的评价更允当而富深意：《中国食谱》是“一本关于中国烹饪艺术的非常好的书，其中作料和烹饪的章节是分析与综合的杰作。在女儿和丈夫（一位文学艺术家）的帮助下，她创造了一套新术语、新词汇。没有这些词汇，中国烹饪艺术就无法恰如其分地被介绍到西方世界。有一些词汇，比如去腥料（defishers）、炒（stir-frying）、烩（meeting）、汆（plunging），以及其他一些，我冒昧地揣测，会留在英语之中，成为赵家的贡献。”[①]这些都表明胡适精准的预见，上述词汇已经在西方世界关于中餐的表述中普泛使用。Defishers，以词源fish（鱼）指代腥味，加词根de（去掉）表示“去腥”，后缀er指代“去腥料”。Stir-frying以前缀stir（搅拌）对应炒的动作，加后缀frying（油炸）意为炒的条件，非常生动准确。至于meeting一词，本意是聚会，这里显然是借用和引申，十分巧妙。Plunging本意是快速地投入，也有“跳进”之意，无论是作为汆的技法还是汆的状态，都是对英语词汇的形象借用，贯通了中英文语言思维的智慧创造（图10–7）。

书中的每道膳品，都是著者对久有传统、习俗流行、受众广泛的中国食品的普罗筛选，都是她认为应当传承、易于接受的品种，美国通的杨步伟夫妇清楚美国人做事很认真，教美国人做菜，不能说放“一勺盐”，凡事都要讲究量化，美国人才听得懂、学得会。为此，杨步伟买了一套量具，“把书里所有的菜做了不止一遍，把各种食材和配料的用量、制作过程都记录下来，书里还对各道菜的吃法和文化背景进行了介绍”。著者亲手逐一多次做过精心操作的每一道菜，都经中国留学生品尝体验，最终达到了最佳实验效果。“吃过赵太太做的菜的中国留学生恐怕有上百人之多；家人就更不用说了，食谱中的每道菜不知吃过多少遍，而且还得对菜的味道做出评论。”[②]她为每个膳品建立了档案：无数卡片上记录着该膳品项目下的各种资料，记下它们的口味特点、配料种类、数量、技法，等等。她做的是严肃的学术研究与严谨的科学实验，于是，《中国食谱》才成不同凡响之书（图10–8）。《中国食谱》的模式，半个世纪之后才引起中国大陆烹饪研究者的注意，这一模式就是10年后黄慧性（1920—2006）教授完成大韩民国第38号无形文化财产“李朝宫廷料理”整理的方式[③]。

---

① 杨步伟. 中国食谱[M]. 北京：九州出版社，2016：20—21.

② 杨步伟. 中国食谱[M]. 北京：九州出版社，2016：362.

③ 赵荣光. “韩流”冲击波——料理波//金健人，主编. 韩国研究丛书[M]. 北京：国际文化出版公司，2008：318—321.

图10-7　杨步伟接受美国广播电台采访

图10-8《中国食谱》在英语世界的各种版本

食学思维应当尽可能秉持古今、中外宏大开放的视域，力求在人类饮食文化生态与运行趋势的大历史架构中审视，如此才能评判事象、理清路径、认识本质、把握规律，食学才可能最终成为“学”——学术、学理、学科，才能成为有益社会食生产、大众食生活的借鉴性科学知识。于是，我们知道中华食学有源远流长的文脉，知道其睿智与局限，知道近现代以来的中华食学进步是人类饮食文化时代运行趋势的结果。《中国食谱》是这一运行趋势的逻辑结果，其著作者杨步伟并同样用力其中的赵元任的思想学识，也都是近代以来西方与东方文化碰撞历史潮流的产物。由此，可以说，没有近代以来的西风东渐历史大势，没有一批批接踵跟进的知识精英不断探索努力，中国传统食学的突破与跨越进步是难以想象的。

于是，我们不能不提到辛亥元勋、曾任北大教授的中国思想文化界风云人物张竞生（1888—1970）博士（图10–9）的建树，他先后撰写的《食经》《新食经》专著，建构新体系食学，称之为“新法长生术”，“名曰‘食经’者，使人知食乃日用经常之道……。”他呼吁通过组建一批“卫生食合作社”，“有系统地将自然食的方法，普及于人间。”[①]他认为“美食的条件第一要经济，第二要卫生，第三要美术。”[②]应当认识到，杨步伟、张竞生事实上不是两个孤立的个人，他们是中西饮食文化交汇时代大潮中的跻身者，他们甚至不是筚路蓝缕的先行者，但他们是无数思考者中最有成就的力行者，新食学思维与建树是他们的贡献。

图10–9　张竞生（1888—1970）

二、食学思维深化

1. 食学研究

近四十年间中国食学工作者的一系列探索性努力，构成了中国食学研究的时代特征。诸如：中国各烹饪高等教育单位积极参与的中国烹饪学科的科学定位、培养目标、教育计划、

① 张竞生，著. 食经·导言[N]. 时事新报·青光，1934-5-1.

② 张竞生，著. 食经（五六）[N]. 时事新报·青光，1934-6-26.

教材编写等的持续性研讨与实务推进；“中国烹饪高等教育研究会议”的发起与坚持；《饮食文化研究》杂志的创办与长期坚持；大学学报“饮食文化专栏”“食学研究专栏”的开辟与坚持；“饮食文化研究所”与“食学研究所”产、学、研结合的科研机构的建立与运行；频繁举行的各种食品学、饮食学、餐饮文化以及与社会生产、食生活紧密相关的各种研讨型会议，以及数以万计的食学与食主题论文的发表，大量食学著作的出版等，这一切构成了20世纪80年代以来中华食学研究的基本情态[①]。

可以说，2001年的《泰山宣言》（图10–10）体现了时代食学思维理论特征与社会积极效应：“在漫长的人类文明进化史上，随着食生产、食生活的不断发展，科学技术的持续进步，人类生活也日益丰富多彩，人类的智能发展和创造力发挥变得越来越无可限量。全部历史证明了，我们人类是越来越聪明，越来越强大了。但是，我们也为此付出了不可低估的代价：弓箭的发明和火器的使用，曾使我们的先人几乎不受任何限制地肆杀其他生命；裂变般增殖的人口压力更驱使我们向一切可食的动植物伸手。曾经非常美丽的地球，今天已经变得满目疮痍，许多美好的生命被我们人类的活动毁灭了，或者濒于灭绝了。我们人类的生活，也因此变得不协调、不愉快，甚至充满了危机。珍爱自然，保护环境，净化生活，已经是人类当代精神建设的主题。中华民族自古以来就有与自然和谐相处的宝贵传统，作为中华美食的直接创造者，我们广大中餐厨师应当责无旁贷地肩负起薪火传承的责任，擎起放射时代精神的新厨艺火炬。今天，我们来自国内外的1000名中餐厨师在泰山极顶郑重宣言：珍爱自然，拒烹珍稀动物！这是一个自发的行动，这是一个自觉的行动。首先从我做起，净化心灵，净化灶台，拒绝珍稀动物的经营者，拒绝珍稀动物的食用者。我们坚定地相信，有良知、有觉悟的广大中餐厨师会发自内心地赞同这一造福人类、美化未来的公益之举。2001年

A4版 · 经济社会 ·

『三拒』理念应当普及

郑仁

据《光明日报》报道，2001年4月18日，在泰山之顶，来自海内外的饮食专家和烹饪行业代表签字并发表宣言：珍爱自然，拒烹珍稀野生动物。目前这项征集签名的活动正在深入展开之中。“泰山宣言”提出了对珍稀野生动物拒绝经营、拒绝烹饪、拒绝食用的“三拒”理念，并号召全社会予以积极支持。这个活动是饮食文化事业的一件大事，其意义是毋庸置疑的。

视食珍奇动植物为“口福”，可以说是我们饮食生活的一个久有历史的传统。众所周知，肆食野生动物之所以会形成社会风气，主要原因之一，就是餐饮业乐此不疲地坚持经营。“山珍野味”在相当长的时间里成了中国菜肴的极品，各类菜谱书一定要写，各类饭店竞相经营，多数厨师伺机制作。如果厨师未做过或不知道如何做几样野生动物原料菜肴，那在行业中是会被认为见识不足、经历太少。很显然，如果餐饮业不予经营，则以食源为目的的非法捕猎就会基本终止，厨师制作自然成了无源之水，食者也就无由问津了。由此可见，“三拒”的关键在餐饮业，厨师是“三拒”的重要环节。

然而，只是注意到业主和烹饪者的责任是不够的。特定嗜食群体的存在造成了特殊的市场需求，于是才会有供给，才会有供不应求。特殊消费者群的存在，也是嗜食野生动物行为屡禁不止的重要原因。正是由于这个群体的存在，有关部门的禁令才会形同虚文，群众的愤慨和媒体的批评才显得那么无力。如果不追究嗜食者的责任，珍爱珍稀野生动物的结果只能是不了了之，经营者照常经营，厨师照做不误，食者仍然肆食。

改革开放以来，我国餐饮行业发生了深刻的变化。厨师的社会地位有了很大提高，厨师的文化水平、知识结构、思维方式已与从前有了根本的不同。相对而言他们更容易接受新思维、新观念，也较少保守思想。中国饮食文化研究所所长、“泰山宣言”的提出、撰稿和宣布人赵荣光教授说：我们有信心、有力量争取到出席论坛厨师们的认同、响应和支持。事实的发展也证明了这一点。

“泰山宣言”之后，需要做的工作还很多。如通过媒体传递信息、扩大影响；促进“拒烹”签名活动持续发展等等。对此，中国野生动物保护协会等机构、团体都相继予以有力支持。应当说，后续工作进行得是有成绩的。新华社消息的播发，引起了美联社、法新社等世界许多媒体的关注；在国内，“三拒”观念也正日益深入人心。

在抗击非典期间，社会大众评点的“我最深恶痛绝的生活陋习”之一就是“滥捕食野生动物”（《光明日报》2003年6月11日）。应当说，在这方面大家都应当总结经验教训。仅仅依靠职业厨师的努力与自律，要想达到“三拒”目标显然还远远不够。所以，“三拒”理念需要政府的大力扶持，更需要全社会的[illegible]与大力普及。

光明论坛

本栏电子信箱：pinglunbu@gmw.com.cn

图10–10 《“三拒”理念应当普及》，《光明日报》2003年11月4日4版

① 赵荣光．从“饮食史”“饮食文化”到“食学”：我的学习经历与体会，（因浙江工商大学百年校庆为旅游学院学子所作的演讲提纲），2011年5月26日。

4月18日这一天，将永不磨灭地载入民族和人类文明的史册，后人将感谢我们，因为从今天开始的这一珍爱自然的精神和拒烹行动的力量，将毋庸置疑地使他们的生活比今天更美好！我们期待2006年4月18日以前能有至少一百万同道签名加入这一历史性行动的行列。”①

同样的精神在2010年的“蒙自宣言”中重申并深化：“绿色·健康·安全：中国当代餐饮人社会饮食安全的历史责任”，“将向每一个消费者无差别提供安全食物信守为自觉的道义约束”，“自觉承担起向社会宣传、绿色·健康·幸福饮食生活理念和方法的职业责任……”②2003年“国际中餐日”的倡议与推行③（图10–11）。随后的“中国新饮食运动宣言”

* 本欄目旨在與讀者互動，相互交流，亦師亦友，精進技藝，提升高度，開拓視野。如果您有好的想法、新的觀點、創意靈感，請電郵至editor@c-r-n.com。誠意期待，歡迎您參與！

“國際中餐日”如何推進中華飲食文化？

本期“編讀往來”，有幸對話趙榮光教授，針對“國際中餐日”的設立對傳揚和推動中華飲食文化的積極意義這一課題，趙教授寫了《我爲什么主張以袁枚的誕辰爲國際中餐日》一文，深具見地，讓我們一同分享。

2003年3月31日–4月2日，在中國食文化研究會、浙江工商大學中國飲食文化研究所、中國野生動物保護協會、美國國際食藝推廣協會等機構和團體的支持下，“地球與人類健康飲食國際論壇”于中國青島舉行。論壇向海内外中餐企業、有關組織與團體發出了設立“國際中餐日”的倡議：一、在中餐日舉辦以“中華飲食文化”爲主題的因地制宜、適當可行的餐飲文化活動；二、號召人們到社區和所在地的中餐館就餐；三、建議各中餐企業將中餐日營業利潤比例捐助當地的慈善公益事業。經過反復認真討論，36名討論人一致表决通過了我所主張的以中國古代食聖袁枚（1716.3.25–1798.1.3）誕辰3月25日爲“國際中餐日”的决定，4月2日論壇向中國新華社、中國中央電視臺、《人民日報》等多家媒體公布了這一倡議。

作爲中華文化的歷史偉人，袁枚的地位與影響，不僅在文學、思想等領域彪炳在史、光鑒于后，而且對中華民族飲食文化的貢獻也是無與倫比的“千古一人”。他的生平事迹真實可按，可仰可宗，可以不誇張的説，袁枚是一座具有無限發掘深度的歷史文化寶庫。袁枚誕辰所以被選定爲國際中餐日的理由，可以簡括爲他在中國飲食史上創造的至少十個“第一”：

一、袁枚是中國飲食史上第一號人物，是贏得了亞洲飲食文化界和海内外餐飲界普遍認同的中國古代食聖，是中國歷史上最偉大的飲食理論家和最著名的美食家。

二、袁枚是中國歷史上第一個公開聲明飲食是堂皇正大學問的人。他認爲：“夫所謂不朽者，非必周、孔而后不朽也。羿之射，秋之弈，俞跗之醫，皆可以不朽也。使必待周、孔而后可以不朽，則宇宙間安得有此紛紛之周、孔哉！”[1]“可見凡事須求一是處，……聖人于一藝之微，其善取于人也如是。”“食飲雖微，而吾于忠恕之道，則已盡矣。”[2]

三、袁枚是中國歷史上第一個把飲食作爲安身立命、宜人濟世學術畢生研究并取得了無與倫比成就的人。它研究飲食文化大半個世紀，成果散見于足稱浩瀚的詩文等各類著述中。其中，廣爲世人所知的的中國歷史上的食學代表作《隨園食單》，該書的理論與實踐價值至今仍非常重大。《隨園食單》被海内外食學家稱爲中國歷史上的“食經”。

四、袁枚是中國歷史上第一個爲厨師立傳的人。一篇深寓哲理、文采飛揚的《厨者王小余傳》，使一個身居封建社會最低層、默默無聞的“厨子”成了爲當代中國二千五百萬事厨者膾炙人口、心儀崇敬的歷史名人。以袁枚筆下王小余的形象，其覺悟境界、技藝水平、世故經驗，雖任封疆、主臺閣而不爲過。厨德、厨藝、厨績“三厨”畢集，臻一人之身而至善。可以不誇張的説，袁枚筆下王小余足堪爲中國厨人百代楷模。[3]

五、袁枚是中國歷史上第一個得到社會承認的職業美味鑒評家。乾隆三十年（1765）冬至日，袁枚

28 2010年2月 中餐通訊 · Feb. 2010 美東版 · 刊登廣告 1-888-727-8881

图10–11 《“国际中餐日”：如何推进中华饮食文化?》，《中餐通讯》2010年第2期

① 笔者利用“第一届东方美食国际大奖赛暨新厨艺论坛”的“新厨艺论坛评委会主任”身份，于2001年4月18日在泰山极顶宣读了笔者预先拟定的《珍爱自然：拒烹濒危动物宣言》，简称“泰山宣言”。

② 赵荣光．绿色·健康·安全：中国当代餐饮人社会饮食安全的历史责任//赵荣光食学论文集：餐桌的记忆[M]．昆明：云南人民出版社，2011：30—31.

③ 赵荣光．“国际中餐日”：如何推进中华饮食文化？[J]．中餐通讯，2010（2）.

倡导："食物是提供营养、热量，维系摄食体生存的，这一点是整个生物界的规律。但在遵循食物利用规律的客观意义上看，人类的行为并不一定都比动物值得称道。因为动物不会像人群那样，经常背离摄食规律走得太远。……人类由口摄取的生存原料的异化，已经越来越严重地威胁、危害自身的健康和生存，于是人类越来越强烈地期望追回'过去的好日子'，希望重新吃上严格'自然'意义的食料和食品。蒸汽机时代以前的文明是不可逆转地过去了，但人类有能力、有责任、有必要再造昔日曾有过的良好生态环境和良好食物性态，甚至建设更美好的一切。……在农业生态没有被近现代工业严重破坏以前，在人们的日常食料食品制作加工尚未工业化以前，饮食安全问题基本属于偶尔发生的饮食者的个人行为。而今天的中国大陆，食品安全已经成为亿万民众极为关注的严重的社会问题。当代中国社会，几乎没有什么比关涉千家万户的食品餐饮安全事故更能牵动舆情人心的了。中国人在很早的古代就牢固的树立了'道法自然'的理念，'和合互补''天人合一'始终是中华民族信奉的至高审美理想。今天，我们理应以博大的胸怀实现人类与地球的和谐统一，这是人类走向后工业时代的同时向更高层次的螺旋进步。人是自然界的一部分，不能以地球主人自居，应杜绝盲目的主宰自然的高傲，涤除工业文明时代带来的有害思想，保护人类赖以生存的环境，维护孕育人类生命、栖息人类心灵、舒展人类精神的绿洲。在地球上创造一个和谐美好的社会生存环境。民族饮食文化是整个民族的群体行为和责任，为此我们呼吁：每个对自己行为有责任能力的炎黄子孙，从生产者、经营者到消费者的每一个民族饮食文化的主人，都应当在文明、健康、科学、进步的旗帜下，发起新饮食运动，以谦逊的品格看待地球上除人之外的其他生命，再造秀美山川，再创人与地球和谐……"①

随着食材工业化生产规模的不断扩大与物流的便捷高效，食生产与食生活的传统模式被彻底颠覆，食品工业与传统烹饪的壁垒逐渐冲开，中国当代食学研究正在实现跨界突破。

2. 亚洲食学论坛

自2011年开始的年会制"亚洲食学论坛"至2021年已经是第十一届，与会人员来自世界五大洲的30余国家与地区，许多国际知名食学家与会，论坛议题紧扣时代食生产、食生活焦点，深入研究历史、探索前途，每届会议皆有论文集结出版，论坛对中国与国际食学研究的推进作用积极深远。北京中国饮食文化研究会原会长李士靖（1915—2021）先生热情评价说："'亚洲食学论坛'是最高层面、最高水准、最具影响力的国际食学会议，它的意义怎么估

① 赵荣光."地球与人类健康饮食国际论坛"演讲文稿，2003年4月2日，青岛。

价都不过分。”十一届论坛分别在中国杭州、泰国曼谷、中国绍兴（图10–12）、中国西安、中国曲阜、日本京都—大阪、韩国首尔、中国北京、马来西亚吉隆坡、中国南宁举行，论坛主题依次为：“留住祖先餐桌的记忆”“调和文化、科技和产业”“健康与文明”“丝绸之路饮食文明”“夫礼之初，始诸饮食”“饮食文化的交流——过去、现在与将来”“亚洲食物文化和科技的融合”“文化与文明：开拓餐桌新时代”“多样性与多重性的亚洲饮食文化”“和谐生态、安全饮食：灾疫与人类食生产、食生活”“饮和食德：新时代健康文明饮食文化”。

2011年8月18日的首届论坛表达了国际食学界高度一致的共识：“自从人类走出蒙昧以来，没有哪一种学科能像食学这样充满着对生活、对自然、对人类的热情和挚爱，食学是一门拥有永恒青春和洋溢无边大爱的至高无上的学问！”“食品安全是时代人权保障的底线！”[①]与会代表郑重签署了《食品安全：21世纪人权保障的底线》的“杭州宣言”：“科学技术的

石毛直道博士

纽曼博士

萨班博士

赵荣光主席

图10–12　食学专家在第三届亚洲食学论坛发言，2013年10月于绍兴

① 赵荣光. 食为民天：留住祖先餐桌的记忆，保卫大众饮食健康是亚洲食学者的历史责任//赵荣光，Suchitra Chongstitvatana. 主编. 留住祖先餐桌的记忆——2011杭州·亚洲食学论坛学术论文集[M]. 昆明：云南人民出版社，2011：2—5.

发展并不直接等同人类文明的进步，相反，人们却生活在防不胜防的危险与威胁之中，餐桌就是最好的证明：长时间以来，我们一直处于食品数量安全（food security）和质量安全（food safety）的双重困惑之中。人们逐渐明白了一个显而易见的道理：单纯技术和经济指标上的成功，并不是最美好的生活方式。今天的世界患了多种疾病的综合征，人类不仅毁坏了自己，而且毁坏了所有生物赖以生存的共有家园。人类正在自食恶果，人心惶惶，政府职能缺失。饮食安全是每个消费者生死攸关的大事。当人们的餐桌被工业化、商品化、国际化彻底统治的时候，食品安全是关系每一个人的事：生产者、加工者、经营者、管理者、消费者，没有谁是事不关己的旁观者，因此是大众的责任，而首先是政府的责任。政府的惠民行为必须在智者的告诫和大众的压力下才能奏效，历史已经被无数次这样证明。今天，食品安全已经不再是简单的民生问题，它应当是由人民有权做主的最大政治，食品安全已经是时代人权保障的底线！……危险的食品+环境破坏+生态污染，足以从肌体到精神彻底摧毁一个民族。法律政策缺失和道德的扭曲，造成了食品从原料开始直到餐桌的全面危机，'病从口入'的危害从来没有像今天这样普遍和严重，人类正在自毁。这不是危言耸听，如果地球村的人们不悬崖勒马，那就必然会失去自我挽救的最后机会。为此，我们有必要形成以下七点共识，并努力促其成为有成效的行动：

（1）生产者 食物原料必须实行节约型的可持续性生产。

（2）加工者 食料向食品的转化过程中必须坚持无污染、无变异的安全策略。

（3）经营者 食料和食品流通过程必须履行诚信允诺。

（4）管理者 政府负有公众社会生活的全部管理责任：环境保护、秩序和谐、公众权益，而食品安全与饮食健康则是基本和最重要的。

（5）消费者 低碳生活不仅是降消耗的经济意义，同时也是文明和健康的饮食生活方式。对此，中产阶级以上的高消费群体应当有更明确的自觉。

（6）监督者 监督者应是拥有足够法律支撑力度的独立于生产者、经营者和管理者之外的权威性的消费者社团。

（7）研究者 研究问题，提出建议，率导行为，应当是每一个食学研究者的责任。"①

2014年11月10日第四届亚洲食学论坛发表了"文化有根，文明无界：永恒的丝路精神！——西安宣言"："丝绸之路，首先就是食料、食物与饮食文化之路，人类饮食文明之路"；"尊重每一种文化，努力促进各种不同文化之间的友好交流"；"倡导文明的饮食方式，促进时代食生产、食生活的健康进步"；与会学者一致认为："团结世界各国的食学同道，

① http://www.foodology.cn/afsc/show-261.html

为推进食学事业的不断进步”是义不容辞的历史使命[①]。

2015年10月18日论坛在曲阜发表了“‘礼之用，和为贵’：21世纪的人类餐桌文明——第五届亚洲食学论坛（2015曲阜）宣言”（惯称《尼山宣言》），强调：“‘夫礼之初始诸饮食’是人类文明史的规律与基本常识。食礼所以重要，餐桌进食仪礼所以不可忽视，因为餐桌是人生斯文修养的起点，是社会美好人生的基点。‘没有哪一种社交场合能像公共聚会那样对一个人的修养与资质做出准确测评的了。’儒雅得体的餐桌修养未必就是淑女、绅士，但餐桌的失范必定是身心修为欠缺的遗憾，而且结果往往事与愿违。人类任何文化几乎无一例外地都十分重视餐桌仪礼，我们将其命名为‘餐桌第一定律’。……目前中国大陆正在实行的文明进餐、光盘行动、双筷助食、拒绝饕餮行动，就是重塑中华餐桌斯文的大众心理认同与行为选择。……中国人的餐桌情态与中国食学家们的努力，无疑具有普遍意义。在保证我们的食物营养、安全、环保和追求进食愉快的同时，同样不能忽视行为文明。保证了文明小餐桌，才会更有助于社会大餐桌的和谐。‘礼之用，和为贵’，‘和……以礼节之。’和平、和谐，和而不同，求同存异，共同发展。这是亚洲食学论坛的宗旨。食学，是人类自文明史以来就洋溢着无边大爱的关乎生死的实用之学、丰富情感的理想之学，我们的事业关乎人类的昨天、今天、明天，与每一个人紧密相关。世界各国的食学工作者心系一处，我们思考时代大众餐桌的所有相关问题。让我们从东方圣城曲阜出发，遵循孔子的脚步，联袂创造新时代的餐桌文明！”[②]浙江工商大学中国饮食文化研究所同时在论坛发表了《餐桌文明，谦敬斯文——当代中国人进食礼仪修为倡议》：“由于众所周知的原因，三个多世纪以来中华优秀文化与文明传统屡遭劫难，当代中国人的心灵缺失与行为失范很多。亡羊补牢，殊途同归，规范应首先从餐桌行为做起。……我们倡导当代中国人饮食文明‘四化’”：中华筷子制作标准化、执筷方式规范化、传统中餐公宴进食双筷化、进食行为斯文化[③]。

2018年10月20日第八届亚洲食学论坛通过了《刮目相看：21世纪餐桌旁的中国人——第八届亚洲食学论坛（2018北京）宣言》。《北京宣言》重申：“历史上的外国来访者毫不吝啬地给了中国‘礼仪之邦’的赞誉。‘礼仪之邦’的首善之区就是北京，利玛窦这位伟大的百科全书式的西方学者对北京流连难返，最终选择了将自己永久地留在了第二故乡，此时此刻他正在北京市西城区车公庄大街6号的特别意义的大院落里欣慰地注视着北京的兴旺

---

① 赵荣光．王喜庆，主编．文化有根，文明无界：丝路饮食文明——第四届亚洲食学论坛（2014西安）论文集[M]．西安：陕西师范大学出版社，2015：9.

② 赵荣光，吴国平，主编．夫礼之初，始诸饮食——第五届亚洲食学论坛（2015曲阜）论文集[M]．北京：北京日报出版社，2017：3—4.

③ 浙江工商大学中国饮食文化研究所．餐桌文明，谦敬斯文——当代中国人进食礼仪修为倡议//夫礼之初，始诸饮食——第五届亚洲食学论坛（2015曲阜）论文集[M]．北京：北京日报出版社，2017：5—6.

发达，倾听我们的声音。‘各人自扫门前雪，休管他人瓦上霜。’做好自己的事，尊重他人的习惯、爱好和选择，是中国流行了千年之久的警世格言。‘礼仪之邦’曾是中华民族的历史荣耀，而今天，我们正在被从田园、厨房、餐桌的种种问题所困扰。中国俗语说：‘九折臂而成良医’，今天的中国人比世界上的任何一个民族都更热切关注食品安全与环境和谐的问题。对大自然的尊重，对全体生物共有家园的尊重，对人类整体利益的尊重，炎黄子孙有义不容辞的历史责任。中华食学四十年的创造、积累，超越了既往四千年的总和。餐桌旁的感恩、谦恭、斯文、友爱，《北京宣言》是中国人的自觉、自信，更是自律、自强。‘有朋自远方来，不亦乐乎！’乐乎同道推心，乐乎美食共享，‘餐桌文明’，从孔夫子、贾思勰、袁枚、杨步伟，到当代中华餐饮人、食学家，两千五百年餐桌文明历史绵绵承续，八届亚洲食学论坛开拓、探索、坚持。‘餐桌第一定律’是人类文明公理。但公理却不能不战自胜，正如孟德斯鸠所说：‘违背了大众的利益，几何公理也会被推翻。’我们只能呼吁良知与正义，‘食学’是人类文明史以来最早、最重要的学问，因为它太重要了，如阳光、空气、水，以至于人们熟视无睹。竟至疑问‘食学’在哪里？食学是什么？我们再次重申：食学是自人类历史以来就洋溢着无边大爱的学问。今天，伟大的北京与全世界食学者共同作证！”①

2018年一批中青年食学家成立了“食学著作‘随园奖’推选委员会”，全面系统地对既往四十年来的食学著作进行了前所未有的逐一评析，并推定出其中的40本代表作于第八届亚洲食学论坛予以表彰。此后，“食学著作‘随园奖’推选委员会”每年从一批优秀食学著作中推介一本年度最佳作品，以引导推助食学研究的深化进步，并促进中国与国际食学界的深度互动。

2019年11月，主题为“多样性与多重性的亚洲饮食文化”的第九届亚洲食学论坛在马来亚大学举行。大会发布的《相映成辉：多彩和谐的亚洲餐桌——第九届亚洲食学论坛（2019吉隆坡）宣言》指出：东南亚是天造地设的大洋汇流港湾，是最宜人类食生产、食生活的空间，因而历史地形成了原住民与外来移民共同创造的灿烂食文化。“区域内各种文化背景族群的食生产活动、食生活影响、食文化交往，造成了区域族群宽厚温和的品格、多彩灿烂的人文”；累积成了“多元共存，相映生辉，和谐发展”的东南亚饮食文化。东南亚饮食文化的这一特征具有当今世界食生活走向的范本意义。倡议每年的11月11日为“世界筷子节”，“11”“11”的平行并列，象形为两双筷子并用。寓意为平等尊重、和谐互助、同心共存、平安进步。取食筷、进食筷并用的进食法有九百年的历史记录，并作为20世纪初以来进食方式

---

① 赵荣光：《刮目相看：21世纪餐桌旁的中国人——第八届亚洲食学论坛（2018北京）宣言》文稿。

改革选项一直流行着。论坛呼吁以筷子助食的人们在这一天自觉强化进餐文化感觉仪式，以娱乐心情执筷进食，旨在激励文化自信、族群自强、社会和谐。“世界筷子节体现亚洲人对自然、食物、他人的谦恭，是孔子仁义礼智信的内心修养和温良恭俭让的待人之道。”

2020年11月11日，主题为“和谐生态饮食安全——灾疫背景下食生产食生活的审视与展望”的第十届亚洲食学论坛以线上、线下结合的方式在南宁举行。百余名代表来自亚、欧、美三大洲的16个国家和地区，论坛发表了《勒马补舟，挽救地球：第十届亚洲食学论坛代表南宁宣言》。2019年年底席卷全球的新冠肺炎疫情，生动地印证了亚洲食学论坛一贯倡导秉持的和谐自然与人文生态、安全文明饮食理念与原则，与会代表越发意识到《吉隆坡宣言》的现实意义。2020年11月11日是首个“世界筷子节”，论坛发布了《中华筷歌》，歌词是：“世界公理，餐桌文明。淑女绅士，文化英雄。连理龙凤，取进分明。同心谐律，中华复兴。六千年，十四亿，两双和谐一秒钟。”歌词是笔者既往二十几年全国巡回百余场“一秒钟，两双筷：21世纪中华民族伟大复兴”演讲的核心思想、主题观点和关键词。

第六节 “餐桌文明”运动中

当代中国食学研究，作为学术现象，其伊始就是典籍与田野参证，就是自觉紧密的社会食生产、食生活服务；大众参与为其突出的时代特征。酝酿于20世纪80年代，并于20世纪末启动的“餐桌文明”宣讲推介历时三十年来已见明显效果。“餐桌文明”风风气蔚然，自觉参与者日众，可谓运动仍在进行中。

一、“餐桌定律”

1. 人类“餐桌文明公理”

餐桌仪礼是人类文明公理，这一理念已经逐渐为食学界共识，并为越来越多的人们喜闻乐道，景从自愿。餐桌仪礼是人类文明公理，正在成为21世纪华人的公礼修为。社会性，是人类伊始的基本属性，生存与发展的共同需要必定对每个个体的行为形成一定的规范性约束。这些“规矩”的最初出现产生自群体动物的依赖、顺从天性。食生产、食生活是早期人类赖以为生的最重要活动内容，因而集体进食行为必然是行为规矩育化的最重要语境与舞台。正是从这种意义上，我们可以认为：人类文明的是从公共饮食活动起步的。餐桌仪礼是让一个人顺利进入社会的安检门。人类“餐桌文明公理”，国际食学家的表述是：“跨越各种文化差异之上的人类餐桌仪礼通性：洁净、尊重、谦和、礼让、和谐、情趣要求，以及对不雅行为的禁忌等。”[①]我们的理解则是：“基于对食物、食事、与食者尊重基础上的，人类进食过程中的洁净、礼让、情趣要求，以及对不雅行为禁忌等的共性。”所以称之为“公理”，因为它是规律和各种文化的无差别共性，在根本意义上排斥主观选择的随意性，而在行为层面表现为礼节仪式，亦可称之为“公礼”。

2.“餐桌定律”

人类餐桌行为的跨文化共性，在其理性深度为“公理”，而在其行为层面则表现为“公礼”——共通性行为。初步考察与审思，笔者归纳出四条“餐桌定律”：

餐桌第一定律，亦称“修养检测定律”：在任何文化类型的人类族群社会活动中，公共宴会都无一例外是对一个人的综合修为素养做出准确测评的最佳场合。

餐桌第二定律，亦称“吃请定律”：凡接受宴会友好邀请的人，一般都会尽量表现出对主人盛情的感谢与对美食感慨。这种无偿受授食客的赞美多是礼仪所需，可能真诚，但未必真实，因而不足以作为信实根据。

餐桌第三定律，亦称“美体定律”：食物选择与进食方式是影响进食者体质的重要因素。

餐桌第四定律，亦称“适口者珍定律”：每个人都有仅仅属于自己经历积习或即时性的食物好尚，因此，个人好恶不应当成为对某一特定食物或某一饮食文化美学与价值判断的标准[②]。

“餐桌定律”认识的推广，对于推进时代食学思维、更新大众认知，均有积极意义。

---

① 赵荣光：《餐桌文明：中华民族文化21世纪复兴的支点》，1996年以来全国40余场巡回演讲稿。

② 赵荣光：《餐桌文明：中华民族文化21世纪复兴的支点》，1996年以来全国40余场巡回演讲稿。

二、“餐桌仪礼”

传统中华餐桌仪礼的形成，至少经历了30几个世纪之久的漫漫时间过程，中经汉、宋等阶段的不断制度性规范，一至近代，渐成牢固程式。传统中华餐桌仪礼，是中华民族优秀历史文化的积淀与传承，是华夏族群的思想修养与言行修为的历史标志。但是，任何一种文化都是一定历史时空的，扬长避短、顺势而变是其生存不息的前提与法则，中华餐桌仪礼文化的生存演进自然也不能悖其理。

1. 伍连德“卫生餐法”

进入20世纪中叶以后，人手一筷围戳到底的中餐传统进食方式，面对了越来越尖锐的东西方价值冲突，其历史局限日渐聚餐局促困窘①。1910年11月至1911年4月，由西伯利亚传入中国，蔓延于哈尔滨、肆虐东北、殃及冀晋等省区6个月的鼠疫，造成了6万人的死亡。1917年底山西鼠疫流行，16000人罹难。1920年底鼠疫再现西伯利亚和北满洲里，死亡6500人。1910年爆发的鼠疫，这一震惊全中国的灾难性事件成了促使中国社会开始反思自己一向浑然不觉、引以为傲的饮食文化与进食行为的历史契机。作为先后被满清帝国中央、北洋政府重用的特任医官，“鼠疫斗士”伍连德（1879—1960）先生②，在竭力剿灭鼠疫灾害的过程中，也在思考如何推进社会公共卫生进步，改变中国人不卫生陋习，以防微杜渐、预防疾病传染的社会改良措施。其时，除了鼠疫、霍乱等疫灾之外，威胁民命最严重的流行传染病就是习称“痨病”的肺结核。肺结核病人咳嗽以后飘浮在空气当中的结核菌极易引起传播，人手一筷围食的中餐传统进食方式更是相濡以沫的高效传染渠道。以伍连德先生1915年创刊《中华

① 赵荣光. 20世纪上半叶中国的“卫生餐法”讨论与施行——伍连德对中华餐桌文明历史进步的贡献[J]. 楚雄师范学院学报，2020（2）：7—18.

② 伍连德（1879.3.10—1960.1.21），字星联，广东台山籍马来西亚华裔，医学家、公共卫生学家，中国检疫与防疫事业的先驱，中国卫生防疫、检疫事业的创始人，中国现代医学、微生物学、流行病学、医学教育和医学史等领域的先驱，中华医学会首任会长，北京协和医学院及北京协和医院的主要筹办者，1935年诺贝尔生理学或医学奖候选人。伍连德1896—1899年留学英国剑桥大学伊曼纽尔学院（Emmanuel College, Cambridge），1899—1902年考入圣玛丽医院实习，1902—1903年在英国利物浦热带病学院、德国哈勒大学卫生学院及法国巴斯德研究所实习、研究。后返回原马来亚在吉隆坡医学研究院从事热带病研究。亲自指挥扑灭了1910年东北鼠疫，1935年获诺贝尔医学奖提名。他亲手实施了中国医学史上第一例病理解剖，世界上提出“肺鼠疫”概念的第一人，设计“伍氏口罩”，让中国人第一次用口罩预防传染病。相继组织扑灭了1919年、1920年、1926年、1932年在东北、上海等地爆发的肺鼠疫和霍乱。1911年，伍连德主持召开了万国鼠疫研究会议，在他的推动下，中国收回了海港检疫的主权。他先后在全国各地创建了包括哈尔滨医科大学和北京大学人民医院在内的20多所医院和医学院，并参与协和医院的建设。他创立的东北防疫总处很快成为国际知名科研和防疫机构，20年间不仅承担了东北防疫任务，而且培养出一代防疫精英。1915年发起建立中华医学会，并担任第一、第二届会长，以及创刊《中华医学杂志》。参与发起创建了十多个科学团体，包括中华麻风救济会、中国防痨协会、中国公共卫生学会、中国微生物学会、中国医史学会、中国科学社等。

医学杂志》发起“卫生餐法”倡为标志，公共卫生、进食方式、餐桌文明的讨论与改革持续，直至40年代社会大动乱的被迫中止。“公用箸匙法”和“伍氏转盘餐桌”是伍连德“卫生餐法”实行的两项标志。

伍连德认为：国人“对于食法尤缺卫生，吾国相沿习惯，或匙或箸均直接往返由（游）于公众食物盘碗之中，最为恶习。家常便饭尚属无碍，若与宾朋生客聚宴，何能详悉座中之有无疾病？苟患痨病、花柳、疔毒、喉症、口疮、烂牙、齼骨流脓等恙，立可传染，言之实堪畏葸，毋怪西人从幼即讲求卫生，不敢随波趋俗同此共食也。”作为根基中华传统文化教养又沐浴西方文化的医科学家，他有“不筹更改之法，即此亦足显吾国怪象著者”的感慨。伍连德“极喜用国货，举凡杯盘匕箸，多择中土物产，极觉雅观。”但是，他的社交需要却让他不能不另作考虑：“奈数年以来，餐法不能不效西俗，燕客固亦时用吾国肴品，而食具必各人分认随时随换，西人颇为适意。苟得郇厨妙手，更足邀其赞嗜矣。况择可口者数品，不必且多，既不縻隔时间，且不使人厌倦而伤胃口。”也就是说，他的宴会酬酢，尤其是不乏英、美等客人侧坐的宴会场合，就必须变通人手一筷、众人围戳到底的中餐传统的进食方式。他的变通方式是“食具必各人分认随时随换”，即每盘菜上桌之后，每位进食者用自己餐位的筷子夹取足够用的份额后随意食用；第二道菜上桌时又用新配置的筷子重复如此。他说这样做，“西人颇为适意”。

伍连德博士的这种进食方法比较适合于为数不多特殊客人的宴会场合，那么更大规模的宴会，或平常人家的聚餐呢？1915年的上海世界医学会上，“有一美国医士着令研究一法可以改良吾国家常餐食以重卫生。”这意味着，中国人传统的进食陋习已经成为国际性的弊病。于是，他有了“转盘餐桌”的设想，绘制成图，制作成功，试行之后得到认可。在可以旋转的餐桌上“每人各备一套食具，各件盘菜另置一匙，随意拉转，将各匙引入座前个人食具。”[①]这种“伍氏转盘餐桌”，当代中国人已经司空见惯了。

但是，他倡导的“公用箸匙法”却一直推行不力。当然，其间，包括“双筷制”等在内的各种改革方法也都未得到普及，以至20年后伍连德还在视传统的“共食制”为健康文明寇仇。1935年，在比较了分食法、双筷制、公用箸匙法三种主要改革选项倡议试行了20年的效果后，伍连德认为：“故共食制度实有亟须改革之必要，最善之法，莫若分食。”但是，他很清楚这是无法完全做到：“但以社会之习惯，及中菜烹调之法分食制似不甚适宜。”也就是说，他清楚地认识到：由于中华烹饪与中华餐桌仪礼文化的独特性，完全采取西餐分食制的进食方式并不适应“中国国情”。应当说，这是伍连德对既往20年“分食制”讨论与实践的一个总结性意见。随后他论述“双筷制”：“今有行双副箸匙法者，一副用以取食，他

① 伍连德. 卫生餐法[J]. 中华医学杂志，1915,（1）（创刊号）：30—31.

副用以入口，然按国人习惯之食法，亦不甚便。”也就是说，审视双筷制推行的过程，他看到“国人习惯之食法”太顽固，推行不力，普及不遍。于是就又回到他20年前的创意：“鄙人所发明之卫生餐台，构造既简，运用尤便。法以厚木板一块，其底面之中央嵌入一空圆铁柱，尖端向上，将此板置于转轴之上，则毫不费力，板可随意转动。板上置大圆盘，羹肴陈列其中，每菜旁置公用箸匙一份，用以取菜至私用碗碟，然后入口。此法简而合宜，甚为适用。”[①]完全是出自现实可行性考虑，在“双筷制”与“公用箸匙法”二者之间选择，伍连德先生认为后者应当更“便”，也就是被大众接受的可能性更大些。但是，八十几年过去了，“公用箸匙法”的“便”并没有充分显现出来，根本原因还是陋俗因循的阻力。

但是，与105年前和85年前伍连德先后两次倡导“公用箸匙法”的历史条件毕竟不同了，今天的中国社会具有了与时俱进餐桌文明改革的充分条件，至少具备了这种改革的一切必要条件的潜在性。

2.“餐前餐后一秒钟”

我们从实践可行性着眼，将中华传统餐桌礼仪归纳为“中华餐桌礼仪规范”48字诀：“服饰容端，箸谢恩箪。谦恭左右，尊老敬贤。举止儒雅，女士优先。节俭崇尚，饮酒不乱。取进洁练，吃相谙娴。横筷餐毕，食礼规范。”其中，“箸谢恩箪”指的是餐前举箸感恩仪式，具体是：以平和恭敬心态安坐餐位前，右手（左利手者则相反）取筷横置于并拢双手平展前伸的掌心上，心中默念：“皇天后土，苍生讬福，德泽长乐，恩祚绵足”16个字，随即以箸取食，开始进餐。“皇天后土，苍生讬福，德泽长乐，恩祚绵足”十六字，是中华筷的文字标记，亦不必默诵，仅仅略一举箸即可（图10-13）。

“横筷餐毕”，是指个人进餐完毕，将筷子整齐横置于自己餐位的食碟或碗盘上外向三分之一处，若有筷枕，则将筷子头部前探6厘米枕于筷枕上横置于自己的餐位前，旋即可以斯文起身离去。餐毕横箸是中国历史习俗，通常用于公共聚餐或受人与食的场合。明太祖朱元璋重视翰林应奉唐肃的才华，“尝命侍膳，食讫，拱筯致恭。帝问：‘此何礼也?’肃对曰：‘臣少习俗礼。’”[②]唐肃是越州山阴（今浙江绍兴）人，说明“横箸示谢”是14世纪初江南地区的民俗。这一仪式寓两层含义：一是表示用餐完毕；二是表达对服务的谢意。因为餐前举箸和餐毕横箸，所用时间都极短促，我们便捷地称之为“餐前餐后一秒钟”，意即餐前一

---

① 伍连德：结核病：第十章（丁）国人亟宜改良之习惯一、共食制[J]. 中华医学杂志，1935，20（1）：31.

②（明）徐祯卿，翦胜野闻[M]. 北京：中华书局，1991：31.

图10–13　曲阜、广州、杭州等多地的中小学、幼儿园正在推行“餐前一秒钟”

秒、餐后一秒，餐前餐后各一秒钟的简单动作，如此更便于人们的记忆与实行。目前，全国一些初等教育学校寄宿生和幼儿园在推行。

如何示意个人进餐结束？笔者在亚、欧、美、澳数十个国家和地区的旅途中对中餐馆做过着意的考察与调研，经营者基本懵懂，就餐者也是略不经意，随心所欲。著名中国菜文化研究专家，美国的Jacqueline Newman博士认为可以用将筷子交叉摆放的方法示意，她的解释是：因为与餐前两根棒并列摆放明显不同，容易引起注意，不是吃之前而是吃以后，表示“no”的意义：不再吃了；其次也示意不要再收我费了，我已经付过了。但是，她显然忽略了华人社会习俗与中华筷子文化中的“叉筷”禁忌，叉筷的摆放与儒学传统的斯文含蓄风格相悖，有江湖切口、黑道贼语之嫌。规范横箸不仅是个人进食完毕的表示，同时是在向与宴者礼貌传达“恕不奉陪，鄙人已经用好，诸君继续慢用”，向服务人员表达“谢谢服务”意义。正是在这种意义上，国际著名食学专家、日本大阪国立民族学博物馆前馆长石毛直道先生的筷子文化研究结论是：“饮食礼仪，从筷子开始，到筷子结束。”[①]（图10–14）也正因

① [日]石毛直道，著．日料的故事：从橡子到寿司的食物进化：第二部[M]．关剑平，译．杭州：浙江人民出版社，2018：225.

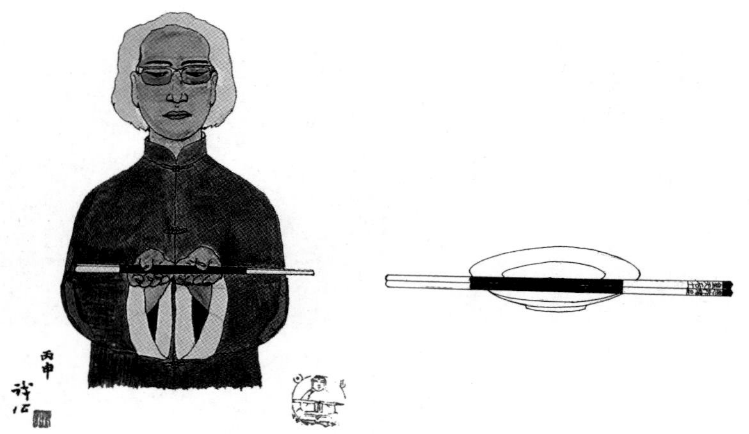

图10–14 笔者手绘“餐前·餐后一秒钟”示意图

为如此，西方学者都很看重中国人的用筷礼俗。1539—1547年间，一名葡萄牙雇佣兵加莱奥特·佩雷拉（Caleote Pereira）在中国南方的观察体验，让他很赞赏中国的餐桌礼俗：“中国人不但吃饭时讲礼貌，谈吐也很文雅，在这方面他们胜过了所有人。”

3. 传统中餐公宴双筷制

中国有堪称悠久的“双筷制”进食历史。史载，南宋皇帝赵构“每进膳，必置匙筯两副。”每餐的御膳台上都会摆上许多膳品，审视过后，他先用一副筷子和勺将想吃的肴馔按量分拨到自己的碗盘中，然后用另一副箸匙进食。他这样进食的目的，是“不欲以残食与宫人食也。”①这种双筷制进食法，清代时的南京、广州也曾有实行者。1920年双筷制再次被满怀信心地热情倡导：“……惟有每人用两双筷子，一双箝菜（把菜箝到饭碗里来），一双吃饭。那么庶几可以没有危险了。此法简而易行，望大家注意，望各团体注意。”②此后，双筷制的呼吁、认同接踵而至：“最妙人各两副（筷），以长者箝菜，短者划饭，庶菜中之汤可以清洁也。”③“……多人所用之碗、碟、箸、匙各有二具，每具颜色不同、大小各别。先以黑色之箸取菜于公共之碗而置之另一碟，而以红色之箸，再由碟内举其所取之菜，而入之于口。……此法极佳，我国家庭间及公共场所苟能仿而行之（并不费事，亦不费钱），其于康健上必增多大之效力。”④

---

①（明）田汝成，撰．西湖游览志余：第二卷“帝王都会”[M]．上海：上海古籍出版社，1958：13.

② 矢二．改革中式餐的我见[N]．申报，1920-6-28.

③ 姚昆元．不合卫生之习俗[N]．申报“卫生”栏，1921-5-26.

④ 天梦．余之卫生经验谈[N]．申报“卫生”栏，1923-1-11.

1923年杭州双十医院院长汪千仞应邀在上海家庭日新会第四届年会演讲“吃饭问题”：“我国数千年来，对于饮食之事保持旧习，从未改革。如吃饭之方法，恒聚众人共食，置菜肴于桌上，各以箸匙纷纷向公共器皿中取食，以为此种制度非常适用，对于身体并无妨碍，偶或疾病发生，危及生命，亦不明致病之由。可叹也已。盖国人以共食而致疾者，每年不知凡几。今再详述共食之弊如下：吾人吃饭，普通八人一桌，每人每次以箸匙取菜与汤，约以三十次计，则吾人口涎与菜羹之接触，每人亦三十次。即每次吃饭与人交换口涎中之微生物二百四十次也。国人习焉不察，岂非莫大之危险？如与患肺痨病者同食，更易传染。又国人宴客时，有敬菜之习惯，以曾入已口之匙箸送于客前。在主人之心以为恭敬，其实不啻以微生物赠客也。此种恶习，尤宜革除。……如能仿西餐式最佳。但人各一簋，所费必多，中人以下之家，恐不易办。今以余家实行分食方法述之，每人各备一碟，又备箸匙各二副（颜色不同，以免误用），一以取自公共器皿中而置诸碟，一以入口。手续固较繁复，但习惯而成自然，自不较其烦也。余家自实行此法后，疾病减少。其尤著成效者，即伤风咳嗽，不致发生，不受传染。……大凡一家之家政，常操主妇之手，其子若女虽有良好之意见提议，如不得主妇之允许，终难实现。余今敬告妇女们，决心打破旧习惯，速改共食制为分食制，要知人人须转移社会，不宜为社会转移也。”[①]聚餐“……人各备匕箸二副，一可入口，一则只许入公共器皿中，其匕箸之颜色大小须有分别，以免误用，虽手续稍繁，而费可不增。”[②]

至迟在1920年前，一些学校就已经在推行双筷制，如南京一中食堂“每人备箸匙各两副，一作公用，一作私用。食时以公者取，然后以私者纳入口中。”被学生赞美为：“盖此法不过手续较繁，时间方面稍不经济，而法则至善至美也。”[③]其时，“吾国各学校，如东南大学、商科大学等，已有实行单食制者。”但是，多数人还是认为“不如用二匙二箸”的双筷制[④]。“在家庭之间，办公之所，或学校工场之内，凡有供给饭食之处，宜行分食之制或每人两副箸匙，一副运肴于碗，一副纳食于口际，不使紊乱”的“双筷制”卫生进食几成知识者共识[⑤]。“……每人用两双筷箸，……所应添的器具，一双筷箸而已，何等简便，稍为用惯几天，也未觉得不便之处，这真是唯一的好方法呵！”[⑥]湖南省立衡阳中学校刊明文规

---

① 怡如记．吃饭问题——汪千仞先生在家庭日新会演讲[N]．申报“卫生”栏，1923-6-7．汪千仞，名凤翔，桂林人，康有为弟子。赴英学医归国，于杭州西湖南屏山下建双十医院。

② 渐．交换微生物[N]．申报“常谈”栏，1923-4-20.

③ 诚．改良吾国合食之法[N]．申报“卫生”栏，1923-5-19.

④ 张大中．改良合食制之商榷[N]．申报“卫生”栏，1923-10-4.

⑤ 凤宾．痨瘵之传染与共食问题：（下）[N]．申报“卫生”栏，1921-6-8.

⑥ 是因．用双筷箸吃饭[N]．大公报（长沙版）“卫生谈”，1922-5-12.

定学生取食筷、进食筷并用的双筷进食制度，其校规的“实行双箸双匙”条：“本校为注重卫生起见，于九月八日布告学生会食时一律实行双箸双匙。……至教职员方面，已早日实行矣。”①

1934年的期刊上曾有学校中学生进餐双筷、双匙并用的照片，并有标题文字：“这是预防传染的一个方法，吃饭是采用两筷两勺制，每人用一双红色的筷子检夹公共碗盆里东西，另一双黑色的则用来送饭菜入口，汤勺也是这样分别。”②南京一女师校、南京高等师范等学校都施行得很好，“能得中西（即分合）之长，而无其弊，即每人备两双箸，两匙，一碟或小盏，以备搛菜取汤时分用，其他全仍其旧，此举其行君意见相同，本埠红十字会总医院医师饭厅，即行此制，实无一毫难行之处，各种会社机关家庭，均可仿之实行。”③1934—1936年，上海市相继组织了三届“儿童健康夏令营”活动，历时一个月的夏令营期间，“每餐是六菜一汤，每桌孩子七人护士一人，概用双副碗筷。”④营规文件认为：“这个方法是比较低麻烦，但训练成为习惯后，可以在任何处所适用。……本营的最大希望，……而保持身体的健康到永久，——吃饭的所以采用双筷双匙制，就是为此。”⑤张竞生先生是力倡“双筷进食法”的推潮巨擘，他本人是留法哲学博士，他说“有些留学生回国后，稍学外国人好处了，故虽为家餐或是请客，则备有两种箸，两条匙，一到公共的碗汤，一为自己用，这是好规矩，家家可以取法的。”⑥他认为“美的食桌”，也就是文化和文明的进食方式、宴会礼仪，必须是“各人箸两双，碗、盘各一个。一双箸到公共的盘碗去取菜，一双自己用。匙两支，一到公共的盘碗取物用；一为自己用。”⑦

其时，沪、津、穗、京、鄂等诸多中心城市的报刊都在讨论饮食卫生，倡导双筷进食，这是20世纪20—40年代前后持续了约30年之久的社会文化情态。其间，以杨昌济（1871—1924）的家庭实践坚持、陶行知（1891—1946）的校规制定与推行最具影响力。杨昌济先生东西洋留学十年于1913年回国出任湖南高等师范学校教授，1918年6月应蔡元培先生之聘任北京大学伦理学教授，1920年病逝北京。他的倡导实行双筷制，在当时具有积极的社会感召力，且具有特殊的历史意义。杨昌济家庭进食方式的双筷制坚持时段，当在1915年左右至

① 湖南省立衡阳中学校刊[J]. 简讯“实行双箸双匙”条，1935（61）：3.

② 载《文华》，1934（50）.

③ 倚. 改良社会讨论会：关于吃饭问题之商榷[N]. 申报（本埠增刊），1932-9-9.

④ 儿童夏令健康营[J]. 现象月刊，1936：15.

⑤ 沈善培. 营务杂谈：九“食制”[J]. 上海市第二届夏令营儿童健康营营务旬刊，1935（2）：17.

⑥ 张竞生，著. 新食经.（汕头）大光报，1948.//张培忠，编. 老吃货　吃不老　张竞生的养生食经之道[M]. 南昌：江西科学技术出版社，2012：202.

⑦ 张竞生，著. 食经.（上海）时事新报·青光副刊，1934.//张培忠，编. 老吃货　吃不老　张竞生的养生食经之道[M]. 南昌：江西科学技术出版社，2012：71.

1920年间。在长沙时，萧瑜、蔡和森、毛泽东等精英青年时常在其家中有所体验。杨先生曾说："中餐行共食，意虽可取，总不及西餐行分食主义之卫生，故吾人以实行中菜西吃法为最佳，有人以为分食太烦琐，则已有新法发明矣。其法维何？即人各四箸，以二箸取菜，余二箸即用于蔬菜入口是也。与口之接触之箸不得侵入菜碗，如是行之，实较便于分食多多矣。"1939年7月陶行知在抗战大后方陪都重庆附近的合川县古圣寺创办了主要招收难童入学的育才学校。亲定《卫生教育二十七事》，其中第十条规定："用公筷分菜"。此条文公布后，陶行知在每张饭桌上放公筷，并带头使用双筷制，以防止"病从口入"。此后，该校毕业的学生都有了用双筷的习惯。杨步伟初版于1945年的《中国食谱》中："近来，出于卫生的原因，学校、聚会和某些家庭中开始试用公筷之法。"①

20世纪中叶至2002年，双筷制被长期淡忘了约半个世纪。近年来，又是以振兴民族为己任的公知重新开始倡导"两双筷子吃饭"②。2003年的SARS事件无疑又成了助力，迄今"双筷制"正在中餐公宴领域，甚至全国许多餐饮店个体进食场合慢慢普及。但是，鉴于中国人长久形成的积习和中国现时代社会文化生态，大众生活移风易俗的自觉性原动力不足，人们已经形成了是非判断、得失选择总要考虑政府指令的下意识思维习惯，为此，重要人物的倡导率行或政府政策的推动，往往会产生更积极的效果（图10–15）。

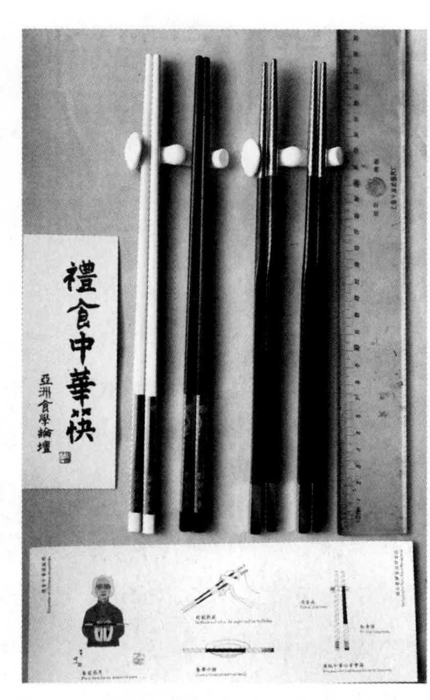

图10–15　笔者为普及中华餐桌仪礼研发设计的礼食中华筷、民天如意筷枕及示意卡

有鉴于此，2019年的第九届亚洲食学论坛在吉隆坡马来亚大学举行时，开幕式上与会的12国近百名代表起立向伍连德先生致敬，并在论坛一致通过的《吉隆坡宣言》中再次表达崇高敬意③。为此，长期以来食学研究者深切期待并一再呼吁"两进"："声音进入中南海——决策领导关注到餐桌精神文明建设的这一声音；方式进入人民大会堂——期待国家隆重的场合施行，表率风气，这样对于中华餐桌文明的积极建设将是不可估量的。"④

① 蒋梅."一秒钟、两双筷"重构中华餐桌仪礼——饮食文化专家赵荣光教授访谈[N]. 中国食品报，2019-1-29.
② 赵荣光：《民族复兴：从餐桌礼仪做起——南京医科大学演讲》，2017年4月9日未能成行的演讲稿。
③ 亚洲食学论坛：《相映成辉：多彩和谐的亚洲餐桌——2019吉隆坡》，11月29日，微信公众号：诚公斋书生。
④ 蒋梅."一秒钟、两双筷"重构中华餐桌仪礼[N]. 中国食品报，2019-1-29.

4. 传统中餐公宴双筷制普及中

双筷制无疑是中餐公宴进食方式改革的最佳选择。中餐进食方式得失讨论由来已久，分歧很大，但长时间以来似乎出路渺茫。外国人说：中国人聚餐方式有五大弊病。享有国际声誉的著名食学家石毛直道先生认为：文明的进食原则应当是坚持“禁止用个人筷子直接夹取共同食物的传统”，“我认为，如果按着筷子体现个人人格的观念来理解，说一句稍微过分的话，在同一锅里互相直接用筷子戳来戳去的交际性宴会，多少有点性事上乱交的意味。”①当然，这位十足绅士修养的大学家直接批评的是日本国曾经一度流行的“锅物吃法”。不过，笔者还是有羞愧和隐痛，总是感觉到全世界的人都在嘲笑地围观我们至今仍不以为然的“有类共交”的进食方式！显然，用“一人两筷制”取代传统的“一筷到底制”，即用“两双筷子吃饭”取代“一双筷子吃饭”已经势在必行。SARS事件暴发后，你一筷我一筷的“大锅饭”进食方式引发了香港餐饮界对病毒通过筷子传播的担忧。香港人为此专门制作了公筷公益电视广告，香港医学会在提供公筷和公匙的餐厅窗户上都张贴了贴纸和海报，学校里还开展名为“我最聪明，我用公筷”的比赛游戏，连香港艺人也加入推广公筷的行列②。“香港不少酒店的筷子就很有人情味，在每个餐位设不同颜色的两双筷子，一双自用，另一双是夹菜用的公筷。”“每个人手里都有公筷，夹菜自然就很方便。台湾的饭店里通常是按碟设公筷，有人夹这碟菜时，其他人都只好等着。”③

笔者自20世纪末就在课堂上和全国各地倡导“餐桌文明”的巡回演讲中力推“双筷进食方式”。2003年8月韩国MBC电视台因此专程到杭州拍摄了两双筷子吃饭的专题节目。2003年10月世界卫生组织（WHO）和联合国粮农组织（FAO）专家组会议上，与会专家也对两双筷子吃饭的进食方法高度赞扬和认同。助食具筷子是具有隐喻私密性和个人专属性很强的器物，它如同一个人的下体短裤一样不宜与人共用④。“伍连德双筷”，是笔者在倡吁推广中餐业双筷服务与传统中餐公宴进食方式选择时的用语，并在“中华筷子节”“国际筷子节”倡议中郑重命名的⑤。以伍连德命名双筷制助食法，一是因为伍连德先生是中国近现代史上卫生饮食、餐桌文明的伟大倡议者和率导者；二是他先后试行的新的进食方法中已经蕴含了双筷进食方法存在的空间；三是紧随其后的双筷倡导与实行事实上都是受了他的启迪。因

---

① [日]石毛直道，著．饮食文明论[M]．赵荣光，译．哈尔滨：黑龙江科学技术出版社，1992：97.

② 体验开放式教学，武汉中学生深度感受港澳[N]．长江日报，2010-2-10.

③ 本网记者感受香港个人游．人民网，2011-3-18.

④ [日]石毛直道，著．饮食文明论[M]．赵荣光，译．哈尔滨：黑龙江科学技术出版社，1992：94.

⑤《中华筷子节——“双十一”的另一种打开方式》2019年11月11日；《相映成辉：多彩和谐的亚洲餐桌——第九届亚洲食学论坛（2019吉隆坡）宣言》，2019年11月29日，参见“诚公斋书生”公众号。

图10–16　香港、曲阜、杭州、天津等地餐厅的双筷服务，摄于2011—2020年间

此，作为历史大事件、重要代表人物和历史时代的标志，我们称之为“伍连德双筷”。为了纪念，也为了更有利地推动，因为直至今日，双筷制的推行仍然并不顺利（图10–16）。

5. 传统中餐公宴双筷的形制与用法

我们将传统中餐公宴双筷称之为“礼食中华筷”，其基本形制规格与前述成人筷一致。但由进食筷与取食筷并列合成的“礼食中华筷”在文化图饰与中段材质上不同，所以如此处理，既可丰富中华筷文化意蕴的展现，也便于区别使用。取食筷后段不锈钢材套件至前段圆柱体过渡段，四面（与进食筷同样的图案位置）镌中华传统文化信赏的“四象”青龙、白虎、朱雀、玄武，并将图示以正体字镌于图案上方，图案与祝祷辞对应：青龙—皇、白虎—苍、朱雀—恩、玄武—福。隆重中餐传统公宴替换双筷（取食筷、进食筷各三双）。宴程中，取食筷、进食筷均同时更新替换服务两次，规格如前，中华文化元素不同。开席为基本形制的红木取食筷、乌木进食筷各一双。第一次更换式样：取食筷“四伟男”：神农、大禹、孔子、屈原，并将图示以正体字镌于图案上方，材质黄梨。进食筷“四美女”：西施、貂蝉、王昭君、杨玉环，并将图示以正体字镌于图案上方，材质桃木。图案与祝祷辞对应依次是取食筷：神农—皇、大禹—苍、孔子—恩、屈原—福；进食筷：西施—皇、貂蝉—苍、王嫱—恩、杨玉环—福。第二次更换式样：取食筷“四瑞兽”龙、凤凰、麒麟、神龟，并将图示以正体字镌于图案上方，材质铁木。进食筷“四吉图”蝙蝠（福）、梅花鹿（禄）、鹤（寿）、喜鹊（喜），并将图示以正体字镌于图案上方，材质枣木。图案与祝祷辞对应依次是取食筷：龙—皇、凤—苍、麒麟—恩、龟—福；进食筷：福—皇、禄—苍、寿—恩、禧—福。龙、凤、麒麟、龟、蝙蝠（福）、梅花鹿（禄）、鹤（寿）、喜鹊（禧）等图案为两只筷身并拢合成。

一个严酷的，具有正负双向作用的事实是，电脑和现代信息时代手与笔的日趋疏远，这固然是不可逆转的科技发展趋势。但任何科技发展都不应当以人类已有优秀文化的毁坏为代价。今天，规范熟练使用筷子的训练不仅仅是对民族优秀文化的保存，而且对手功能和智力与心理训练都具有更为重要的现实意义。当代的大学生，能够写出一手比较工整入目的汉字的，重点大学的文科生充其量不足五分之一，至于三流档次普通高校的理科生，至多也只是十分之一左右；而能够正确规范执笔的学生数，则最多也不超过三分之一。中国学生从入小学开始一直读书到大学，都缺乏汉字书写必要的正规和严格训练，这是中国当代学校教育的一个不容再继续忽视的严重失误。我们当然不是，也没有理由责怪学生。事实上，作为中介环节的从小学到大学的无数教师——许多的教授们，他们的汉字便写得一塌糊涂[①]。中国学生执笔姿势的近乎无规范意识，导致了书写的丑陋；而执笔姿势的过于随意，则与自儿时开始的餐桌礼仪教育缺失直接相关。今天中国各类学校里的老师就是他们施教对象的昨天，今天的父母就是他们自己孩子的昨天，老师和父母们的执笔与执筷同样是笨拙难堪。尽管“饮食文化”课已经开进中国大学，尽管教材里也已经有了餐桌礼仪与规范执筷法的内容[②]，但受众还是以大学生为主体。而食主题博物馆则向全社会开放，其影响范围与受众人数自远远超越校园。

三、“食学”的大众日常生活化

1.“食主题博物馆”中的食学·食礼·食文化

以食生产、食生活的视角，从民族的来路大历史时空地审视中华历史与文化的演进过

① 徐越．送你6分，有人就是拿不到：电脑时代，学生不会写字了[N]．今日早报，2002-6-22.

② 中国高等教育自20世纪80年代初开始有“饮食文化”课程设置，各类相关教材及近百种，仅高等教育出版社发行的《中国饮食文化概论》一书自2003年以来就修订3版，累计发行逾10万册。

程，让许多参观者都有脑洞大开的感慨。初步统计，迄今中国现有不同规模与档次的食主题博物馆已经逾400幢，以笔者的预感，近若干年中国正处于食主题博物馆井喷期。如：中国箸文化博物馆（原址大连，现移入旅顺博物馆）、中国酱文化博物馆（绍兴）、中国杭帮菜博物馆（杭州）（图10–17、图10–18）、中国茶叶文化博物馆（杭州）、谷仓博物馆（塘栖）、中国醋文化博物馆（镇江）、中华食礼馆（尼山）、青岛啤酒博物馆（青岛）、隆平水稻博物馆（长沙），等等。

以中国杭帮菜博物馆为例，2012年开馆以来已经接待海内外参观者一百余万人次，参观者来自世界四十余个国家，美国、法国、日本、韩国等国往往有几十人的中国杭帮菜博物馆专题考察团。观众从耄耋老者到学龄前儿童，无论是各类、各级知识群体还是大众各类人

图10–17　岳府中秋节家宴，根据笔者设计制作，中国杭帮菜博物馆藏

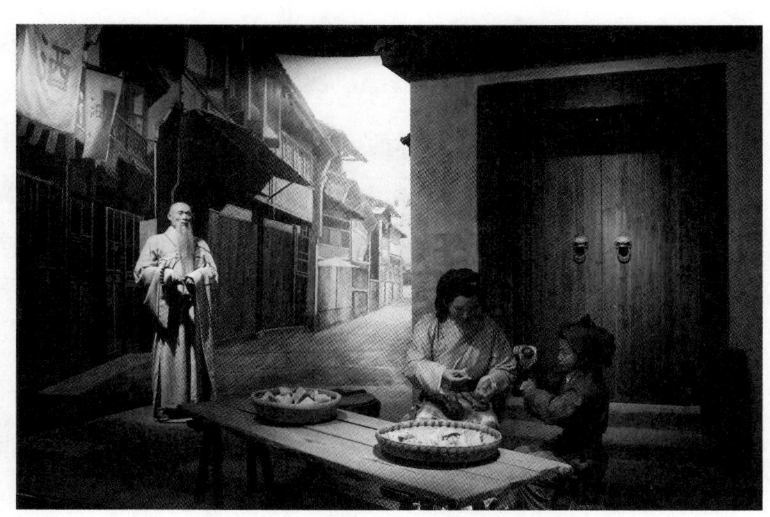

图10–18　于谦端午节闻教，根据笔者设计布展，中国杭帮菜博物馆藏

群，都有一致好评。参观者在徜徉浏览之际，受到熏陶，得到感悟，中华饮食文化的知识传播，食学理念与精神的潜移默化，犹如润物春雨，催生春风。最直接的，当然是食礼的感染，获益最多的是儿童与青年，明确食文化理念，端正食生活态度，规范食事行为，都在不露痕迹的滋育中。

“博物馆”是个在大众社会具有强势话语权的陈列物公共参观场所泛称，而事实上时下许多食主题的这种公共参观场所并非是严格意义上的博物馆。只有“食具”“食器”“食材”“食俗”足够器物与文物支撑的公众参观空间，才可以称为某一特色主题的饮食“博物馆”，中国茶叶博物馆（1990年开馆）、中国乳业博物馆（2001年开馆）等专题博物馆可为代表。号称为博物馆的广泛饮食意义展馆中，酒类、乳类、食材、酱醋调味品类、饮食器具等主题馆占有相当大比重。其中更多的是文化馆、民俗馆的性质，如宁波的雪菜博物馆（2013年开馆）。中国是个吃饭的大国，拥有3000万职业餐饮人，菜品文化强势，“大师”情结很重，于是促生许多“××菜博物馆”的出现。数量很多，并且还在不断涌现的“××菜博物馆”，很能反应时下中国的“烹饪国情”，它们在相当意义上是“大师工作室”和厨师光荣榜的升级版展现。这或者可以解读为是中华餐饮文化、烹饪文化、饮食文化等食学范畴知识为大众喜闻乐见的现时代中国社会大众食生活与文化需求的市场机制所然。普及性质的大众文化难免粗糙简陋，然亦成不可逾越之历史发展阶段。笔者规划的“中华食礼馆”“世界·中华饮食文明馆”则是本着“食学无边大爱”和“文化有根，文明无界”食学思维的物化形态，努力建构的是学者与大众共有的食文化空间。

2. 网络课堂，大家厨师：食学知识在食用实践中

21世纪以来社会食生产工业化、大众食生活超市化模式的弊病引发了人们越来越深刻的反省，生态和谐，传统的食生产与食生活方式引发越来越多人们的追思与向往。网络空间的拓展和自媒体传播的流行为个体的述求表达提供了充分便利，给了中国烹饪走向世界爆炸性的推动力，全球性的疫情常态化也在改变包括中国人在内的全体人类的饮食生活。时来运转，蓄势必发。近年来最活跃并深刻影响人们认知和中国烹饪走向的是正在崛起的中国特色的大厨群体，这一群体的舞台由传统的三尺灶台扩延到无远弗届的网络世界，在厨技学习和饮食文化传播主要依凭影像的时代，“网红大厨”成了最具影响力的人物，这群超越既定“大师”模式的大厨群体正在开拓中国烹饪的新态势。兴起于2005年的中国在线视频行业开拓了信息传递的新局面，2017年迅速崛起的大批短视频平台，让越来越多的年轻用户和创作者涌入，不可胜计的“美食”视频活跃，关注美食博主成了无数人们的重要生活方式。李子柒、

小高姐的魔法调料、美食作家王刚可视为这一时代文化潮流的代表，是大厨群体开拓中国烹饪新态势的合力象征。他们多是30岁左右的年轻人，深受其影响的也首先都是数百万、数千万计的年轻人。李、高、王定义了“视频大厨”的概念和网红大厨的范式，她（他）们合力演绎了中国式视频大厨文化意蕴，预示了大厨群体开拓中国烹饪新态势。拥趸者中不乏各等级职业餐饮人，更多的则是要在家庭厨房一试身手的自助消费者，食学知识向大家厨师的普及已成趋势。国际视野，食品科技与传统烹饪壁垒的打破，与时俱进的消费理念，文化修养的注重与追求，这一切构成了食学发展的时代趋势。

3. 疫情常态化促动大众食学求知的积极性

20世纪以来，中国人的饮食生活遭遇了三次疫情重创。第一次是1910年的东北鼠疫，死亡6万人的代价，最终引发了“卫生餐法”社会革命，公共卫生、文明饮食开始更新中国人的认知。第二次是2002年底至2003年中期以后持续半年多时间的SARS事件，疫情重创了中国餐饮业。疫情中，社会主要关注的是野生动物保护和饮食卫生两个基本点。这两个基本点，笔者2001年撰写、发布的“三拒”倡议——《泰山宣言》中就已经明确提出了，我们同时还期待中国餐饮市场的结构改善与饮食习俗风气良化的“后SARS时代”。但是，这个“后SARS时代”并没有出现。第三次是陷全世界于悲剧灾难中的整个2020年，并且仍在持续中——据世界卫生组织公布的最新统计数据，全球累计确诊305914601例，累计死亡5486304例（2022年1月10日）。疫情还在继续，2020年新冠肺炎疫情是人类对地球自然生态长期破坏性影响的累积结果，尤其是第二次世界大战结束以来半个多世纪时间里各国争先恐后参与效益速度竞争的恶性后果。这种不择手段不计后果的“效益速度竞争”，是以对地球生态修复机制毁灭性破坏为代价的。糟糕的是，“疫情常态化”已成趋势。实事求是，却不免残酷地说：人类，至少是近百年来所作所为的人类的确是地球上的最危险病毒。

2020开始了地球或人类疫情常态化时序，人们没有信心期望“后新冠时代”，世界正在全体人类的沉思反省中深刻变化。人们的人生观、自然观、价值观都在变化，思维方式、行为方式也会跟进变化。世界范围的食生产、食生活方式会结构性变化，人类的食观念、食文化都会随之变化。许多变化还不能预估得很有把握，但是，有几点应当是可以明确的。

首先，食品安全，饮食安全，食生产安全，人们不会再漫不经心地听从各种传媒说教，所有这些安全都要切切实实体现在食材选择、食物加工、食品贮存、饮食消费各个具体环节。由于中国食品安全的现实复杂性，广大消费者的安全感薄弱，大众购买能力的限制，预示社会性蔬食结构变化的上升趋势。疫情严控时段，“回归厨房”“在家做饭”将成普遍常态，网购、外卖、预制菜等，一时成社会餐饮重要方式。几年前的以色列籍北京大学就读青年“歪果仁”高佑思外卖视频，近日台北“马英九跑外卖”视频信息都预示这一兆头。“堂食”受冲击，势必改变应对方式。“网络”正在它无所不在的空间，尽情发挥它无所不能的作用。

其次，社会性外食结构与方式的变化，必将引发厨房作业的新变化，速度、规模、效益成为突出要素，因此，“标准化”“工厂化”会突出。类似正顺中餐数字化烹调研究所批量生产的“一步到味全数字链复合调味料”发挥作用的空间将会逐渐扩大，改变，或促变、提升中餐“手工操作，经验把握”传统。

再次，半个多世纪以来中国频发的各种“自然灾变”，究其路径根底都程度不同与人们的行为有关，但社会应变保险机制始终没有有效建立。灾疫救助应当主要由政府来承担，有效的救助灾变民食之需的社会机制是至关重要的，完备的机制建立之后，餐饮业会在第一时间配合输供给养。

第四，日常生活快节奏化，职宅工作状态社会化，职场便餐普遍化，进餐情调节律超市化，疫情常态化，这五化的结果，必将引发“堂食”传统的变异发展，餐饮业直供家庭餐桌消费将是有远见的餐饮人不得不予以思考的问题，“中心厨房直供家庭餐桌”的“饭在路上”流行化正在变化进化中。

4. 食学的民族修养需要大众的力行与坚持

四十多年来，我的食学开讲，总会习惯性地开宗明义：“人类的无数文化门类中，没有哪一种全民参与的普泛与深度能与饮食文化相比。从母腹胎儿到享台灵主，都以其特定方式影响着社会食生产、大众食生活。”但是，研究与思考者之外的饮食大众一般并不意识到自己与食学的切身利益，往往漠然其与自身的紧密意义。我们说早期人类都是天文学家，因为他们每天的生存活动都与物候时辰紧密相关。而今，生产方式与规模，生存方式与状态，彻底颠覆了“外婆时代”的一切，人们已经被与盘飧之外的一切彻底隔绝。于是，决定了民族食学修养的艰难，决定了知识授受的时代特点。民族食学的修养，必然是大众认知的普及与不断进步，因此自觉力行与坚持不容置疑。然而，我们同时也十分清楚：这一民众化社会行为，必须有觉悟者先行率导开风，必须更多的力行者推助。事实上，这是我食学研究伊始的秉持原则与一贯作风，我的教学无处不在、随时发生，它伴随我行在途中的田野考察与社会实践，不停地讲，随时示范。公正地说，四十年来，我的影响成为无数非我署名的文著中的滋养，成为不计其数言说者的词素，成为业界不知来龙去脉的经营要素。多年来，不计其数的学生、听众代为传播，服务社会效应事实上在不断扩散和发酵，越来越多的志同道合者联袂作用更为彰显。我们将这视为时代学者、觉悟者的共同责任：中国第一个“中国饮食文化研究所”的创立与影响，烹饪教育工作会议的开创与长期坚持，烹饪教育教学研究与教材的编写，《饮食文化研究》杂志创办与维系的多年义务坚持，多座饮食主题博物馆的设计，年会制“亚洲食学论坛”维系，中华餐桌文明的三十年倡导与餐桌仪礼二十年的推行实践，算得上是我们勠力而行的荦荦大者。当然，既往几十年间我们做了许多自觉费尽心力而收效甚微的事，虽心戚而不悲，因为大智、大善、大公而时机未到。

新冠疫情伊始，笔者力促餐饮业界一些国字头或省籍行业协会跟进思考、前导率行。我们同时联袂《中国食品报》与中国饮食文化研究所、中国烹饪协会举办了广有影响力的“应对疫情大考，聚焦餐桌文明”线上论坛（2020年4月20日）；亚洲食学论坛发起了“一秒钟，两双筷——中华餐桌文明”专题论坛：“中国顶级烹饪大师论双筷”（2020年5月30日），“中国餐饮企业家论双筷”（2020年6月28日），“餐前一秒钟：食育专场”（2020年7月19日）。越来越多的同仁认知，越来越多的同道跻身，中华食学正在扎扎实实地普及中。

进入21世纪以来，“中华食礼”越来越被社会广泛关注，规范“中华食礼”因之成为必然趋势。首先是餐前感恩礼，在很多地区的各类学校里自主倡行。对食物的敬重，是世界上各种文化的共性特征，至今许多文化都有餐前感恩礼俗。佛教文化、基督教文化、伊斯兰教文化等许多文化都有传统规范的餐前感恩礼，日本人餐前要说“いただきます”，汉字作“頂きます”，意为将尊贵之物高高地举到头顶，直译作“领受了”，寓意是“我们是领受了动植物的生命得以进食，对于以命换命而用感谢的心情说‘感谢赏赐’。”因为这些食物，人们的生命得以延续与生存，也向恩赐人们食物的神和大自然表达尊敬与感谢。究其根源，这是人类食生产的艰难和食生活的重要所自然陶冶锻造形成的。对食物的礼敬，就是对大自然赐予和人类劳动的尊重与感戴，中国本来有悠久的历史传统，中华民族有源远流长的餐前感恩礼。

重构中华餐桌祝祷词，与宴和用餐过程的每一个细枝末节都要合矩中规，但并非拘泥刻板、束手束脚，其原则是行礼如仪、自然和谐。“中华进食礼”是基于“于理应行”“世情可行”“百姓乐行”的“三行”理念与原则，以传统食礼精粹融合大众习行和时代趋势的进食行为规范。它应具有鲜明简洁、庄重愉悦的特点，因而为大众乐记、喜行、易行。重视“吃相”，是曾经的“礼仪之邦”的中国传统，也事实上越来越成为当代中国人的修为关注。在经历了漫漫的六千年之后，以更新的精神面貌，更斯文儒雅的行为，在餐桌旁端庄悠然地享受大自然与人类创造的赐予，正是华人族群的整体形象。我们殷切期待，并有信心“礼食中华”正在慢慢到来，因为世界大势如此，因为越来越多的中国人都在自觉努力。

附　录

中华食学术语

1. 食生产

食生产指食物原料获取（种植、养殖）、研发（发掘、研制、培育）；食品加工制作（家庭饮食、酒店饭馆餐饮、工厂生产）；食料与食品保鲜、贮藏、运输；饮食器具制作；社会食生产管理与组织等直接或间接服务于食事目的的社会性行为。（赵荣光:《中国饮食文化概论》“绪论”第2页，北京：高等教育出版社，2003）

2. 食生活

食生活指食材与食物获取、烹饪、进食等最终归结于消费目的的行为与相关事象。（赵荣光:《中国饮食文化概论》“绪论”第2页，北京：高等教育出版社，2003）

3. 食事象

与人类食事活动相关的一切行为与现象。（赵荣光:《中国饮食文化概论》“绪论”第3页，北京：高等教育出版社，2003）

4. 食思想

人们的食事认识、观念与理论。（赵荣光:《中国饮食文化概论》“绪论”第3页，北京：高等教育出版社，2003）

5. 食惯制

人们饮食消费行为的习惯、风俗、传统。（赵荣光:《中国饮食文化概论》“绪论”第3页，北京：高等教育出版社，2003）

6. 饮食文化

饮食文化是指食物原料开发利用、食品制作和饮食消费过程中的技术、科学、艺术，以及以饮食为基础的习俗、传统、思想和哲学，即由人们食生产和食生活的方式、过程、功能等结构组合而成的全部食事的总和。（赵荣光:《中国饮食文化概论》“绪论”第2页，北京：高等教育出版社，2003）

7. 食文化

一般是“饮食文化”术语的简略表述，特殊语境下较前者更具抽象与概括意义。表述上，前者更具口语化。（赵荣光:《中国食文化研究述析》,《VESTA》1994．1；赵荣光:《赵荣光食文化论集》第1—22页，哈尔滨：黑龙江人民出版社，1995）

8. 食学

研究不同时期、各种文化背景人群食事事象、行为、思想及其规律与走向的综合性学科。（赵荣光:《中华饮食文化史》第4页，杭州：浙江教育出版社，2015）

9. 美食学

基于鉴赏情趣与享乐目的对食品功能、技艺与消费行为研究的学问。（赵荣光:《中华饮食文化史》第218页，杭州：浙江教育出版社，2015）

10. 烹饪

利用各种工具，主要以热加工手段将食材由生转变成熟，可以直接食用之物的过程。因此，“烹饪”主要是“进入厨房之后和走出厨房之前”事务。（赵荣光：《也谈有关“中国烹饪史”问题的几点想法》，赵荣光：《中国饮食史论》第65页，哈尔滨：黑龙江科学技术出版社，1990）

11. 烹调

“烹饪”术语的同义表述，比较而言，“烹饪”更具习惯性与口语化，基本义为基于经验的食材的食物转变过程；烹调则相对具有一层技术规范、成品精致寓意。（赵荣光：《中国烹饪文化大典》第1页，杭州，浙江大学出版社，2011）

12. 烹饪文化

人类为了满足饮食的生理与心理需求，直接诉诸厨事活动的行为及其相关事象与精神意蕴的总和。（赵荣光：《中国烹饪文化大典》第1页，杭州：浙江大学出版社，2011）

13. 餐饮文化

社会视阈的食品制作、商业运营、消费行为与相关事象的总和。（赵荣光：《餐桌的记忆：赵荣光食学论文集》第22页，昆明：云南人民出版社，2011）

14. 烹饪史

民族既往食事活动中食材利用、工具发明、工艺发展以及相关事宜的经历。（赵荣光：《中国饮食史论》第64页，哈尔滨：黑龙江科学技术出版社，1990）

15. 烹饪文化史

“烹饪史”术语的同义表述，区别在于“烹饪文化史”更多着眼事象展示与因果关系探索，而前者主线是食料加工的行为与过程。（赵荣光：《中国烹饪文化大典》第1页，杭州：浙江大学出版社，2011）

16. 烹饪学

体系化的传统食品技艺与理论。

17. 饮食史

民族既往食事活动中食料发现、食材加工、食物创造、工具发明、工艺发展、食物消费、族群食事活动及相关联各种事象的综合过程。（赵荣光：《中国饮食史论》第65页，哈尔滨：黑龙江科学技术出版社，1990）

18. 饮食文化史

“饮食史”术语的同义表述，区别在于“饮食文化史”更关注诸般食事事象展示与因果关系探索，而前者则侧重族群的食事行为与过程。

19. 饮食文化层

“饮食文化层”是一定历史时空特定族群食事行为的社会结构关系特征，略称“饮食层”，是由于人们的经济、政治、文化地位的不同而自然形成的饮食生活的不同的社会层次。（赵荣光：《中国饮食文化概论》第75页，北京：高等教育出版社，2003）

20. 中华饮食文化层

在中国饮食史上，不同社会地位族群人们因经济、政治、文化地位的差异而自然形成的饮食生活的不同的社会层次。（赵荣光：《中国饮食文化概论》第76页，北京：高等教育出版社，2003）

21. 果腹线

一定历史时空特定族群简单再生产和延续劳动力所必需量质食物的最起码社

会性极限标准。（赵荣光:《中国饮食文化概论》第77页，北京：高等教育出版社，2003）

22. 饮食文化创造线

一定历史时空特定族群食事位于果腹线之上的相对稳定的饮食生活社会性标准。只有长期相对稳定地超出果腹性纯生理活动线之上的饮食生活社会性水准，才能使文化创造具有充分保证。（赵荣光:《中国饮食文化概论》第77页，北京：高等教育出版社，2003）

23. 果腹层

某一族群一定历史时空中为满足基本生存而劳作的食物消费群体。（赵荣光：《中国饮食文化概论》第77页，北京：高等教育出版社，2003）

24. 小康层

某一族群一定历史时空中食生活能长期维持生存基本需求的社会群体。（赵荣光:《中国饮食文化概论》第80页，北京：高等教育出版社，2003）

25. 富家层

某一族群一定历史时空中有较坚实经济实力和相应社会力量支撑的日常饮食生活优裕的社会族群。（赵荣光:《中国饮食文化概论》第81页，北京：高等教育出版社，2003）

26. 贵族层

某一族群一定历史时空中食事活动有超级政治保障、强力经济支撑的社会族群，其食事规模气派、管理制度化、庆娱日常化、政治意味浓厚，通常拥有私家名食口碑，门第食事独特风格。（赵荣光:《中国饮食文化概论》第82页，北京：

高等教育出版社，2003）

27. 宫廷层

人类历史上，王权制国度中，以政权最高首领“王”及“王室”为中心，由国家财赋和权力吸纳财货支撑，并往往以“国”或朝廷名义运行的食生活群体；权力、尊贵、垄断、制度是其基本文化特征。（赵荣光：《中国饮食文化概论》第87—88页，北京：高等教育出版社，2003）

28. 饮食文化圈

由于地域（最主要的）、民族、习俗、信仰等原因，历史地形成的具有独特风格的饮食文化地域性类型。（赵荣光：《中国饮食文化概论》第39页，北京：高等教育出版社，2003）

29. 中华民族饮食文化圈

以今日中华人民共和国版图为基本地域空间，以域内民众——中华民族共同体大众为创造与承载主体的人类饮食文化区位性历史存在。（赵荣光：《中国饮食文化概论》第40页，北京：高等教育出版社，2003）

30. 中华饮食文化圈

以历史上中国版图为传播中心，以相邻或相近因而受中华饮食文化影响较深、彼此关系较紧的广大周边地区联结而成的饮食文化地域空间历史存在。（赵荣光：《中国饮食文化概论》第41页，北京：高等教育出版社，2003）

31. 餐桌文明公理

跨越各种文化差异之上的人类餐桌仪礼通性：洁净、尊重、谦和、礼让、和谐、情趣要求，以及对不雅行为的禁忌等。亦表述为行为的礼。（赵荣光：《餐桌文明：中华民族文化21世纪复兴的支点》，1996年以来全国近百场巡回演讲稿。）

32. 餐桌第一定律

亦称“修养检测定律”，即在任何文化类型的人类族群社会活动中，公共宴会都无一例外是对一个人的综合修为素养做出准确测评的最佳场合。（赵荣光：《餐桌文明：中华民族文化21世纪复兴的支点》，1996年以来全国近百场巡回演讲稿。）

33. 餐桌第二定律

亦称“吃请定律”，即凡接受宴会友好邀请的人，一般都会尽量表现出对主人盛情的感谢与对美食感慨。这种无偿受授食客的赞美多是礼仪所需，可能真诚，但未必真实，因而不足作为信实根据。（赵荣光：《餐桌文明：中华民族文化21世纪复兴的支点》，1996年以来全国近百场巡回演讲稿。）

34. 餐桌第三定律

亦称“美体定律”，即食物选择与进食方式是影响进食者体质的重要因素。（赵荣光：《餐桌文明：中华民族文化21世纪复兴的支点》，1996年以来全国近百场巡回演讲稿。）

35. 餐桌第四定律

亦称“适口者珍定律”，即每个人都有仅仅属于自己经历积习或即时性的食物好尚，因此，个人好恶不应当成为对某一特定食物或某一饮食文化美学与价值判断的标准。（赵荣光：《餐桌文明：中华民族文化21世纪复兴的支点》，1996年以来全国近百场巡回演讲稿。）

36. 四大基础理论

形成于先秦时期的中华饮食文化基础理论，亦称“中华饮食文化的四大原则”，由食医合第一节　饮食养生、本味论、孔孟食道四个基本内容构成，影响了二十几个世纪的民族饮食文化理解与食学思维。（赵荣光：《中国饮食文化概论》第21—29页，北京：高等教育出版社，2003）

37. 食医合一

中华饮食文化的“四大基础理论”之一，理念与初步认识形成于中国古史传说的神农时代，其实践则更早。基本理念是任何自然物皆具有某种特定的“药”性，故一切可食或入口之物均会产生某种程度的疗疾或致病的正负两个方向的“医”用。（赵荣光：《中国饮食文化概论》第22—23页，北京：高等教育出版社，2003）

38. 饮食养生

中华饮食文化的“四大基础理论”之一，饮食养生是旨在通过特定意义的饮食调理去达到健康长寿目的的理论和实践。（赵荣光：《中国饮食文化概论》第24页，北京：高等教育出版社，2003）

39. 饮食疗疾

饮食疗疾是针对已发或预发疾病的临床性食治医疗行为。（赵荣光：《中国饮食文化概论》第24页，北京：高等教育出版社，2003）

40. 本味论

中华饮食文化的“四大基础理论”之一，认为任何食材都有其独特的先天属性的味——本味，注重食材本味，充分发挥本味食材的养生功用与适口性，既是“本味论”的核心思想。（赵荣光：《中国饮食文化概论》第25—26页，北京：高等教育出版社，2003）

41. 味道

一定文化体系对食物基于味觉理念的哲学性理解（赵荣光：CCTV文明之旅2018年4月14日《中华饮食宝典〈随园食单〉》讲稿。）

42. 食道

一定文化体系对食物性能与功用的哲理性阐释。（赵荣光：CCTV文明之旅2018年4月14日《中华饮食宝典〈随园食单〉》讲稿。）

43. 孔子食道

孔子（前551—前479）本人的饮食思想与食事实践原则，概括为：二不厌、三适度、十不食；即饮食追求美好，加工烹制力求恰到好处，遵时守节，不求过饱，注重卫生，讲究营养，恪守饮食文明。（赵荣光：《中国饮食文化概论》第27页，北京：高等教育出版社，2003）

44. 孔孟食道

中华饮食文化的“四大基础理论”之一，春秋战国（前770—前221）时代孔子（前551—前479）和孟子（约前372—约前289）两人的饮食观点、思想、理论及其食生活实践所体现的基本风格与原则性倾向。即饮食以养生为度，遵时守节，不求过饱，注重卫生，讲究营养，恪守饮食文明。（赵荣光：《中国饮食文化概论》第27页，北京：高等教育出版社，2003）

45. 酒德

酒以成礼，饮者恪守无醉不及乱原则。（赵荣光：《中国饮食文化概论》第142页，北京：高等教育出版社，2003）

46. 酒道

中国传统酒道为：饮酒尽欢合礼，注重敬、欢、宜效果。（赵荣光：《中国饮食文化概论》第142—143页，北京：高等教育出版社，2003）

47. 酒礼

史前中国很早就用酒作为沟通鬼神的灵媒，“酒以成礼”久有历史，酒礼是包括祭、拜礼仪在内的饮酒的规矩。（赵荣光：《中国饮食文化概论》第141—142页，北京：高等教育出版社，2003）

48. 传统酒人

中国历史上好饮而成习惯，常饮而成癖好，以酒名世的有学养的嗜酒者。中国历史上的传统酒人依酒德、饮行、风藻可为三等九级，上等是“雅”“清”，即嗜酒为雅事，饮而神志清明；中等为“俗”“浊”，即耽于酒而沉俗流、气味平泛庸浊；下等是“恶”“污”，即酗酒无行、伤风败德，沉溺于恶秽。（赵荣光：《中国饮食文化概论》第137页，北京：高等教育出版社，2003）

49. 酒圣

中国传统酒人中的上上品，饮酒不迷性，醉酒不违德，饮酒更见情操伟岸、品格清隽，更助事业成就。（赵荣光：《中国饮食文化概论》第137页，北京：高等教育出版社，2003）

50. 酒仙

中国传统酒人中的上中品，又称“酒逸”，虽饮多而不失礼度，不迷本性，为潇洒倜傥的酒人。（赵荣光：《中国饮食文化概论》第139页，北京：高等教育出版社，2003）

51. 酒贤

中国传统酒人中的上下品，又称“酒董”，喜饮有节，偶至醉亦不越度，谈吐举止中节合规，犹然儒雅绅士、谦谦君子风度。（赵荣光：《中国饮食文化概论》第139页，北京：高等教育出版社，2003）

52. 酒痴

中国传统酒人中的中上品，又称“酒神”，沉湎于酒而迷失性灵，沉沦自我。（赵荣光：《中国饮食文化概论》第139页，北京：高等教育出版社，2003）

53. 酒颠

中国传统酒人中的中中品，又称“酒狂”，大多豪饮颠狂，酒后时有悖时论、违人情之行为。（赵荣光：《中国饮食文化概论》第140页，北京：高等教育出版社，2003）

54. 酒荒

中国传统酒人中的中下品，沉湎于酒，荒废正业，且偶有使气悖德之行。（赵荣光：《中国饮食文化概论》第141页，北京：高等教育出版社，2003）

55. 酒徒

中国传统酒人中的下上品，逢饮必过，沉沦酒事，少有善举，属酒人下流。（赵荣光：《中国饮食文化概论》第141页，北京：高等教育出版社，2003）

56. 酒疯

中国传统酒人中的下中品，又称“酒疯”“酒头”“酒魔头”“酒糟头”，可以统称为“酒鬼”，嗜酒如命，饮酒忘命，酒后发狂，醉酒糊涂，甚至为酒亡

命。（赵荣光：《中国饮食文化概论》第141页，北京：高等教育出版社，2003）

57. 酒贼

中国传统酒人中的下下品，人品低下，因酒丧德无行，因酒败事，且多饮不清白之酒，行为实同于贼窃。（赵荣光：《中国饮食文化概论》第141页，北京：高等教育出版社，2003）

58. 酒令

酒令也称“行令饮酒”，是酒席上饮酒时助兴劝饮的各种游戏方式统称。（赵荣光：《中国饮食文化概论》第143—147页，北京：高等教育出版社，2003）

59. 敬酒

酒会场合，饮者间出于交谊目的，欢愉心态的彼此礼让行为。（赵荣光：《中国饮食文化概论》第133—152页，北京：高等教育出版社，2003）

60. 劝酒

酒会场合，一方对另一方的促饮行为。（赵荣光：《中国饮食文化概论》第133—152页，北京：高等教育出版社，2003）

61. 强酒

酒会场合的胁迫性劝饮行为。（赵荣光：《中国饮食文化概论》第133—152页，北京：高等教育出版社，2003）

62. 酗酒

无节制的饮酒行为，往往产生失礼或伤身的结果。（赵荣光：《中国饮食文化

概论》第133—152页，北京：高等教育出版社，2003）

63. 闹酒

酒会场合的无节制、不文明饮酒行为。（赵荣光：《中国饮食文化概论》第133—152页，北京：高等教育出版社，2003）

64. 茶德

茶品拟喻士君子美德修养：诚、清、真，谓“茶德三字真谛”或“茶德三昧”。（赵荣光：《高教出版社微课程讲稿》，2017年8月。）

65. 茶道

中华茶道是茶德精神的延伸扩衍，集儒家中庸、释教彻悟、道家出尘思想于一体的修身养性、清神养生、静思内省的修为功夫。（赵荣光：《高教出版社微课程讲稿》，2017年8月。）

66. 茶艺

品茗过程的艺茶之术。（赵荣光：《高教出版社微课程讲稿》，2017年8月。）

67. 传统茶人

中国历史上有学养、精品鉴、擅技艺的嗜茶者，大多因茶事而名世传史。（赵荣光：《中国饮食文化概论》第124—126页，北京：高等教育出版社，2003）

68. 茶圣

陆羽（733—804）因其所开拓与创立的茶学成就、茶文化影响所获得的历史评价，《茶经》是其研究的传世经典。（赵荣光：《中国饮食文化概论》第110页，

北京：高等教育出版社，2003）

69. 食圣

学界与大众社会对食学贡献与影响无争议历史最高地位者的誉美，特指中国古代食圣袁枚（1716.3.25—1798.1.3）。他以自己在中华食学领域开拓性的"十个历史第一"继往开来了中华传统烹饪与饮食文化的历史辉煌，并奠基了中华传统食学的基础，对中华食学的国际范围传播与后世影响功绩甚伟。（赵荣光：《赵荣光食文化论集》第280—338页，哈尔滨：黑龙江人民出版社，1995）

70. 菜品

通常指一款市场行为或交易目的的最终成品菜肴，原料、性态是其两大核心文化要素。（赵荣光：《中国"菜谱文化"源流与"菜谱学"构建》，《赵荣光食学论文集：餐桌的记忆》第718页，昆明：云南人民出版社，2011）

71. 菜式

一般指具有相对稳定模式的外食菜品的式样，其文化要素是：形态、色泽、原料、规格、盛具等（赵荣光：《餐桌的记忆：赵荣光食学论文集》第718页，昆明：云南人民出版社，2011）

72. 冷菜

传统中华菜肴中通过热加工手段制成而备凉吃且凉吃味与口感更加美好的菜肴品类，多为动物性食材，因又习惯称为"冷荤"，往往用作宴会的佐酒之肴。（赵荣光：《中国饮食史论》第129页，哈尔滨：黑龙江科学技术出版社，1990）

73. 热菜

泛指通过热加工手段制成的菜肴或进食状态之际保持相应温度的菜肴，特指传统中华菜肴中通过热加工手段制成且须趁热进食才能感觉到其食材与技艺特色的菜肴。（赵荣光：《中国饮食文化概论》第222页，北京：高等教育出版社，2003）

74. 炒菜

最具中华烹饪食材选择与技艺特色的菜肴，习称“小炒”，烹饪特点是碎切、旺火、重油、快熟；品尝要领是：出勺、装盘、上桌、动筷子连贯完成；一般具有适口、香浓、味厚等特点。（赵荣光：《中国饮食文化概论》第224—225页，北京：高等教育出版社，2003）

75. 粥

中华先民7000年前就已经发明的以水为转热介质、以陶器为加工器具的最早食物形态，后泛指以各种谷物等食材、用各种器具煮制而成的流质食物；特指谷物等植物性食材为主的流质食物。（赵荣光：《中国饮食文化概论》第219—220页，北京：高等教育出版社，2003）

76. 饭

中华先民发明以甑为工具、水蒸气为转热介质致熟谷物类食料的食物形态，一般理解为谷物颗粒状食物。（赵荣光：《中国饮食文化概论》第219页，北京：高等教育出版社，2003）

77. 点心

中华传统食品结构中，正餐之外的精巧型、辅助性主食品。（赵荣光：《中国饮食文化史》第234页，上海：上海人民出版社，2006）

78. 小吃

正餐之外的精致化品种，通常集中有地域、民族、大众、传统、流行等文化

属性。（赵荣光：《中国传统与新潮小吃》丛书“序”，北京：中国轻工业出版社，2001）

79. 食品

泛指一切食料加工过程结束后的完成品。（赵荣光：《餐桌的记忆：赵荣光食学论文集》第719页，昆明：云南人民出版社，2011）

80. 食物

饮食文化体系中一切可食之物的泛称，包括自然形态与人工后形态。（赵荣光：《餐桌的记忆：赵荣光食学论文集》第719页，昆明：云南人民出版社，2011）

81. 膳品

旧指王侯显贵享用的正餐食品或上层社会尊贵礼食宴享场合的肴馔，后亦雅训近似情态的食品。一般包括隆重礼食场合的宴席品目，通常属于传统手工技艺操作的结果，特属于宴会的结构品种。（赵荣光：《餐桌的记忆：赵荣光食学论文集》第719页，昆明：云南人民出版社，2011）

82. 筵式

一般是指为餐饮业沿用成习并为消费者认知接受的相对固定的宴席模式，其文化要素有：大菜、行菜等基本膳品的品目与质量，冷盘、围碟、饭菜、点心、主食等品目的质量与数量等。（赵荣光：《餐桌的记忆：赵荣光食学论文集》第719页，昆明：云南人民出版社，2011）

83. 食单

“食单”一词传世文字始见于唐，本指铺陈于地面、坐床、台、桌等之上用于陈放食品的编织物一类用品，最初用于郊游野宴场合，后被指称一席膳品的食谱或一台酒席的菜单。（赵荣光：《餐桌的记忆：赵荣光食学论文集》第720页，昆明：云南人民出版社，2011）

84. 菜单

泛指膳食管理的肴品名目登录。（赵荣光：《餐桌的记忆：赵荣光食学论文集》第720页，昆明：云南人民出版社，2011）

85. 食谱

膳品名目和制作方法的文字记录。（赵荣光：《餐桌的记忆：赵荣光食学论文集》第721页，昆明：云南人民出版社，2011）

86. 菜谱

菜品烹调方法的文字记录。（赵荣光：《餐桌的记忆：赵荣光食学论文集》第721页，昆明：云南人民出版社，2011）

87. 菜谱文化

菜谱的形成过程、所承载的信息及其使用与影响的诸相关要素集合。（赵荣光：《餐桌的记忆：赵荣光食学论文集》第721页，昆明：云南人民出版社，2011）

88. 菜谱学

以古今菜谱资料作为基本资讯对特定社会的食物加工、食品制作、食单等相关视阈以及菜谱著述及其文化承载题制作技艺、经营、使用等进行研究的学术领域。（赵荣光：《餐桌的记忆：赵荣光食学论文集》第731—732页，昆明：云南人民出版社，2011）

89. 食育

大众食生活知识传授、行为世范、观念影响的社会性资讯传承、授受现象。（赵荣光：《餐桌的记忆：赵荣光食学论文集》第735页，昆明：云南人民出版社，2011）

90. 自噬

史前人类普遍存在过的以族群内部或外部他者为食物对象的现象。行为发生的原因，或者出于同族灵魂依附、肉体共存的关爱理念，或者出于活命自保，或者出于祭祀鬼神，或者出于惩罚敌族等。文明上亦曾长期存在过自保、惩罚、祭祀、异食等诱因的同类相残现象。（赵荣光：《餐桌的记忆：赵荣光食文化论集》第205—206页，哈尔滨：黑龙江人民出版社，1995）

91. 十美风格

十美风格又称“十美原则”，中国历史上上层社会和美食理论家们对饮食文化生活美感的理解与追求的十个分别而又逻辑关联的具体方面：质、香、色、形、器、味、适、序、境、趣，是充分体现传统文化色彩和美学感受与追求的完备系统的民族饮食思想。（赵荣光：《中国饮食文化概论》第245页，北京：高等教育出版社，2003）

92. 质

中华饮食史上“十美风格”或“十美原则”的结构内容与逻辑顺序的第一点，指原料和成品的品质、营养，它贯穿于饮食活动的始终，是美食的前提、基础和目的。（赵荣光：《中国饮食文化概论》第245—246页，北京：高等教育出版社，2003）

93. 香

中华饮食史上“十美风格”或“十美原则”的结构内容与逻辑顺序的第二点，

指鼓诱情绪、刺激食欲的气味，闻香是食物美经验鉴别的极为重要的标志之一，同时也是鉴别美质、预测美味的关键审美环节和检验烹调技艺的重要感观指标。（赵荣光:《中国饮食文化概论》第246页，北京：高等教育出版社，2003）

94. 色

中华饮食史上“十美风格”或“十美原则”的结构内容与逻辑顺序的第三点，指膳品悦目爽神的颜色润泽，既指原料自然美质的本色，也指各种不同原料相互间的组配。色美是食物美经验鉴别与“香”并列的又一重要指标。美色，不仅可以看得出原料的美质，也可以看得出烹调的技巧和火候等加工手段的恰到好处，还可以看得出多种原料色泽之间的晖映谐调美。色、香两个感观指标的直观判断，即可基本测定出肴馔的美学价值。（赵荣光:《中国饮食文化概论》第246页，北京：高等教育出版社，2003）

95. 形

中华饮食史上“十美风格”或“十美原则”的结构内容与逻辑顺序的第四点，指体现美食效果，服务于食用目的的富于艺术性和美感的造型。（赵荣光:《中国饮食文化概论》第246页，北京：高等教育出版社，2003）

96. 器

中华饮食史上“十美风格”或“十美原则”的结构内容与逻辑顺序的第五点，指精美适宜的炊饮器具，以饮食器具为主。饮食器具不仅包括常人所理解的肴馔盛器、茶酒饮器、箸匙等器具，而且包括专用的餐桌椅等配备使用的饮食用具。（赵荣光:《中国饮食文化概论》第246页，北京：高等教育出版社，2003）

97. 味

中华饮食史上“十美风格”或“十美原则”的结构内容与逻辑顺序的第六点，指饱口福、振食欲的滋味，也指美味，它强调原料的“先天”自然质味之美和“五味调和”的复合美味两个宗旨。这是进食过程中美食效果的关键。（赵荣光：《中国饮食文化概论》第247页，北京：高等教育出版社，2003）

98. 适

中华饮食史上“十美风格”或“十美原则”的结构内容与逻辑顺序的第七点，指舒适的口感，是齿舌触感的惬意效果。（赵荣光：《中国饮食文化概论》第247页，北京：高等教育出版社，2003）

99. 序

中华饮食史上“十美风格”或“十美原则”的结构内容与逻辑顺序的第八点，指特定主题宴会设计与宴程期间的节奏、格调，“序”的美学要求是宴程起伏转承的兴趣递增、和谐流畅、圆满愉快。涉及一台席面或整个筵宴肴馔在原料、温度、色泽、味型、浓淡等方面的合理搭配，上菜的合理顺序，宴饮设计和饮食过程的和谐与节奏化程序等。“序”的注重，是把饮食作为享乐之事，并在饮食过程中寻求美的享受的必然结果。（赵荣光：《中国饮食文化概论》第247页，北京：高等教育出版社，2003）

100. 境

中华饮食史上“十美风格”或“十美原则”的结构内容与逻辑顺序的第九点，指悦目赏心、安适怡情的宴饮环境。宴饮环境就其景观选择与建构的属性来说，有自然、人工、天人合璧三大类别；就其功用属性区别，则存在空间的内、外、大、小和不同风格等区别。饮食生活，被人们认作为一种文化审美活动之后，“境”就自然成了其中的一个美学因素。（赵荣光：《中国饮食文化概论》第248页，北京：高等教育出版社，2003）

101. 趣

中华饮食史上“十美风格”或“十美原则”的结构内容与逻辑顺序的第十点，

指宴程中洋溢的愉快情趣和一次宴饮活动令人流连回味的高雅格调。在物质享受的同时要求精神享受，最终达到二者结合通洽的人生享乐目的和境地。（赵荣光：《中国饮食文化概论》第248页，北京：高等教育出版社，2003）

102. 中餐公宴进食方式

华人族群约形成于9—11世纪的多人高足椅围坐大台面餐桌，每人手（礼俗右手）持一双筷子在公共器皿中取食的进食方式。（赵荣光：《中国饮食文化概论》第235—236页，北京：高等教育出版社，2003）

103. 中华筷

华人祖先发明并传承使用的助食具，标准形制是：前段——接触食物的首部为直径5毫米圆柱体，后段——手持的足部为直径7毫米正方体的全等对偶；成人、少年、学龄前儿童使用长度分别为28厘米、24厘米、18厘米；筷身富有中华文化元素修饰。中华筷一般与同样体现中华文化要素的筷枕连用。（赵荣光：《中国饮食文化概论》第228—229页，北京：高等教育出版社，2003）

104. 中华学龄前儿童筷

简称“中华儿童筷”或“儿童筷”，一般供2～6岁儿童使用的中华筷，标准规制为长18厘米，前段7厘米，后段11厘米（由圆柱体向正方体过渡长度为1厘米）。后段顶部套件材质、规格、祝祷词一如成人筷，后段顶部套件至前段圆柱体过渡段四面镌中华历史上的“四大神话人物”：开天地盘古、补天女娲、射日后羿、闹海哪吒图案，图案与祝祷辞对应：盘古—皇、女娲—苍、后羿—恩、哪吒—福。

105. 中华少年筷

简称“少年筷”，适用于小学与中学年龄段的少年，标准长度为24厘米，前段10厘米，后段14厘米（由圆柱体向正方体过渡长度为1厘米）。后段顶部套件材质、规格、祝祷词一如成人筷，后段顶部套件至前段圆柱体过渡段，四面镌中华历史上的“四伟人”神农、大禹、孔子、屈原图案，图案为两支筷身并拢合成，并将图示以正体字镌于图案上方。图案与祝祷辞对应：神农—皇、大禹—苍、孔子—恩、屈原—福。

106. 规范执筷法

华人族群漫长历史形成的礼俗认同的执筷姿势，一般是成人右手拇指捏按点在下距筷头（接触食物部位）约占筷长三分之二处，拇指、食指、中指三指主要负责上支筷，拇指、中指、无名指主要负责下支筷，小指通过支撑无名指以协调其他四指的工作。（赵荣光：《中国饮食文化概论》第232—233页，北京：高等教育出版社，2003）

107. 双筷制

人各以取食筷、进食筷两双筷子接续交替使用的进食方式。（赵荣光：《中国饮食文化概论》第236—237页，北京：高等教育出版社，2003）

108. 取食筷

中餐传统公宴场合，进食者用以从共食器皿中取食置于自用器皿中的筷子，其与进食筷接续助食。（赵荣光：《中国饮食文化概论》第237页，北京：高等教育出版社，2003）

109. 进食筷

中餐传统公宴场合，进食者用以从自用器皿中夹取进食的筷子，其与取食筷接续助食。（赵荣光：《中国饮食文化概论》第237页，北京：高等教育出版社，2003）

110. 筷枕

餐位上枕放中华筷的支架，材质多样，形制多寓吉祥如意，成人中华筷一般将箸首部探出6厘米。（赵荣光：《中国饮食文化概论》第229页，北京：高等教育出版社，2003）

111. 助食具

协助进食者完成将食物从盛放的器皿中转移到口中动作的工具，如箸、匙、刀、叉、手指等。（赵荣光：《中国饮食文化概论》第229页，北京：高等教育出版社，2003）

112. 食事活动

人类为了饮食生活目的所从事的一切活动。（赵荣光：《中国饮食文化概论》第2页，北京：高等教育出版社，2003）

113. 饮食行为

人类直接消费食物的活动。（赵荣光：《中国饮食文化概论》第2页，北京：高等教育出版社，2003）

114. 饮食行为学

研究进食者餐桌空间行为、礼俗、功能的理论。（赵荣光：《中国饮食文化概论》第3页，北京：高等教育出版社，2003）

115. 祭祀筵

由于人、鬼、神三元同一世界观念在史前人类思想与社会生活中的绝对制约性作用，奉献牺牲与分享福佑成为人类最早和最隆重的聚餐形式与仪式，祭祀筵是人类最早的宴席形式，其基本特征是虔诚恭敬、极致美好、礼仪严格、庄重隆重、影响重大等。（赵荣光：《〈衍圣公府档案〉食事研究》第72页，济南：山东画报出版社，2007）

116. 延宾筵

美食待客是人类文明史上各种文化类型的共通性，延宾筵将祭祀筵对鬼神的诚敬、礼仪、美食等原则实施于现实人生，体现友谊、修养等特征。（赵荣光：《中国饮食文化概论》第284页，北京：高等教育出版社，2003）

117. 衍圣公府筵

中国历史上世袭衍圣公爵孔子嫡传长孙府第的筵式，由祭祀、延宾、府宴三大系列筵式组成，突出的文化特点是食材多珍贵、菜式较稳定、技艺传统规范、礼仪规制严格，有突出的衍圣公府气派。（赵荣光：《〈衍圣公府档案〉食事研究》第113页，济南：山东画报出版社，2007）

118. 衍圣公府祭祀筵

中国历史上世袭衍圣公爵孔子嫡传长孙府第筵式结构的一大系列，分为对孔子、孔子先祖、当代主祭人的列祖、各路神祇的不同等级、规格祭祀筵。祭祀筵按既定规则，遵时守节严格如仪执行；其中对孔子的祭祀，又分为国祭、家祭，亦有常规之外的献祭。为了体现事死如事生的传统信念与礼俗，衍圣公府祭祀筵不仅恪守精细精制的原则，且其皆为延宾筵与府筵同名筵式的双倍标准。（赵荣光：《〈衍圣公府档案〉食事研究》第113页，济南：山东画报出版社，2007）

119. 衍圣公府延宾筵

衍圣公府筵的三大系列筵式之一，用于接待不同身份的各种来访者。因孔子（前552—前479）诞生地、孔子墓地、国祭处孔庙均坐落于山东曲阜，曲阜被视为中华文化的“圣城”，历史上各种身份的朝拜者络绎不绝，孔子嫡传长孙衍圣公亦有繁文缛节的频繁社交，因此衍圣公要依礼酬酢朝拜者与各种名义的来访者，衍圣公府延宾筵式宫廷特点是食材珍贵、菜式稳定、技艺传统、礼仪严格，有突出的衍圣公府气派。（赵荣光:《〈衍圣公府档案〉食事研究》第113—114页，济南：山东画报出版社，2007）

120. 衍圣公府饮食

中国历史上世袭衍圣公爵孔子嫡传长孙府第的饮食，突出的文化特点是声名显赫、华筵广张、礼仪规制的贵族气派，其饮食由祭祀、延宾、府宴三大系列筵式组成。（赵荣光:《中国饮食文化概论》第83页，北京：高等教育出版社，2003）

121. 筵式

由一定的膳品数量、具体名目结构而成的相对稳定的一桌宴席模式。（赵荣光:《〈衍圣公府档案〉食事研究》第113页，济南：山东画报出版社，2007）

122. 满汉全席

形成于光绪初年的满清帝国官场酬酢筵式，具有燕菜加烧烤的相对固定模式与燕、翅、参、烤猪等不可或缺品种两大特征。主要流行于清末民初，20世纪80年代以后又曾一度流行。（赵荣光:《满汉全席名实考辨》,《历史研究》第61页，1995.3。）

123. 清宫添安膳

现存中国第一历史档案馆藏清宫御茶膳房档案记载，存在于同治、光绪、宣统间的满清帝国内廷，主要供帝、后等享用的筵式，其固定格式与膳品是：吉祥字海碗菜（或火锅）二品、吉祥字大碗菜四品、怀碗菜四品、碟菜六品、片盘二品、饽饽四品（或饽饽二品、汤一品）。（赵荣光:《满汉全席源流考述》第362页，北京：昆仑出版社，2003）

124. 清宫御茶膳房底档

略称“膳底档”，系满清帝国时代御膳房行厨膳单记录，规格约50厘米×30厘米，系清代50厘米×90厘米规制毛边草纸三等分裁制而成。膳底档，系御膳房拟定的次日拟行厨的御膳单，据此誊成“手掐”奏折呈请御示，之后为行厨膳单，行膳后为留存底档，每月装订一册。（赵荣光:《餐桌的记忆：赵荣光食学论文集》第395页，昆明：云南人民出版社，2011）

125. 清宫御膳手掐

亦可称“清宫御茶膳房手掐”，满清帝国时代御膳主管呈禀皇帝过目御定的拟行厨膳单奏折，规格约7厘米×14厘米10开折页，展开约14厘米×70厘米，黄、红两色种。“手掐”是清代对袖珍折本等类似规制物的习惯称谓，准确应称作“请膳手掐奏折”。（赵荣光:《餐桌的记忆：赵荣光食学论文集》第395页，昆明：云南人民出版社，2011）

126. 素食

不同程度拒绝动物性食材或以植物性食材为主的选择性食生活方式。（赵荣光:《中国饮食史论》第95页，哈尔滨：黑龙江科学技术出版社，1990）

127. 素食主义

基于某种理念或理论的以植物性食材为主的食生活方式。（赵荣光:《中国饮食史论》第98页，哈尔滨：黑龙江科学技术出版社，1990）

128. 素食文化圈

奉行素食主义食生活方式族群生存依赖的基本地域空间。（赵荣光:《中国饮食史论》第124页，哈尔滨：黑龙江科学技术出版社，1990）

129. 中华素食文化圈

大约存在于中国历史上6—19世纪间，由各种素食主义者和准蔬食族群汇集而成的食者群的地域分布。（赵荣光：《中国饮食文化概论》第64页，北京：高等教育出版社，2003）

130. 蔬食

以一切可食性植物为食材的饮食方式或进食行为。（《蔬食-素食：应是21世纪中国人食生活的基本特征》，《楚雄师范学院学报》第1页，2018.1）

131. 斋食

一般指古人于祭祀之前，戒食酒荤的素食行为及所食用的食物；特指佛门弟子中午以前所进用的食物，或伊斯兰教规定在教历太阴年莱麦丹月斋戒一月每日从黎明到日落禁止饮食和房事。（赵荣光：《中国饮食文化概论》第64页，北京：高等教育出版社，2003）

132. 宴程

一桌宴席依照既定设计实施的服务程序与进食节奏过程。（赵荣光：《满汉全席源流考述》第466页，北京：昆仑出版社，2003）

133. 年节

有固定或不完全固定的活动时间，有特定的主题和活动方式，约定俗成并世代传承的社会活动日。（赵荣光：《中国饮食文化概论》第157页，北京：高等教育出版社，2003）

134. 饮食民俗

人们食材选取、加工、烹饪和食用食物过程中，即民族或族群食事活动中所基久形成并传承不息风俗习惯，也称“饮食风俗”“食俗”。（赵荣光：《中国饮食文化概论》第157页，北京：高等教育出版社，2003）

135. 餐制

人们基于生理与生产、生活需要，主要为了恢复体力目的而逐渐形成的时段性进食习惯。（赵荣光：《中国饮食文化概论》第170页，北京：高等教育出版社，2003）

136. 寒具

见于汉代的点心称谓，始于中国3000多年前流行的寒食节禁火期间的冷食需要，《楚辞》中记载的粔籹等即是其早期名称与形态的例证。（赵荣光：《中国饮食文化史》第236页，上海：上海人民出版社，2006）

137. 中国烹饪文化研究的“三神”倾向

20世纪80年代以来中国烹饪文化热潮中流行的将中华传统烹饪神圣化、神秘化、神奇化的研究心态与倾向。（赵荣光：《中国饮食文化研究》第178—187页，香港：东美出版有限公司，2003）

138. 中国烹饪文化研究的“三古”倾向

20世纪80年代以来中国烹饪文化热潮中流行的对中华传统烹饪返古、崇古、迷古的研究心态与倾向。（赵荣光：《中国饮食文化研究》第178—187页，香港：东美出版有限公司，2003）

139.“泰山宣言”

2001年4月18日于中国五岳独尊的泰山极顶向中国餐饮业界和全社会宣布的《珍爱自然：拒烹濒危动植物宣言》的“三拒”要点：餐饮企业拒绝经营、厨师拒绝烹饪，消费者拒绝食用，简称《泰山宣言》。理念提出、思想宣传、文件起草、宣读者为泰安饮食文化论坛评委会主任赵荣光。（赵荣光：《餐桌的记忆：赵荣光食学论文集》第85页，昆明：云南人民出版社，2011）

140. 醢

先秦典籍大量记载的以动物性原料为主腌渍发酵呈咸味的粥状食物。（赵荣光：《餐桌的记忆：赵荣光食学论文集》第209页，昆明：云南人民出版社，2011）

141. 酱

先秦时泛指咸、酸两类粥状发酵食物，汉以后逐渐成为以大豆为主料发酵而成的粥状食物，用于佐餐或调味。（赵荣光：《餐桌的记忆：赵荣光食学论文集》第205页，昆明：云南人民出版社，2011）

142. 醯

先秦典籍大量记载的以植物性原料为主发酵呈酸味的粥状食物，后为醋的雅驯称谓。（赵荣光：《餐桌的记忆：赵荣光食学论文集》第327—339页，昆明：云南人民出版社，2011）

143. 中华酱文化

酱或酱汁，是人类各种文化都十分重视并依赖的调味佐餐食物，悠久农业历史的中华民族大众日常饮食生活，天天餐餐不可或缺；因此形成了全民族性的深厚的重酱情结与制酱工艺。（赵荣光：《餐桌的记忆：赵荣光食学论文集》第213页，昆明：云南人民出版社，2011）

144. 仪狄

见于多种先秦文献记载的中国历史上的第一位酿酒师，女性，夏王朝（前2070—前1600）创始者大禹同时代人。（赵荣光：《中国饮食文化概论》第133页，北京：高等教育出版社，2003）

145. 灶神

中华民族漫长历史上家家户户崇祀的厨房神祇，俗称“灶王”“灶王爷”，始于上古的“老妇之祭”，汉代以后逐渐演变成了男性，记录一家的善恶上报玉皇，以施赏罚。（赵荣光：《中国饮食文化研究》第133页，香港：东美出版有限公司，2003）

146. 索面

见于汉字历史文献最早的以小麦粉或掺和其他淀粉质原料手工揉和搓捻而成的条形食品称谓，后渐成抻拉小麦粉面条的通俗称谓。（2016年9月4日，“首届中国十大名面邀请赛”特邀演讲。）

147. 喇家索面

2002年位于中国青海省民和县喇家新石器时代齐家文化层遗址的考古发掘出土的一碗条形食品遗存，经检测是由粟、黍等制成，长约50厘米，直径约0.3厘米，粗细均匀，距今4000年。（2016年9月4日，“首届中国十大名面邀请赛”特邀演讲。）

148. 面条之路

面条消费半径不断延伸的文化地理路径，期间伴随着参与人群的行为、思想及历史影响等要素。（2016年9月4日，“首届中国十大名面邀请赛”特邀演讲。）

149. 粉食

将谷物等植物性食材加工成粉末状再成形或直接致熟的食物形态。（赵荣光：《中国饮食文化史》第227页，上海：上海人民出版社，2006）

150. 粒食

将谷物籽粒去壳后直接致熟的食物形态。（赵荣光：《中华饮食文化史》第5页，杭州：浙江教育出版社，2015）

151. 八珍

历史文献中泛指最珍贵的食材或食物，特指《礼记・内则》所记周代养老食物：淳熬、淳母、炮豚、炮牂、捣珍、渍、熬、肝膋。（赵荣光：《中国饮食史论》第208页，哈尔滨：黑龙江科学技术出版社，1990）

152. 烧

人类最早用火熟食的方法之一，将食材直接与火接触致熟。（赵荣光：《中国饮食文化概论》第222页，北京：高等教育出版社，2003）

153. 烤

人类最早用火熟食的方法之一，将食材接近火致熟，烤与烧的区别在于被加工食材与火的距离——接近与接触。（赵荣光：《中国饮食文化概论》第222页，北京：高等教育出版社，2003）

154. 炙

人类最早用火熟食的方法之一，将食材置于火塘石头上致熟，泛指借物隔火烤熟食物的方法。（赵荣光：《中国饮食文化概论》第222页，北京：高等教

育出版社，2003）

155. 炮

人类最早用火熟食的方法之一，将食材用泥土等物包裹后置于火塘或灰烬中烧烤致熟的方法。（赵荣光：《中国饮食文化概论》第224—225页，北京：高等教育出版社，2003）

156. 煮

以水为传热介质，以陶器或其他器具为加工具加热致熟食物的方法。（赵荣光：《中国饮食文化概论》第222页，北京：高等教育出版社，2003）

157. 蒸

以甑或类同器具为工具，利用水蒸气为传热介质致熟食物的方法。（赵荣光：《中国饮食文化概论》第223页，北京：高等教育出版社，2003）

158. 涮

将食材入沸水中反复拨动致熟的方法。（赵荣光：《中国饮食文化概论》第226页，北京：高等教育出版社，2003）

159. 氽

将食材一次或多次在沸水中旋进旋出致熟食材的方法。氽、涮、煮三者对食材处理的区别在于：氽是旋进旋出沸水，涮是在一次性入沸水中拨动，煮是在热水中较长时间加热。（赵荣光：《中国饮食文化概论》第226页，北京：高等教育出版社，2003）

160. 炒

最具中华烹饪特色的熟物方法，要求是：食材碎切、旺火、重油、快熟。（赵荣光：《中国饮食文化概论》第224页，北京：高等教育出版社，2003）

161. 头菜

中国某一传统筵式最重要的一品菜肴，它在该桌宴席的价值比重、结构地位、器皿配置、技艺支撑等诸方面都有首要的意义。（赵荣光：《〈衍圣公府档案〉食事研究》第169页，济南：山东画报出版社，2007）

162. 大菜

中国某一传统筵式菜肴结构中的主体菜，其地位仅逊于该宴席中的头菜，一般由数品构成筵席的重心和主体结构。（赵荣光：《〈衍圣公府档案〉食事研究》第170页，济南：山东画报出版社，2007）

163. 行菜

中国某一传统筵式菜肴结构中大菜的组配菜，与大菜组配为伍，其结构地位稍逊于大菜。（赵荣光：《〈衍圣公府档案〉食事研究》第171页，济南：山东画报出版社，2007）

164. 饭菜

亦称“下饭菜”，中国某一传统筵式菜肴结构中伴进主食的菜肴，上菜程序一般是在酒宴的大菜与行菜的分组结构之后，通常与主食同时上桌，是宴席的适于佐餐的最后菜品。（赵荣光：《〈衍圣公府档案〉食事研究》第171页，济南：山东画报出版社，2007）

165. 食品安全

20世纪中叶以来，伴随着工业化食料生产与食品制作进程而逐渐在全世界流行起来的术语，表达的是全社会对工业化食品不应有的各种有害人体物质存在的严重关切。（赵荣光:《餐桌的记忆：赵荣光食学论文集》第67页，昆明：云南人民出版社，2011）

166. 饮食安全

20世纪中叶以来，伴随着工业化食料生产与食品制作进程而逐渐在全世界流行起来的术语，表达的是进食者对具体食物对人体安全保障的忧虑。（赵荣光:《餐桌的记忆：赵荣光食学论文集》第69页，昆明：云南人民出版社，2011）

167. 休闲食品

休闲食品，系用于休闲活动状态人们轻松消遣心态与格调的食物，一般具有异于快节奏工作状态以提供能量为主食物的特征，更具形、色、味、适口性等食物美特征，更具美感与趣味性。（赵荣光:《休闲活动中的“休闲食品”与“休闲饮食”》，杭州树人大学演讲2012年4月8日。）

168. 休闲饮食

休闲饮食，休闲活动状态人们的饮食，一般具有轻松、趣味、适意、享乐的特征。（赵荣光:《休闲活动中的“休闲食品”与“休闲饮食”》，杭州树人大学演讲2012年4月8日。）

169. 自助餐

宴程中进食者自由选择食品、食料独自进食的行为方式。（赵荣光:《餐桌的记忆：赵荣光食学论文集》第39页，昆明：云南人民出版社，2011）

170. 自主餐

宴程中进食者个人作用充分发挥的进食的行为方式。（赵荣光：《餐桌的记忆：赵荣光食学论文集》第39页，昆明：云南人民出版社，2011）

171. 自理餐

进食者参与所消费食品烹调过程的进食的行为方式。（赵荣光：《餐桌的记忆：赵荣光食学论文集》第39页，昆明：云南人民出版社，2011）

172. 国际中餐日

世界各地中餐企业在中国古代食圣袁枚（1716.3.25—1798.1.3）诞辰日（公历3.25）时段开展旨在推动中华饮食文化与中餐服务的经营性活动日。由赵荣光于2003年4月1日中国青岛“地球与人类健康饮食国际论坛”上倡议通过。（赵荣光：《餐桌的记忆：赵荣光食学论文集》第695—699页，昆明：云南人民出版社，2011）

173. 厨德

职业厨师应具备的敬业循规、礼客惜物等基本素质的职业修养。（赵荣光：《餐桌的记忆：赵荣光食学论文集》第35页，昆明：云南人民出版社，2011）

174. 厨艺

优秀职业厨师应具备的属于个人理解、创意与独到的烹饪技巧。（赵荣光：《餐桌的记忆：赵荣光食学论文集》第38页，昆明：云南人民出版社，2011）

175. 厨绩

厨师职业生涯中技艺传承、膳品研制等创造性的成果。（赵荣光：《餐桌的记

忆：赵荣光食学论文集》第36页，昆明：云南人民出版社，2011）

176. 厨者三才

高尚厨德、精湛厨艺、出色厨绩集于一人之身的杰出厨师修养。（赵荣光：《餐桌的记忆：赵荣光食学论文集》第35—36页，昆明：云南人民出版社，2011）

177. 烹饪大师

始于1999年中国相关政府机构、各级劳动管理部门、餐饮行业协会各自授予具有较熟练技术、丰富经验且有一定业界资望的烹饪工作者的荣誉称号，被视为中国餐饮从业人员的最高荣誉。（赵荣光:《餐桌的记忆：赵荣光食学论文集》第38页，昆明：云南人民出版社，2011）

178. 饮食文化大师

餐饮业界权威机构或组织通过相应程式授予有系统饮食文化修养，有个人研究成果，并有相当业界影响的餐饮文化工作者的荣誉称号。（赵荣光:《餐桌的记忆：赵荣光食学论文集》第38页，昆明：云南人民出版社，2011）

179. 酵面

酵面俗称"面肥""老面"，系小麦粉面剂存放过程中深度发酵而成的面干，用为下一次和小麦粉促其发酵的酵母，史称"十饼之曲"。中国人利用酵面的历史至少有3000年。（赵荣光:《中国饮食史论》第233页，哈尔滨：黑龙江科学技术出版社，1990）

180. 餐桌文化

一定族群进食空间的行为综合与文化特征。（赵荣光:《餐桌上的文化与文明》，2007年11月13日于杭州电子科技大学演讲。）

181. 餐桌文明

个人，尤其是聚餐进食场合的必要修养与应遵循的礼仪规范，它反映一个人或族群与社会的文化教养及文明修养程度。（赵荣光：《餐桌上的文化与文明》，2007年11月13日于杭州电子科技大学演讲。）

182. 中华餐桌文明

中华历史上经久形成并严格维系运行的进食场合个人必备的修养与宴食活动中与宴者都要遵循的礼仪规范，它充分体现了中华民族的谦恭礼让、斯文涵养、崇文敦谊、尚食惜物的民族习性与文化风貌。（赵荣光：《中国饮食文化概论》第292页，北京：高等教育出版社，2003）

183. 食礼

一定文化族群积久形成并习惯遵循的进食过程中的礼节或特有仪式，体现为群体认同的行为准则、道德规范和制度规定。（赵荣光：《中国饮食文化概论》第284页，北京：高等教育出版社，2003）

184. 中华进食礼

亦称“华人进食礼”，系指华人社会历史上经久形成，族群大众自觉循从的进食仪礼，包括餐前祝祷、规范执箸、斯文进食、餐后示意全部宴程中的礼节。（赵荣光：《中国饮食文化概论》第292页，北京：高等教育出版社，2003）

185. 目食

追求或满足食前方丈、美食陈列效果的饮食心理与行为。（赵荣光：《餐桌文明：中华民族文化21世纪复兴的支点》，1996年以来全国近百场巡回演讲稿。）

186. 味食

刻意注重与追求饮食味觉的进食心理、行为或理论。（赵荣光：《餐桌文明：中华民族文化21世纪复兴的支点》，1996年以来全国近百场巡回演讲稿。）

187. 膨食

面对美食往往失却理性，肆意极限满足的进食心理与行为。（赵荣光：《餐桌文明：中华民族文化21世纪复兴的支点》，1996年以来全国近百场巡回演讲稿。）

188. 心食（智食）

理性、节制、斯文进食的心理与行为。（赵荣光：《餐桌文明：中华民族文化21世纪复兴的支点》，1996年以来全国近百场巡回演讲稿。）

189. 食相

进食者的神态、动作等行为的他者总体印象，能形象而深刻、准确地反应该进食者的修养与素质。（赵荣光：《餐桌文明：中华民族文化21世纪复兴的支点》，1996年以来全国近百场巡回演讲稿。）

190. 食德

人们日常食生活奉行的哲理性理念，或某种食学理论认定的食事最高准则。（赵荣光：《餐桌文明：中华民族文化21世纪复兴的支点》，1996年以来全国近百场巡回演讲稿。）

191. 中华食德

中华民族历久形成，并被大众习惯循从、主流意识始终强调的食事理念，其要点是感恩造物、尚食惜物、乐于分享。（赵荣光：《餐桌文明：中华民族文化

21世纪复兴的支点》，1996年以来全国近百场巡回演讲稿。）

192. 食事庆娱

凡以美食欢庆人生快意事的行为，称为食事庆娱；饮食既是生存的基本需要，亦是快乐的享受。（赵荣光：《餐桌文明：中华民族文化21世纪复兴的支点》，1996年以来全国近百场巡回演讲稿。）

193. 食事祈盼

凡事求吉、尚食惜物是华人族群积久形成的文化传统，在全部食事活动中，尤其是隆重的进食场合都会怀着感恩自然、祈求福佑的心态，或行相应的仪式。（赵荣光：《餐桌文明：中华民族文化21世纪复兴的支点》，1996年以来全国近百场巡回演讲稿。）

194. 食事避讳

趋吉避凶是人类在远古时代就养成的理念与习俗，信奉天人合一、和谐自然、尚食惜物的华人族群在进食场合与全部食事活动中都对其理解的不祥不利奉行严格回避的原则。（赵荣光：《餐桌文明：中华民族文化21世纪复兴的支点》，1996年以来全国近百场巡回演讲稿。）

195. 菜品文化

具有相对固定模式且流行较广范围、较长时间的菜品或菜品集群体现的品质与风格，具有所属族群的时空文化特征。（赵荣光：《中国东北菜全集》第11页，哈尔滨：黑龙江科学技术出版社，2007）

196. 条食情结

形成于史前时代并影响至今的，华夏族群广泛认同的，将各种食材尽可能加工成线型形态后食用的文化传统、习尚与心理。（赵荣光：《再谈“喇家索面”与中华面条文化史——兼议KBS〈面条之路〉与〈面条之路：传承三千年的奇妙饮食〉的相关问题》，《饮食与文明：第三届亚洲食学论坛论文集》，杭州：浙江古籍出版社，2014；赵荣光：《“喇家索面”形态类比再现与历史文化资讯索隐》，第四届亚洲食学论坛演讲稿；赵荣光：《“中华食学”的历史特征与基本内涵》，2015年3月18日图尔法国食物研究论坛演讲稿初稿。）

197. 东坡饮食文化

有文字记载或口传依据的苏东坡习常、喜爱的食物食品，体现其好尚、思想并影响至今的饮食文化现象。（黄冈市“东坡美食文化之乡”中国烹饪协会专家组评审意见界定，2016年8月11日。）

198. 中华面条

中华民族传统和习尚食用的，以小麦粉为主要原料、以绵长线形为主要形态的食品。（“首届中国十大名面邀请赛”特邀演讲，2016年9月4日。）

199. 水引面

小麦粉面剂经水浸后手工捻拉而成的条形食品，始见于《齐民要术》，并习传至今。

200. 丝路人

不同历史时期，主要以和平手段、互利目的从事以中国为起讫点的商业、文化等活动的各种文化背景的旅行者。（“一带一路”研讨会发言《“丝绸之路”首先是饮食文化创造之路》，2016年10月。）

201. 产业化食物链病

20世纪中叶以后世界广泛流行的，片面追求产量和利润的工业化食材生产与食物制造导致食者所罹的各种疾病。（赵荣光：《动物伦理学与健康食品论的时代意义——彼得·辛格与迈克尔·波伦食学思想比较》文稿，2017年4月。）

202. 酒令文化时代

中国历史上以传统酒人为主体活跃于频繁酒会场合进而繁荣社会宴饮活动、促进酒场文化的社会历史文化特征。其大致时限，是酒禁基本放开的汉以后至近代。（赵荣光：《中国酒令的消亡》2017年11月25日答问。）

203. 美食家

以快乐的人生态度对食品进行艺术赏析、美学品味，并从事理想食事探究的人。美食家既有丰富生动的美食实践与物质享受，又有深刻独到的经验与艺术觉悟，是物质与精神谐调、生理与心理融洽的食生活美的探索者与创造者。（赵荣光：《中国饮食文化概论》第262页，北京：高等教育出版社，2003）

204. 饕餮者

追求并以满足美食口福物欲为择食特征的人。（赵荣光：《中国饮食文化概论》第250页，北京：高等教育出版社，2003）

205. 食学家

将食事研究作为一种学业，从事知识说明、事象叙述、事理探讨、理论归纳的学者，一般应有著作或发明权的可阅视成果。（赵荣光：《中国饮食文化概论》第269页，北京：高等教育出版社，2003）

206. 中华民族饮食文化十大历史伟人

构成中华民族饮食文化历史特征、典型表征民族特色的十位杰出人物，分别是：燧人氏（Suiren），中国古史传说时代发明人工取火的伟大人物，“三皇”之首；灶君（Zao Jun），又称灶王，古代神话传说中主管饮食之神，女性；神农氏（Shennong），中华原始农业的开拓者；仪狄（Yi Di），夏禹时代司掌造酒的官员，我国最早的酿酒人，女性；伊尹（Yi Yin），对烹饪有独到深刻理解的伟大的药剂学家；孔子（Confucius，前551—前479），中华民族饮食文化理论奠基人；刘安（Liu An，前179—前122），豆腐发明主持人；陆羽（Lu Yu，733—804），中华茶学奠基与茶艺创始人；李白（Li Bai，701—762），中华传统酒人的杰出代表，酒圣；袁枚（Yuan Mei，1716—1797），中国古代食圣，中华传统食学终结者。（赵荣光：《餐桌上的记忆：赵荣光食学论文集》第117—126页，昆明：云南人民出版社，2011）

207. 食主题博物馆

以人类不同族群的食生产、食生活、食文化要素为主体展示内容的博物馆。英文表述应为 food themed museum。

208. 中国菜

本土华人以地产原料、传统烹饪方式与调味品加工制作的大众积久习惯食用的菜品总称。就其原料、制作、调味、成品四大要素来说，原料特征：东亚地区地产食材为主，原料选取广泛；制作特征：烤、煮、蒸、煎、炒等十余种基本烹饪方法及数十种变化方法；调味特征：鲜、咸、酸、甜、辛等味觉追求广泛，各种风格调味料丰富；成品特征：油多、高热、味重、即食。中国菜的审美理论方法是质、香、色、形、器、味、适、序、境、趣“十美原则”，助食具的最佳选择是中华筷。（赵荣光：《中国饮食食论》第72页，哈尔滨：黑龙江科学技术出版社，1990）

209. 中华烹饪

中华风味食品与其传统工艺的泛称。（赵荣光：《中国饮食文化概论》第28—35页，北京：高等教育出版社，2003）

210. 杭帮菜

以历史与文化杭州为基本地域空间，集宫廷、官府、食肆、民间、素菜、船菜等诸多菜式为一体，清淡适中、制作精致、节令时鲜、多元趋新的菜品文化体系。（赵荣光：《“中国杭帮菜博物馆”展陈设计方案》B本终稿，2012年10月12日。）

211. 滇菜

亦称“云南菜”，食材丰富自然，甜辣咸酸香本味突出，烹调手段平实而富变化的中国民族风情浓郁的西南地域性菜品。（赵荣光：《餐桌的记忆：赵荣光食学论文集》第28页，昆明：云南人民出版社，2011）

212. 黔菜

中国贵州地区地产原料特色突出、少数民族风情与民俗厚重的菜品文化，具有辣、香、酸、鲜、味醇厚的特征。（赵荣光：《中国饮食文化研究》第375—376页，香港：东美出版有限公司，2003）

213. 秦菜

泛指流行于中国西北广大地区的菜品文化类别指称，主要特征是厚味、多辣，重畜肉、尚面食；汉族传统习俗厚重，清真食风鲜明；煮、烤、蒸、炒等传统烹饪技法为主。（赵荣光：《餐桌比菜盘更大：我对秦菜文化走向的思考与期待》，北京人民大会堂“陕西美食高峰论坛”演讲，2018年10月28日。）

214. 陕菜

陕西地区菜品类别风格的概称，其典型文化特征是：重油、厚味、多辣，食材广泛，传统肴馔与历史名食众多，面食特色突出，烹饪技法以煮、烤、蒸、炒等为主。（赵荣光：《餐桌比菜盘更大：我对秦菜文化走向的思考与期待》，北京人民大会堂“陕西美食高峰论坛”演讲，2018年10月28日。）

215. 十六围千筵

十六围千（“千”或当作“且”）筵。晚近以来主要流行于浙东地区民间的隆重筵式称谓，其基本特征是：冷热聚珍二十四品，全部地产食材，参贝鱼蜇蛏鳗虾，猪鸡鸭果汤糊茶。（赵荣光：《定义十六围千筵式二首》注释，2018年3月5日。）

216. 中华浆

中国古代流行的微酸味饮料，米汁酿制而成，文献记载主要流行于《诗经》时代至中世间。（《华人食醋历史文化与嗜酸性解析》，首尔“2018大韩民国食醋文化大典”特邀主题演讲，2018年6月22日。）

217. 中华醋

华人自古以来嗜习的，以谷物为主要原料按照传统方法酿制而成的酸味液态食品。（《华人食醋历史文化与嗜酸性解析》，首尔“2018大韩民国食醋文化大典”特邀主题演讲，2018年6月22日。）

218. 中华酱

华人发明并习用的，具有三千年以上历史的以大豆（或大豆与小麦）、水、盐为主料经传统工艺发酵而成的咸味糊状调味品。（赵荣光：《餐桌的记忆：赵荣光食学论文集》第202—218页，昆明：云南人民出版社，2011）

219. 酱园

历史上，以经营中华酱、中华醋等调味品为主的星罗棋布于中国城镇的前店后场式手工作坊。（赵荣光：《餐桌的记忆：赵荣光食学论文集》第202—218页，昆明：云南人民出版社，2011）

220. 酱清

成熟的中华酱在贮存过程中缓慢渗浮于酱体上面的液体，通常被作为酱的精华佐餐或调味。（赵荣光：《餐桌的记忆：赵荣光食学论文集》第260—277页，昆明：云南人民出版社，2011）

221. 蔬浆水

主要流行于中国西北地区民间的传统食物，以菜蔬为主料浸水发酵而成，味微酸，用作饮料或伴作主食。（《华人食醋历史文化与嗜酸性解析》，首尔“2018大韩民国食醋文化大典”特邀主题演讲，2018年6月22日。）

222. 浆水面

主要流行于中国西北地区的传统食物，主要由当地特制的蔬浆水与麦粉条制作而成，味呈酸辣。（《华人食醋历史文化与嗜酸性解析》，首尔“2018大韩民国食醋文化大典”特邀主题演讲，2018年6月22日。）

223. 浆水饭

以西北地区特制浆水与各种主食料合成的主食类食品泛称，主要流行于中国西北地民间，味呈微酸。（《华人食醋历史文化与嗜酸性解析》，首尔“2018大韩民国食醋文化大典”特邀主题演讲，2018年6月22日。）

224. 朝鲜泡菜

以大白菜、红辣椒为主要原料腌渍而成的微酵微酸微辣菹物，主要分布于东北亚核心地带，因朝鲜族群的普遍嗜好而得名。（《华人食醋历史文化与嗜酸性解析》，首尔“2018大韩民国食醋文化大典”特邀主题演讲，2018年6月22日。）

225. 饮食文化原壤性

特定族群赖以为生地域滋生的饮食文化，有明显的元初性地域特征。（赵荣光：《中国饮食史论》第18—20页，哈尔滨：黑龙江科学技术出版社，1990）

226. “板凳论”

中国民间俗语“四条腿不吃板凳，两条腿不吃活人”的缩略，某些中国人在特定语境下对所持“食无禁忌”理念或习惯的诙谐性表达。这一俗语的成因是：饥饿长久困窘着的中国大众，高度珍惜任何可食之物，而在饥馑来临时则“饥不择食”。（赵荣光“长冈·世界多雪国家21世纪饮食·交通·居住发展会议”大会答问，1992年3月。）

227. 吃相

“吃相”应是“食相”同义语，但更为口语习俗，泛指一个人的进食情态，眼神、口型、表情、持具方式、坐姿、动作、声响、节奏等进食过程中的全部表情动作。吃相是一个人素质、修养在无意识或下意识状态的自然流露，是可以在短暂一瞬间对一个人阅历路径、德行修养、发展预期作印象感觉认知方式。（赵荣光：《餐桌文明：中华民族文化21世纪复兴的支点》，1996年以来全国近百场巡回演讲稿。）

228. 宴会

倡行者为着既定明确目的将与其有某种关系的诸人邀集到餐桌语境中的社交

活动，参与者也有着相应的个人利益诉求。宴会一般都有特定的主题、规范的仪礼、宴程管理的预设，是各种文化都十分注重的人际关系与社会利益谐调的重要方式。（赵荣光：《天下第一家衍圣公府食单》第1—16页，哈尔滨：黑龙江科学技术出版社，1992）

229. 宴会情结

通过餐饮聚会形式达到联络感情、抒发胸臆、协调利益、传播信息、享乐口腹等目的的人群意愿与希冀。（赵荣光：《中国饮食文化概论》第267—270页，北京：高等教育出版社，2003）

230. 会宴

泛指具有一定时限与空间要素制约的聚食活动。（赵荣光：《天下第一家衍圣公府食单》第1—16页，哈尔滨：黑龙江科学技术出版社，1992）

231. 餐饮人

社会分工为大众餐饮实务与文化建设的社会族群，其承担的社会责任是满足大众饮食的物质与精神消费需求。（赵荣光：《中国饮食文化研究》第188—194页，香港：东方美食出版社，2003）

232. 中华菜谱学

体现尚食、惜食传统，并富于哲学思考与中华民族文化特征的菜谱文化体系。（赵荣光：《中华菜谱学视阈下的“中国菜”认识》，“2018‘中国菜’美食艺术节暨全国省籍地域经典名菜、名宴博览会”主题演讲，2018年9月10日郑州。）

233. 以地名菜

以地籍名称表述菜品文化特性的方法，有三层寓意：地名——菜的地籍属性，地域自然与社会要素——食材、习俗、族群等，地域的区块级次性——内部的差异与区别。（赵荣光：《中国饮食史论》第72—94页，哈尔滨：黑龙江科学技术出版社，1990）

234. 菜系

具有相近风味与风格地方菜品类的指称，通常有明确的地籍指代，也指称泛地籍的菜品文化类同或近似性特征，是20世纪80年代以来中国大陆餐饮业界流行的模糊性很强的菜品不同风味类型的行业术语。（赵荣光：《中国饮食史论》第72—94页，哈尔滨：黑龙江科学技术出版社，1990）

235. 世界大餐桌

“二战”以后日益全球性拓展的食材生产工业化、食品消费市场化人类食生活模式时代特征。广义的“世界大餐桌”经历了三个历史演变阶段：15—17世纪以前的自然经济时代；“地理大发现”后的国际贸易时代；“二战”以来的工业化时代。自然经济时代的各族群餐桌文化的社会性特征是：食材小半径范围地产为主，食物加工家庭厨房为重心，交换比重很小，族群、地域、传统特征明显；国际贸易时代各地域族群的餐桌文化社会性特征是：食材结构、食物形态、习俗观念较自然经济时代均有不同程度改变，“外来”元素与变异色彩明显；工业化时代各区域的餐桌文化社会性特征是：食材生产与食品加工的工业化不断提高，食物消费者整体与自然的疏离，城（区）际、国际的食品高效流通，工业化、一体化为日趋显著的特征。（见于笔者近年来的多处演讲场合，若《食学思维：当代世界食事研究的主体路径——浙江工商大学“饮食文化的跨文化传播国际研讨会”主题演讲》等。）

236. 果腹族群

不得不以满足生存基本需求饮食消费为要务的社会族群。（赵荣光：《食学思维：当代世界食事研究的主体路径》，浙江工商大学“饮食文化的跨文化传播国际研讨会”主题演讲，2018年10月23日。）

237. 饕餮者

贪想口福，耽溺口腹之欲追求的进食者。（赵荣光:《中华饮食文化史》第218页，杭州：浙江教育出版社，2015）

238. 食学思维

食学思维是针对文化泛论式饮食文化研究的一种方法论认识，是基于食学学科体系与理论建构的人类食事研究方法论。（赵荣光:《食学思维：当代世界食事研究的主体路径》，浙江工商大学“饮食文化的跨文化传播国际研讨会”主题演讲，2018年10月23日。）

239. 饮食文化场

催生促进社会餐饮生活发展各种文化形态的中心城市生存机制空间。（赵荣光:《中国菜品文化研究的误识、误区与饮食文化场——再谈“菜系”术语的理解与使用》，“中国（博山）餐饮创新发展论坛”特邀主题演讲，2018年11月11日。）

240. 饮食伦理

族群社会进食行为自觉遵守的对生物与生态的必要与足够尊重的理念与界限。（赵荣光:《历史文明尺度下的亚洲当代文化美食》，2019亚洲国际美食节广州“美食与文化文明”论坛基调演讲，2019年5月17日。）

241. 美食文化

市场引导人们消费的精制食品及其营销与消费过程中的诸般事象。（赵荣光:《历史文明尺度下的亚洲当代文化美食》，2019亚洲国际美食节广州“美食与文化文明”论坛基调演讲，2019年5月17日。）

242. 文化美食

食品消费审美意向认识、价值判断选择及其对生产、生活影响的诸要素。（赵荣光：《历史文明尺度下的亚洲当代文化美食》，2019亚洲国际美食节广州“美食与文化文明”论坛基调演讲，2019年5月17日。）

243. 生态伦理

人类为了自身生存发展而不得不遵循的自身与其他生物、自然等生态环境的关系的一系列道德规范。（赵荣光：《历史文明尺度下的亚洲当代文化美食》，2019亚洲国际美食节广州“美食与文化文明”论坛基调演讲，2019年5月17日。）

244. 食事法理

中国历史上由国家制度、政府律令所设定的社会大众食事行为必须遵循的规则。如食生产责任担当、社会食事活动的身份与行为限定等。

245. 食事伦理

中国历史上社会人群内心认同的食事行为规范，有鲜明的儒家道德观特征。

246. 食事道理

中国民众食事行为学的哲学理解与理念，包括人与宇宙自然、人与生活生命等广泛范畴。

247. 装盘

以炒、蒸、煮等热加工与即食为特征的中华传统烹饪技艺制作的肴馔成熟之际移入盛具的利落技巧。（赵荣光：《“中华菜谱学”视阈下的“中国菜”》，2018向世界发布中国菜活动（郑州）主题演讲、赵荣光：《“中国菜”的科学认知与中国省籍地域菜品文化发展》，2019“中国菜”创新发展高峰论坛（西安）基调演讲等。）

248. 摆盘

将欲食用肴馔按特定审美需求精心刻意摆放入盛具的过程。（赵荣光：《“中华菜谱学”视阈下的“中国菜”》，2018向世界发布中国菜活动（郑州）主题演讲、赵荣光：《“中国菜”的科学认知与中国省籍地域菜品文化发展》，2019“中国菜”创新发展高峰论坛（西安）基调演讲等。）

249. 粽子

粽子是中国历史文化积淀最深厚，出现最早的艺术性特型食品，起源于上古以牛为牺牲的祈年祭祀礼俗，约三千年前定型为取象牛角的角粟，南北朝时融入屈原崇拜的端午节俗，为中华美食之一。（赵荣光：《餐桌的记忆：赵荣光食学论文集》第278页，昆明：云南人民出版社，2011）

250. 厚味

食材或食物气味浑厚。

251. 重口味

进食者对食物厚重味的嗜好性选择，或指称厚重味食物特嗜者。

252. 国食

某一国家主流社会意识或一国主体民族自视为，或被他者文化誉为最具代表性的食品。

253. 吃货

中国俗语詈人贪吃饕餮，21世纪20年代网络语谓嗜食且以此自诩者。

254. 摆台

一定主题宴饮活动开始前的餐台艺术性设计，包括与宴者位次确定，餐具、助食具选择与台布、餐巾摆放，以及其他装饰、消费品的配备等。

255. 走菜

亦称“传菜”，指将肴馔从完成地点传布上餐台的过程，专业性的走菜具有技艺特征并有文化意蕴。

256. 訾食者

对任何美食都无动于衷的心理厌食者，语出《管子》：“訾食者，多所恶也……人訾食则不肥。故曰：‘訾者不肥体也。’”

257. 风味

具有相对明确原生地域和该地域族群相当长时间习尚的某一食品的独特口味。（赵荣光：《中国饮食文化概论》第252—258页，北京：高等教育出版社，2003）

258. 风格

体现在食品品质、烹饪行为、消费过程，以及延伸的食生产、食生活相应地域或族群特色。（赵荣光：《中国饮食文化概论》第252—258页，北京：高等教育出版社，2003）

259. Biángbiáng面

中国陕西地区流行的风味传统面食代表品种，碗容面一条足米，宽薄光滑，劲道味厚，谚云“腰带”，寓意顺利发达。（赵荣光：《风味面与中华面：“国际面食之都”文化的两个重要支点》，“2019（咸阳）陕西面食大会·面食产业发展高峰论坛”主题演讲，2019年11月1日。）

260. 中华锅盔

历史悠久的中华传统焙烤发酵面食品，通常为半径10厘米、厚度6厘米以上的圆形，仅以麦粉为原料的素锅盔为其代表性品种。（赵荣光：《风味面与中华面：“国际面食之都”文化的两个重要支点》，“2019（咸阳）陕西面食大会·面食产业发展高峰论坛”主题演讲，2019年11月1日。）

261. 素锅盔

历史悠久、普及广泛的中华锅盔代表性品种，仅以小麦粉为原料发酵焙烤而成的圆形食品，传统规制约半径10厘米、厚度6厘米以上。（赵荣光：《风味面与中华面：“国际面食之都”文化的两个重要支点》，“2019（咸阳）陕西面食大会·面食产业发展高峰论坛”主题演讲，2019年11月1日。）

262. 白饭

仅以稻米为原料蒸或焖而成的原粒形态主食品，系本土华人族群创始并承传5000年之久的主食，最初的烹饪工具是陶质的甑。（赵荣光：《风味面与中华面：“国际面食之都”文化的两个重要支点》，“2019（咸阳）陕西面食大会·面食产业发展高峰论坛”主题演讲，2019年11月1日。）

263. 光面

没有或仅有些许菜末配料的中华面条食品，多为汤煮。（赵荣光：《风味面与中华面："国际面食之都"文化的两个重要支点》，"2019（咸阳）陕西面食大会·面食产业发展高峰论坛"主题演讲，2019年11月1日。）

264. 白粥

华人族群习食的主食品，通常仅以稻米为原料多水煨煮而成的流体主食品。（赵荣光：《风味面与中华面："国际面食之都"文化的两个重要支点》，"2019（咸阳）陕西面食大会·面食产业发展高峰论坛"主题演讲，2019年11月1日。）

265. 水饭

华人族群传统的主食品种之一，通常以米饭加清水煮成，或清水浸泡而成。（赵荣光：《风味面与中华面："国际面食之都"文化的两个重要支点》，"2019（咸阳）陕西面食大会·面食产业发展高峰论坛"主题演讲，2019年11月1日。）

266. 菜以地名

任何具有相应传承空间的菜品都是特定地域族群食生活的文化累积，系菜品文化的一般机理和他者认知的基本特征。（赵荣光：《"中国菜"的科学认知与中国省籍地域菜品文化发展——2019"中国菜"创新发展高峰论坛（西安）基调演讲》，2019年5月9日。）

267. 省籍名菜

菜品文化认知地域性表述的一般性特征，20世纪后期以降中国社会主流意识倾向。（赵荣光：《"中国菜"的科学认知与中国省籍地域菜品文化发展——2019"中国菜"创新发展高峰论坛（西安）基调演讲》，2019年5月9日。）

268. 随园奖

由亚洲食学论坛创立于2018年，旨在表彰华语世界食学领域年度最佳著作的最高图书类奖项。该奖于2018年推评出1978年以来的40部食学优秀著作，确立从2019年第二届起，每年推选出上一年度出版的最佳食学著作一本，在当年的亚洲食学论坛进行颁奖和现金奖励。旨在奖励为中国食学研究做出卓越贡献的个人，鼓励中国餐饮人提升文化素养，促进中国食学研究者服务社会。

269. 中华筷子节

亚洲食学论坛倡导华裔成员于每年11月11日自觉愉快履行“一秒钟，两双筷”仪礼并刻意规范中华筷进食的娱食行为，旨在激励族群文化自觉、自信、自励，始于2018年。（赵荣光：《“中华筷子节”与“世界筷子节”——答〈南宁职业技术学院学报〉问》，吉隆坡，2011年11月29日。）

270. 世界筷子节

第九届亚洲食学论坛倡导以筷子为助食具的各种不同文化族群进食者，自2020年始于每年的11月11日以娱乐心情执筷进食，并自觉强化进餐文化感觉的仪式；旨在激励文化自信、族群自强、社会和谐。（赵荣光：《“中华筷子节”与“世界筷子节”——答〈南宁职业技术学院学报〉问》，吉隆坡，2019年11月29日。）

271. 食事交流

指的是不同个体或族群之间的食材、食物、知识等要素的让渡、借鉴行为。这种行为表现为食材、食物、器具等物质形态和政府、社团、民众等不同层面的结构特征。（赵荣光：《国际交往中的美食效应》，应宝库山出版集团总裁Karen Christensen之邀在Simon's Rock College的演讲稿，2020年1月30日。）

272. 美食外交

异文化间政府或社团为着明确功利目的而刻意从事的展示经典食物的餐桌空间行为。（赵荣光：《国际交往中的美食效应》，应宝库山出版集团总裁Karen Christensen之邀在Simon’s Rock College的演讲稿，2020年1月30日。）

273. 政策性饥饿

由于政府误导或管理失误导致的国民饮食生活处于果腹线下的状态。（赵荣光：《中华文明，大众餐桌：中国当代食学研究》，纽约州立大学奥尔巴尼分校演讲，2020年1月31日。）

274. 合食

众人从共用器皿中取食并围聚的进食方式。（赵荣光：《餐桌文明：中华民族文化21世纪复兴的支点》，1996年以来全国近百场巡回演讲稿。）

275. 分食

合食场景中，预置于个份盛器中的单品进食方式。（赵荣光：《餐桌文明：中华民族文化21世纪复兴的支点》，1996年以来全国近百场巡回演讲稿。）

276. 分餐

亦称“分食”，指某一主题活动参与者同一食事行为空间中各据一份、独自完成进食行为的进食方式，定食或自助餐为其代表性式样。（赵荣光：《餐桌文明：中华民族文化21世纪复兴的支点》，1996年以来全国近百场巡回演讲稿。）

277. 家常菜

中华餐饮文化术语，泛指选材、方法、品相、风味均具有大众口味与消费习惯的肴品，具有朴实价廉、适应性强、认知度高等特点。

278. 餐叙

以某种名目组织相关人士参加的聚餐形式谈话活动，一般有明确主题和参与者资质限定，系中国式饭局的一种。（赵荣光：《餐桌文明：中华民族文化21世纪复兴的支点》，1996年以来全国近百场巡回演讲稿。）

279. 茶话会

以饮茶并伴有适当茶食消费方式召集相关人员的座谈交流式聚会，通常无正规宴会的严格仪礼约束。（赵荣光：《餐桌文明：中华民族文化21世纪复兴的支点》，1996年以来全国近百场巡回演讲稿。）

280. 安全食品

工业化食生产体系中，产品说明科学准确、名实相副，无危及进食者健康成分，且合乎市场伦理并确保可持续性发展的食品。（赵荣光：《餐桌文明：中华民族文化21世纪复兴的支点》，1996年以来全国近百场巡回演讲稿。）

281. 烹饪家

以手工具独到工艺制作品食者高度认可肴馔的工艺匠人。（赵荣光：《餐桌的记忆：赵荣光食学论文集》第33—35页，昆明：云南人民出版社，2011）

282. 烹饪艺术家

具有相当文化修养并富于美学创造性的烹饪家。（赵荣光：《餐桌的记忆：赵荣光食学论文集》第33—35页，昆明：云南人民出版社，2011）

283. 品食者

以敬畏自然感情和积极社会责任心，郑重食事、珍惜食物的进食者。（《餐桌文明：中华民族文化21世纪复兴的支点》，1996年以来全国近百场巡回演讲稿。）

284. 新美食家

世界慢食运动领袖卡洛·佩特里尼对现时代美食好尚者行为及其社会公议形象扬弃的论点，界定为自觉实践生态和谐食事并秉持饮食伦理的美食家。（[意]卡洛·佩特里尼著，林心怡等译：《慢食，慢生活》第245—248页，北京：中信出版集团，2017）

285. 食物社群

世界慢食运动领袖卡洛·佩特里尼认为的，有组织形态参与和谐生态食事并自觉恪守饮食伦理的进食者族群。（[意]卡洛·佩特里尼著，林心怡等译：《慢食，慢生活》第243—245页，北京：中信出版集团，2017）

286. 美食文化之都

具有足够品牌食物、特色餐饮、口碑食俗、支撑器物、依凭文化诸要素的生活地域空间饮食文化场域誉名。（赵荣光：《“吃”的结果：食事行为改变人与自然》，第四届博鳌美食论坛主题演讲，2020年11月25日。）

287. 食客

以美食爱好、经历、见识传为人知，并常被延为座上宾的品食者。

288. 美食文学

以欣赏心态撰写的美食与食事的文学作品。

289. 味道

具有食品咀嚼过程中口味感觉的大众口语表述及食品、食事哲学思辨学理两重寓意。

290. 中华菜

基于中国特产原料、传统烹饪方式与风味特色的菜品总称。以炒为典型代表烹饪方法灵活多变，成品一般油多、味厚、即食。助食具的最佳选择是筷子。

291. 大餐桌

20世纪中叶以来不断加速物流与信息传递所促成的食材、食品与思想、行为越来越超区域化的人类饮食生活现象。（赵荣光：《网红大厨——中国烹饪走向世界新世代》。）

292. 小厨房

20世纪中叶以来主要出现在城市大众居室中的相对小空间、高技能厨事区域，它与人们的便捷进餐方式互为因果。（赵荣光：《网红大厨——中国烹饪走向世界新世代》。）

293. 食事效率原则

工业化社会效率机制制约下的大众食生产、食生活的快节律规则。（赵荣光：《网红大厨——中国烹饪走向世界新世代》。）

294. 食事效益原则

工业化城市大众食生活所体现的寻求收支最大利益化特征。

295. 大餐桌小厨房时代

由工业化社会生活决定的大餐桌与小厨房两种依存互动机制形成的人类食生活情态。（赵荣光：《网红大厨——中国烹饪走向世界新世代》。）

296. 大家厨师

21世纪以来大众普遍关注食物制作并直接介入厨事活动的社会性现象。（赵荣光：《网红大厨——中国烹饪走向世界新世代》。）

297. 模糊性

囿于认知局限对传统烹饪技术特性的一种臆想性表述。（赵荣光：《网红大厨——中国烹饪走向世界新世代》。）

298. 林则普疑问

20世纪初中国烹饪协会秘书长林则普对餐饮人普遍缺乏读书学习兴趣现象的发问。（赵荣光：《网红大厨——中国烹饪走向世界新世代》。）

299. 小高姐预示

21世纪20年代，加拿大华裔Miss Gao“小高姐的魔法调料”厨艺视频因食品科学与传统烹饪有机结合的精湛技艺演示而引发了环球性的中菜品与饮食文化热，被食学者解读为和谐生态、安全饮食时代思潮趋势下中餐世界发展的标志性现象。（赵荣光：《网红大厨——中国烹饪走向世界新世代》。）

300. 餐饮人在读

食学者赵荣光响应林则普疑问，于2005年发出的中国餐饮人共同学习思考的呼吁，旨在通过阅读、研究、交流等各种方式整体提升技艺与文化修养、认知与思想水平，以期族群顺应时代进步、中华烹饪文化更好地服务中外大众社会食生活的目的。（赵荣光：《网红大厨——中国烹饪走向世界新世代》。）

301. 亚洲食学论坛

由中国食学者发起，亚洲多国同仁联袂组织，世界各国同道积极参与的跨洲际年会制国际食学会议。会议秉持家园共同、大爱无疆、文化有根、文明无界的理念，直击人类食生产、食生活紧迫性的现实问题，前瞻探讨，旨在维护地球和谐生态、人类健康文明饮食生活。（赵荣光：《留住祖先餐桌的记忆》，光明日报。）

302. 帮口

中国餐饮业界传统的菜品文化风味与经营者地籍地域性区别称谓。

303. 锅台转

中国俗语指称家务活动，或特指主妇。

304. 食为民天

天道观中国人敬畏自然、珍惜食物、庄重饮食行为的理念。（赵荣光：《民以食为天》。）

305. 饮和食德

见于《易》等元典记载的中华民族和谐自然、珍惜食物、恪守食礼等理念与规范。（赵荣光：《民以食为天》。）

注：以上术语，均系笔者创意提出或界定诠释，它们是笔者既往四十年饮食文化、饮食史教学实践与食学问题持续思考中力求深刻理解、准确表述的尝试，分别来源于笔者已经或尚未正式发表的文著，更多是多年来笔者教学和学术研究中表述过的。笔者的课堂、讲台等许多即时见识与观点讲述都是与研究同步的，

所以许多学术思考与原创性思维一般都是未曾正式发表的内容。既往四十年间，笔者的饮食文化教学经历了几十个循环，演讲遍布全国很多省、区、市，考察交流足迹几乎遍历所有县级地域，与闻笔者见识者难以计数。它们事实上多年来一直在被许多与闻者各种方式利用。20世纪末以来，不断有研究作者学科术语与食学科建构的文章发表，藉拙著《中华食学》付梓之际，笔者做了初步梳理。鉴于笔者尚无暇顾及既往已出版和尚未出版的文著的系统整理，应当说这一工作还远不够严谨如意，希望尚有完善机会。

参考文献

一、基本古籍

（一）正史类

[1] 西汉·司马迁. 史记. 北京：中华书局，1959.
[2] 东汉·班固. 汉书. 北京：中华书局，1962.
[3] 西晋·陈寿. 三国志. 北京：中华书局，1982.
[4] 南朝宋·范晔. 后汉书. 北京：中华书局，1965.
[5] 南朝梁·沈约. 宋书. 北京：中华书局，1974.
[6] 南朝梁·萧子显. 南齐书. 北京：中华书局，1972.
[7] 北朝北齐·魏收. 魏书. 北京：中华书局，1974.
[8] 唐·李延寿. 北史. 北京：中华书局，1974.
[9] 唐·姚思廉. 梁书. 北京：中华书局，1973.
[10] 唐·房玄龄等. 晋书. 北京：中华书局，1974.
[11] 后晋·刘昫等. 旧唐书. 北京：中华书局，1975.
[12] 北宋·欧阳修等. 新唐书. 北京：中华书局，1975.
[13] 北宋·欧阳修. 新五代史. 北京：中华书局，1974.
[14] 北宋·司马光等. 资治通鉴. 北京：中华书局，1956
[15] 元·脱脱等. 宋史. 北京：中华书局，1977.
[16] 元·脱脱等. 金史. 北京：中华书局，1975.
[17] 清·张廷玉等. 明史. 北京：中华书局，1974.

（二）政书、类书

[1] 唐·欧阳询撰. 艺文类聚. 上海：上海古籍出版社，1965.
[2] 唐·徐坚. 初学记. 北京：中华书局，1962.
[3] 唐·虞世南. 北堂书钞. 北京：中国书店，1989.

[4] 北宋·李昉. 太平御览//文渊阁四库全书：第896册. 台北：台湾商务印书馆，1984.
[5] 宋·郑樵. 通志//文渊阁四库全书：第373册. 台北：台湾商务印书馆，1984.
[6] 南宋·陈元靓. 岁时广记. 上海：商务印书馆，1939.
[7] 元·马端临. 文献通考. 北京：中华书局，1986.
[8] 明·刘若愚. 明宫史. 北京：北京古籍出版社，1980.
[9] 清·陈梦雷编. 古今图书集成·食货典. 北京：中华书局，1934.
[10] 清·徐松. 宋会要辑稿. 北京：中华书局，1957.
[11] 清·鄂尔泰，张廷玉. 国朝宫史. 北京：北京古籍出版社，1987.
[12] 清·庆桂. 国朝宫史续编. 北京：北京古籍出版社，1994.
[13] 清·陈元龙. 格致镜原//文渊阁四库全书：第1032册. 台北：台湾商务印书馆，1984.

（三）笔记小说

[1] 西汉·刘向. 说苑//赵善诒疏证本. 说苑疏证. 上海：华东师范大学出版社，1985.
[2] 西汉·东方朔. 神异经//文渊阁四库全书：第1042册. 台北：台湾商务印书馆，1984.
[3] 晋·张华. 博物志//文渊阁四库全书：第1047册. 台北：台湾商务印书馆，1984.
[4] 东晋·王嘉. 拾遗记//文渊阁四库全书：第1042册. 台北：台湾商务印书馆，1984.
[5] 南朝宋·刘义庆. 世说新语. 上海：上海古籍出版社，1982.
[6] 南朝梁·吴均. 续齐谐记//文渊阁四库全书：第1042册. 台北：台湾商务印书馆，1984.
[7] 唐·段成式. 酉阳杂俎. 北京：中华书局，1981.
[8] 唐·封演. 封氏闻见记//文渊阁四库全书：第862册. 台北：台湾商务印书馆，1984.
[9] 唐·孟诜. 食疗本草. 上海：上海古籍出版社，1992.
[10] 唐·冯贽. 记事珠//陈祖槼等. 中国茶叶历史资料选辑. 北京：农业出版社，1981.
[11] 唐·冯贽. 云仙杂记//文渊阁四库全书：第1035册. 台北：台湾商务印书馆，1984.
[12] 唐·李肇. 国史补. 杭州：浙江古籍出版社，1986.
[13] 唐·苏鹗. 杜阳杂编//文渊阁四库全书：第1042册. 台北：台湾商务印书馆，1984.

[14] 五代・王仁裕．开元天宝遗事．北京：中华书局，2006.
[15] 五代宋之际・陶谷．清异录//文渊阁四库全书：第1047册．台北：台湾商务印书馆，1984.
[16] 北宋・欧阳修．归田录//文渊阁四库全书：第1037册．台北：台湾商务印书馆，1984.
[17] 北宋・沈括．梦溪笔谈//民国・王云五辑．丛书集成初编．上海：商务印书馆，1937.
[18] 北宋・王谠．唐语林//文渊阁四库全书：第1038册．台北：台湾商务印书馆，1984.
[19] 两宋之际・孟元老．东京梦华录．北京：中华书局，1982.
[20] 宋・洪迈．夷坚志．北京：中华书局，1981.
[21] 宋・黄朝英．靖康湘素杂记．上海：上海古籍出版社，1986.
[22] 南宋・陆游撰．老学庵笔记．李剑雄，刘德权点校．北京：中华书局，1979.
[23] 南宋・吴自牧．梦粱录．北京：中国商业出版社，1982.
[24] 南宋・吴曾．能改斋漫录．上海：上海古籍出版社，1979.
[25] 南宋・周密．武林旧事．北京：中国商业出版社，1982.
[26] 南宋・周辉．清波杂志．上海：上海古籍出版社，1991.
[27] 南宋・耐得翁．都城纪胜．北京：中国商业出版社，1982.
[28] 宋元之际・周密．癸辛杂识．北京：中华书局，1988.
[29] 元明之际・罗贯中．三国演义．北京：人民文学出版社，1953.
[30] 明・冯梦龙编刊．喻世明言．陈曦钟校注．北京：北京十月文艺出版社，1994.
[31] 明・顾起元．客座赘语．上海：上海古籍出版社，2012.
[32] 明・沈德符．万历野获编．北京：中华书局，1959.
[33] 明・张大复．梅花草堂笔谈．上海：上海古籍出版社，1986.
[34] 明・于慎行．谷山笔尘．北京：中华书局，1984.
[35] 明・叶子奇．草木子//文渊阁四库全书：第866册．台北：台湾商务印书馆，1984.
[36] 明・蒋一葵．长安客话．北京：北京出版社，1960.
[37] 明・胡侍．真珠船．北京：中华书局，1985.
[38] 明・施耐庵．水浒传．北京：商务印书馆，2016.
[39] 明・周游．开辟衍绎．上海：上海古籍出版社，1990.
[40] 明清之际・西周生．醒世姻缘传．济南：齐鲁书社，1980.
[41] 明清之际・顾炎武．日知录．同治壬申湖北崇文书局，重雕本.
[42] 明清之际・姚廷遴．历年记．上海：上海人民出版社，1982.
[43] 明清之际・姚廷遴．续历年记．上海：上海人民出版社，1982.
[44] 明清之际・姚廷遴．记事拾遗．上海：上海人民出版社，1982.

[45] 清・吴敬梓．儒林外史．人民文学出版社，1977.
[46] 清・王士祯．香祖笔记．上海：上海古籍出版社，1982.
[47] 清・褚人获．坚瓠集．杭州：浙江人民出版社，1986.
[48] 清・沈复．浮生六记．南昌：江西人民出版社，1980.
[49] 清・刘献廷．广阳杂记．北京：中华书局，1957.
[50] 清・昭梿．啸亭杂录．北京：中华书局，1980.
[51] 清・曹雪芹．红楼梦．第3版．北京：人民文学出版社，1964.
[52] 清・李斗．扬州画舫录．扬州：广陵古籍刻印社，1984.
[53] 清・陆风藻．小知录．上海：上海古籍出版社，1991.
[54] 清・李调元．粤东笔记．台北：新文丰出版公司，1979.
[55] 清・陆祚蕃．粤西偶记．北京：中华书局，1985.
[56] 清・阮葵生．茶余客话．北京：中华书局，1959.
[57] 清・汪康年．汪穰卿笔记．北京：中华书局，2007.
[58] 清・蒲松龄．聊斋志异．上海：上海古籍出版社，2010.
[59] 清・余庆远．维西见闻纪．维西傈僳族自治县志编委会办公室，1994.
[60] 清・潘永因编．宋稗类钞：上、下．刘卓英点校．北京：书目文献出版社，1985.

（四）诗文集

[1] 南朝梁・萧统．文选．北京：中华书局，1977.
[2] 唐・柳宗元．柳河东集．上海：上海人民出版社，1974.
[3] 唐・李白．李太白全集．北京：中华书局，1957.
[4] 北宋・苏轼．东坡全集//文渊阁四库全书：第1107、1108册．台北：台湾商务印书馆，1984.
[5] 北宋・范仲淹．范文正集//文渊阁四库全书：第1089册．台北：台湾商务印书馆，1984.
[6] 北宋・黄庭坚．山谷集//文渊阁四库全书：第1113册．台北：台湾商务印书馆，1984.
[7] 北宋・梅尧臣．宛陵集//文渊阁四库全书：第1099册．台北：台湾商务印书馆，1984.
[8] 北宋・欧阳修．文忠集//文渊阁四库全书：第1102册．台北：台湾商务印书馆，1984.
[9] 北宋・司马光．司马温公文集//丛书集成新编：第61册．台北：台湾新文丰出版公司，1984.
[10] 北宋・赵抃．清献集//文渊阁四库全书：第1094册．台北：台湾商务印书馆，1984.

[11] 北宋·苏辙．栾城集//文渊阁四库全书：第1112册．台北：台湾商务印书馆，1984.
[12] 北南宋间·洪兴祖．楚辞补注．北京：中华书局，1983.
[13] 南宋·陆游．剑南诗稿．上海：上海古籍出版社，1985.
[14] 南宋·陆游，涂小马校注．渭南文集校注//钱忠联，马亚中主编．陆游全集校注．杭州：浙江教育出版社，2011.
[15] 南宋·辛弃疾．青玉案·元夕//唐圭璋编．全宋词：三．北京：中华书局，1965.
[16] 元·郑允端．春慵轩诗集//宋元四十三家集．重修本．天启二年（1622年）．
[17] 明清之际·李渔．李渔全集．杭州：浙江古籍出版社，1992.
[18] 明末清初·陈确．陈确集．北京：中华书局，1979.
[19] 清·曹寅．南辕杂诗//楝亭集．北京：北京图书馆出版社，2007.
[20] 清·李调元．童山诗集．北京：中华书局，1985.
[21] 清·李文炤撰，赵载光点校．李文炤集．长沙：岳麓书社，2012.
[22] 清·李渔．闲情偶寄//李渔全集：11.浙江古籍出版社，1992.
[23] 清·彭定求等修纂．全唐诗．北京：中华书局，1960.
[24] 清·沈德潜．古诗源．北京：文学古籍刊行社，1957.
[25] 清·严可均校辑．全上古三代秦汉三国六朝文．北京：中华书局，1958.
[26] 清·袁枚．小仓山房诗集．上海：上海古籍出版社，1988.
[27] 清·吴楚材，吴调侯选．古文观止．北京：中华书局，1959.
[28] 清·朱彝尊．明诗综．上海：上海古籍出版社，1993.
[29] 王英志主编．袁枚全集．南京：江苏古籍出版社，1993.
[30] 张月中，王钢主编．全元曲．郑州：中州古籍出版社，1996.
[31] 董浩．全唐文．北京：中华书局，1983.
[32] 王志民，王则远校注．康熙诗词集注．呼和浩特：内蒙古人民出版社，1993.
[33] 周振甫主编．唐诗宋词元曲全集．合肥：黄山书社，1999.
[34] 张舜徽主编．张居正集．武汉：湖北人民出版社，1994.

（五）其他

[1] 左丘明．国语．上海：上海古籍出版社，1978.
[2] 西汉·刘向．战国策．上海：上海古籍出版社，1985.
[3] 西汉·刘向撰．列女传．刘晓东校点．沈阳：辽宁教育出版社，1998.
[4] 西汉·史游著．急就篇．唐·颜师古注，宋·王应麟补注．长沙：岳麓书社，1989.
[5] 西汉·氾胜之．氾胜之书．万国鼎辑释．北京：农业出版社，1963.
[6] 东汉·班固．白虎通义．北京：中华书局，1985.

[7] 东汉·张仲景．伤寒论．上海：上海人民出版社，1979.
[8] 东汉·张仲景撰．金匮要略．于志贤，张智基点校．北京：中医古籍出版社，1997.
[9] 东汉·王充．论衡．上海：上海人民出版社，1974.
[10] 东汉·刘珍等撰．东观汉记．吴树平校注．郑州：中州古籍出版社，1987
[11] 晋·陆翙．邺中记//文渊阁四库全书：第463册．台北：台湾商务印书馆，1984.
[12] 晋·常璩．华阳国志．成都：巴蜀书社，1984.
[13] 晋·陆机．毛诗草木鸟兽虫鱼疏//文渊阁四库全书：第70册．台北：台湾商务印书馆，1984.
[14] 东晋·葛洪．抱朴子·内篇//国学整理社．诸子集成：八．北京：中华书局，1954.
[15] 南朝梁·宗懔．荆楚岁时记．太原：山西人民出版社，1987.
[16] 北魏·贾思勰．齐民要术．北京：农业出版社，1982.
[17] 北魏·杨衒之．洛阳伽蓝记//文渊阁四库全书：第587册．台北：台湾商务印书馆，1984.
[18] 北齐·颜之推．颜氏家训．上海：上海古籍出版社，1980.
[19] 隋·杜台卿．玉烛宝典//续修四库全书：第885册．上海：上海古籍出版社，1995.
[20] 隋唐之际·释灌顶．大般涅槃经玄义//大正新修大藏经：第三十八卷．台北：佛陀教育基金会，1990.
[21] 唐·段公路．北户录//文渊阁四库全书：第589册．台北：台湾商务印书馆，1984.
[22] 唐·樊绰．蛮书//文渊阁四库全书：第464册．台北：台湾商务印书馆，1984.
[23] 唐·慧琳．一切经音义//大正新修大藏经：第五十四卷．台北：佛陀教育基金会，1990.
[24] 唐·韩鄂．四时纂要．北京：农业出版社，1981.
[25] 唐·顾况．华阳集//文渊阁四库全书：第1072册．台北：台湾商务印书馆，1984.
[26] 唐·陆羽．茶经//文渊阁四库全书：第844册．台北：台湾商务印书馆，1984.
[27] 唐·陆龟蒙．笠泽丛书//文渊阁四库全书：第1083册．台北：台湾商务印书馆，1984.
[28] 唐·孙思邈．备急千金要方．北京：中医古籍出版社，1999.
[29] [日] 圆仁．入唐求法巡礼行记．顾承甫、何泉达点校．上海：上海古籍出版社1986.
[30] 五代宋之际·陶谷．荈茗录//陈祖椝等．中国茶叶历史资料选辑．北京：农业出版社，1981.
[31] 五代宋之际·聂崇义编．三礼图集注//文渊阁四库全书：第129册．台北：台湾

商务印书馆，1984.
[32] 五代·王定保．唐摭言．上海：上海古籍出版社，1978.
[33] 五代·孙光宪撰．北梦琐言逸文．贾二强点校．北京：中华书局，2002.
[34] 北宋·傅肱．蟹谱//文渊阁四库全书：第847册．台北：台湾商务印书馆，1984.
[35] 北宋·寇宗奭．本草衍义//民国·王云五辑．丛书集成初编：第1430册．上海：商务印书馆，1936.
[36] 北宋·庞元英．文昌杂录//文渊阁四库全书：第862册．台北：台湾商务印书馆，1984.
[37] 北宋·唐庚．眉山文集//文渊阁四库全书：第1124册．台北：台湾商务印书馆，1984.
[38] 北宋·王怀隐，王祐等．太平圣惠方．北京：人民卫生出版社，1958.
[39] 北宋·吴锡璜．圣济总录．北京：人民卫生出版社，1962.
[40] 北宋·叶梦得．避暑录话．北京：中华书局，1984.
[41] 宋·程颢，程颐撰．二程遗书．上海：上海古籍出版社，1992年.
[42] 宋·陈深．宁极斋稿//丛书集成续编：第133册．台北：新文丰出版公司，1988.
[43] 宋·洪兴祖撰．楚辞补注．白化文等点校．北京：中华书局，1983.
[44] 宋·无名氏．五色线//胡山源编．古今茶事．上海：上海书店，1985.
[45] 宋·王巩撰．续闻见近录//胡山源编．古今茶事．上海：上海书店，1985.
[46] 宋·吴氏．中馈录．北京：中国商业出版社，1987.
[47] 宋·史崧音释．灵枢经//文渊阁四库全书：第733册．台北：台湾商务印书馆，1984.
[48] 宋·佚名．新刊大宋宣和遗事．上海：中国古典文学出版社，1954.
[49] 宋·钱易撰．南部新书．黄寿成点校．北京：中华书局，2002.
[50] 南宋·魏了翁．邛州先茶记//陈祖椝等．中国茶叶历史资料选辑．北京：农业出版社，1981.
[51] 南宋·赵希鹄．调燮类编//丛书集成初编：211册．上海：商务印书馆，1936.
[52] 北京大学古文献研究所．全宋诗．北京：北京大学出版社，1998.
[53] [日] 长泽规矩也编．和刻本类书集成．上海：上海古籍出版社，1990.
[54] 元·忽思慧．饮膳正要．北京：中国书店，1985.
[55] 元·无名氏．居家必用事类全集．北京：中国商业出版社，1986.
[56] 元·吴瑞．日用本草//中国本草全书：第22卷．北京：华夏出版社，1999.
[57] 元·贾铭．饮食须知．北京：中国商业出版社，1985 .
[58] 元·韩弈．易牙遗意．东京：日本政府浅草文库影印本.
[59] 元·陶宗仪．说郛//文渊阁四库全书：第880册．台北：商务印书馆，1984.
[60] 元·辛文房撰．唐才子传．王大安校订．哈尔滨：黑龙江人民出版社，1986.

[61] 明·陈登吉原本．幼学琼林．清·邹圣脉增补．//喻岳衡主编．传统蒙学书集成．长沙：岳麓书社，1996.
[62] 明·陈耀文．天中记//文渊阁四库全书：第967册．台北：台湾商务印书馆，1984.
[63] 明末清初·黄宗羲编．明文海．影印．北京：中华书局，1987.
[64] 明·撰人不详．天水冰山录//丛书集成初编：1502—1504册．上海：商务印书馆，1937.
[65] 明·冯梦龙，蔡元放编．东周列国志．北京：人民文学出版社，1955.
[66] 明·田艺衡．煮泉小品//民国·胡山源编．古今茶事．上海：上海书店，1985.
[67] 明·董其昌．酒颠．铅印本．上海：国学扶轮社，清宣统二年（1910年）.
[68] 明·田汝成．西湖游览志．杭州：浙江人民出版社，1980.
[69] 明·宁愿．食鉴本草．影印本．北京：中国书店，1987.
[70] 明·沈榜．宛署杂记．北京：北京古籍出版社，1983 .
[71] 明·高濂．遵生八笺．成都：巴蜀书社，1985.
[72] 明·刘侗，于奕正．帝京景物略．北京：北京出版社，1983.
[73] 明·李时珍．本草纲目．北京：人民卫生出版社，1985
[74] 明·宋应星．天工开物．上海：上海古籍出版社，1993
[75] 明·夏树芳．酒颠//古今说部丛书：第九集．钤印本．上海：国学扶轮社，清宣统二年.
[76] 明·朱权．神隐．东京：日本政府图书浅草文库.
[77] 明·王世懋．学圃杂疏//丛书集成初编：一三五五.
[78] 明·王士贞编．艳异编．扬州：江苏广陵古籍印刻社，1998.
[79] 明·汪廷讷．狮吼记//章培恒主编．四库家藏·六十种曲9．济南：山东画报出版社，2004.
[80] 明·戴羲．养余月令．刻本．杭州：浙江省图书馆善本室，明崇祯六年.
[81] 明·罗颀．物原//四库全书存目丛书：子部一七八．济南：齐鲁书社，1995.
[82] 明·冯梦祯．快雪堂漫录//陈祖椝等．中国茶叶历史资料选辑．北京：农业出版社，1981.
[83] 明·宋雷．西吴里语//陈祖椝等．中国茶叶历史资料选辑．北京：农业出版社，1981.
[84] 明·徐献忠．吴兴掌故集//陈祖椝等．中国茶叶历史资料选辑．北京：农业出版社，1981.
[85] 明·徐畛著．杀狗记．俞为民校注．上海：上海古籍出版社，1992年.
[86] 明·钱椿年．茶谱//陈祖椝等．中国茶叶历史资料选辑．北京：农业出版社，1981.
[87] 明·无名氏．茗笈//陈祖椝等．中国茶叶历史资料选辑．北京：农业出版社，1981.

[88] 明・张介宾．类经//文渊阁四库全书：第776册．台北：台湾商务印书馆，1984.
[89] 明清之际・唐甄．潜书．北京：中华书局，1963.
[90] 清・戴望．管子校正//国学整理社．诸子集成：五．北京：中华书局，1954.
[91] 清・钱绎．方言笺疏．上海：上海古籍出版社，1989.
[92] 清・阮元校刻．十三经注疏．北京：中华书局，1980.
[93] 清・富察敦崇．燕京岁时记．北京：北京古籍出版社，1981.
[94] 清・孙承泽．天府广记．北京：北京古籍出版社，1982.
[95] 清・孙星衍撰．尚书今古文注疏．陈抗，盛冬铃点校．北京：中华书局，1986.
[96] 清・陈士珂辑．孔子家语疏证．上海：上海书店，1987.
[97] 清・陈立．白虎通疏证．北京：中华书局，1994.
[98] 清・羊城旧客．天津皇会考・天津皇会考纪・津门纪略．天津：天津古籍出版社，1988.
[99] 清・潘荣陛．帝京岁时纪胜．北京：北京古籍出版社，1983.
[100] 清・阙名．燕京杂记．北京：北京古籍出版社，1986.
[101] 清・震钧．天咫偶闻．北京：北京古籍出版社，1982.
[102] 清・赵骏烈．燕城灯市竹枝词//北京风俗杂咏．北京：北京古籍出版社，1982.
[103] 清・周蔼联．竺国纪游．台北：文海出版社，1977.
[104] 清・顾禄．清嘉录．上海：上海古籍出版社，1986.
[105] 清・西清．黑龙江外记．北京：中华书局，1985.
[106]《释名》《方言》《广雅》《玉篇》清疏四种合刊．上海：上海古籍出版社，1989.
[107] 清・潘荣陛．帝京岁时记胜．北京：北京古籍出版社，1983.
[108] 清・朱彝尊．食宪鸿秘．影印本．东京：日本政府浅草文库．
[109] 清・王士雄．随息居饮食谱．北京：中国商业出版社，1985.
[110] 清・汪灏等．广群芳谱．上海：上海书店据商务印书馆1935年《国学基本丛书》本影印，1985.
[111] 清・黄奭辑．神农本草经．北京：中医古籍出版社，1982.
[112] 清・童岳荐．调鼎集．北京：中国商业出版社，1986.
[113] 清・曾懿．中馈录．北京：中国商业出版社，1984.
[114] 清・薛宝辰．素食说略．北京：中国商业出版社，1984.
[115] 清・汪汲．事物原会．影印本．扬州：江苏广陵古籍刻印社，1989.
[116] 清・李调元．醒园录．北京：中国商业出版社，1984.
[117] 清・方拱干．绝域纪略//笔记小说大观：三编．台北：新兴书局有限公司，1981.
[118] 清・顾仲．养小录．北京：中国商业出版社，1984.

[119] 清·赵学敏. 本草纲目拾遗. 北京：人民卫生出版社，1963.
[120] 清·李调元. 井蛙杂记//陈祖椝等. 中国茶叶历史资料选辑. 北京：农业出版社，1981.
[121] 清·张泓. 滇南忆旧录//陈祖椝等. 中国茶叶历史资料选辑. 北京：农业出版社，1981.
[122] 清·翟灏. 湖山便览//陈祖椝等. 中国茶叶历史资料选辑. 北京：农业出版社，1981.
[123] 清·戴延年. 吴语//陈祖椝等. 中国茶叶历史资料选辑. 北京：农业出版社，1981.
[124] 清·吴骞. 桃溪客语//陈祖椝等. 中国茶叶历史资料选辑. 北京：农业出版社，1981.
[125] 清·王先谦. 庄子集解//国学整理社辑. 诸子集成：三. 北京：中华书局，1954.
[126] 清·叶瑞廷. 莼浦髓笔//陈祖椝等. 中国茶叶历史资料选辑. 北京：农业出版社，1981.
[127] 清·汪日桢. 湖雅. 刻本. 清光绪六年（1880）.
[128] 清·叶梦珠. 阅世编. 上海：上海古籍出版社，1981.
[129] 清·宣鼎. 夜雨秋灯录. 合肥：黄山书社，1985.
[130] 清·张梦元. 原起汇抄. 抄本
[131] 清·高润生. 尔雅谷名考//笠园古农学丛书·甲部. 民国六年（1917）.
[132] 清民之际·徐珂. 清稗类钞. 北京：中华书局，1986.
[133] 清民国之际·康有为撰. 康有为全集. 姜义华，张荣华编校. 北京：中国人民大学出版社，2007.
[134] 民国·王云五辑. 丛书集成初编. 上海：商务印书馆，1936年.
[135] 民国·李家瑞. 北平风俗类征. 影印本. 上海：上海文艺出版社，商务印书馆，1937.
[136] 民国·胡山源编. 古今茶事. 上海：上海书店，1985.
[137] 民国·胡山源编. 古今酒事. 上海：上海书店，1987.
[138] 民国·朱雨尊编. 民间谚语全集. 上海：上海书店，1990.
[139] 民国·胡朴安. 中华风俗志. 上海：上海大达图书供应社，1936.
[140] 周凤梧，张灿玾编. 黄帝内经素问语释. 济南：山东科学技术出版社，1985.
[141] 商君书//民国·国学整理社. 诸子集成：五. 北京：中华书局，1954.
[142] 韩非子集解//民国·国学整理社. 诸子集成：五. 北京：中华书局，1954.
[143] 吕氏春秋//民国·国学整理社. 诸子集成：六. 北京：中华书局，1954.
[144] 老子//民国·国学整理社. 诸子集成：三. 北京：中华书局，1954.
[145] 庄子·庚桑楚第二十三//民国·国学整理社. 诸子集成：三. 北京：中华书局，1954.

[146] 钦定千叟宴诗//文渊阁四库全书：第1452册．台北：台湾商务印书馆，1984.
[147] 清宫膳档．宫中杂件·膳单．中国第一历史档案馆藏．
[148] 陈祖椝等．中国茶叶历史资料选辑．北京：农业出版社，1981.
[149] 王重民原编．敦煌古籍叙录新编：第17册．黄永武新编．台北：新文丰出版公司，1986.
[150] 明实录．台北：中央研究院历史语言研究所，1962.
[151] 清实录．北京：中华书局，1985.

二、专著与编著

[1] 爱新觉罗·浩．食在宫廷——中国の宫廷料理．东京：日本学生社，1996.
[2] 陈祖椝等．中国茶叶历史资料选辑．北京：农业出版社，1981.
[3] 陈灨一．新语林．上海：上海书店出版社，1997.
[4] 郭沫若．十批判书．北京：人民出版社，2012.
[5] 高启安．唐代敦煌饮食文化研究．北京：民族出版社，2004.
[6] 季羡林．文化交流的轨迹——中华蔗糖史．北京：经济日报出版社，1997.
[7] 金受申．老北京的生活．北京：北京出版社，1989.
[8] 贾蕙萱．日本风土人情．北京：北京大学出版社，1989.
[9] 李学勤：东周与秦代文明．北京：文物出版社，1984.
[10] 鲁迅．鲁迅全集．北京：人民文学出版社，1958.
[11] 林语堂著．中国文化精神．朱澄之译．上海：上海国风书店1941.
[12] 林语堂．中国人．杭州：浙江人民出版社，1988.
[13] 钱钟书．管锥编．北京：中华书局，1979.
[14] 任继愈．汉唐佛教思想论集．北京：人民出版社，1981.
[15] 辛树织编著．中国果树史研究．伊钦恒增订．北京：农业出版社，1983.
[16] 萧瑜．食学发凡．台北：世界书局，1956.
[17] 袁翰青．中国化学史论文集．北京：三联书店，1956.
[18] 杨泓，孙机．寻常的精致．沈阳：辽宁教育出版社，1996.
[19] 杨步伟．杂记赵家（The Family of Chaos）．桂林：广西师范大学出版社，2014.
[20] 杨步伟．中国食谱．北京：九州出版社，2016.
[21] 曾纵野．中国饮馔史：第一卷．北京：中国商业出版社，1998.
[22] 赵荣光．天下第一家衍圣公府饮食生活．哈尔滨：黑龙江科学技术出版社，1989.
[23] 赵荣光．中国饮食史论．哈尔滨：黑龙江科学技术出版社，1990.
[24] 赵荣光．天下第一家衍圣公府食单．哈尔滨：黑龙江科学技术出版社，1992.
[25] 赵荣光．赵荣光食文化论集．哈尔滨：黑龙江人民出版社，1995.

［26］赵荣光．满族食文化变迁与满汉全席问题研究．哈尔滨：黑龙江人民出版社，1996.
［27］赵荣光．中国古代庶民饮食生活．北京：商务印书馆国际有限公司，1997.
［28］赵荣光．满汉全席源流考述//季羡林主编．东方文化集成．北京：昆仑出版社，2002.
［29］赵荣光．中国饮食文化概论．北京：高等教育出版社，2003.
［30］赵荣光．中国饮食文化研究．香港：东方美食出版社，2003.
［31］赵荣光．《衍圣公府档案》食事研究．济南：山东画报出版社，2007.
［32］赵荣光．餐桌的记忆：赵荣光食学论文集．昆明：云南人民出版社，2011.
［33］赵荣光，Suchitra Chongstitvatana主编．留住祖先餐桌的记忆——2011杭州·亚洲食学论坛学术论文集．昆明：云南人民出版社，2011.
［34］赵荣光，王喜庆主编．文化有根，文明无界：丝路饮食文明——第四届亚洲食学论坛（2014西安）论文集．西安：陕西师范大学出版社，2015.
［35］赵荣光，吴国平主编．夫礼之初始诸饮食——第五届亚洲食学论坛（2015曲阜）论文集．北京：北京日报出版社，2017.
［36］张仲忱．我的祖父小德张．天津：天津出版传媒集团天津人民出版社，2016.
［37］张竞生著．老吃货　吃不老：张竞生的养生食经之道．张培忠编．南昌：江西科学技术出版社，2012.
［38］丁世良等主编．中国地方志民俗资料汇编：东北、西北、中南、西南、华北诸卷．北京：书目文献出版社，1989—1991.
［39］湖南省博物馆编．随县曾侯乙墓．北京：文物出版社，1980.
［40］湖南省博物馆，中国科学院考古研究所主编．长沙马王堆一号汉墓．北京：文物出版社，1973.
［41］湖南农学，中国科学院动物研究所，中国科学院植物研究所等．长沙马王堆一号汉墓出土动植物标本的研究．北京：文物出版社，1978.
［42］河南省文物研究所．密县打虎亭汉墓．北京：文物出版社，1993.
［43］雷梦水等编．中华竹枝词．北京：北京古籍出版社，1997.
［44］曲阜市文物局，档案馆．衍圣公府档案．
［45］中国社会科学院考古研究所．满城汉墓发掘报告：上、下册．北京：文物出版社，1980.
［46］中国社会科学院考古研究所．居延汉简．北京：中华书局，1980.
［47］中国预防医学科学院，营养与食品卫生研究所编著．食物成分表：全国分省值．北京：人民卫生出版社，1992.
［48］中国科学院考古研究所，陕西省西安半坡博物馆．西安半坡．北京：文物出版社，1963.
［49］中国农业科学院蔬菜研究所主编．中国蔬菜栽培学．北京：农业出版社，1987.
［50］简明不列颠百科全书．北京：中国大百科全书出版社，1985.

三、译著

[1][法]克洛德·列维–斯特劳斯著. 神话学：生食和熟食//列维–斯特劳斯文集：3. 周昌忠译. 北京，中国人民大学出版社，2007.

[2][法] 马塞尔·普鲁斯特著. 追忆似水年华. 徐和瑾译. 上海：译林出版社，2010.

[3][法] 让·安泰尔姆·布里亚–萨瓦兰著. 厨房里的哲学家. 敦一夫等译. 上海：译林出版社，2013.

[4][美] 安东尼·伯尔顿著. 厨师之旅——寻觅世上最完美的饮食. 王建华等译. 北京：生活·读书·新知三联书店，2004.

[5][美] 安东尼·伯尔顿著. 再赴美食之旅. 蔡宸亦译. 北京：生活·读书·新知三联书店，2013.

[6][美] 达旦父子公司编，E.L.阿特金斯等编著，蜂箱与蜜蜂. 陈剑星、黄文诚等译. 北京：农业出版社，1981.

[7][美] 辛西娅·斯托克斯·布朗著. 我们人类：大历史，小世界——从大爆炸到你. 徐彬等译. 北京：中国出版集团，2017.

[8][美]太史文著. 中国中世纪的鬼节. 侯旭东译. 上海：上海人民出版社，2016.

[9][日] 陈东达著. 饮茶纵横谈. 甘国材译. 北京：中国商业出版社，1986.

[10][日] 道端良秀著. 日中佛教友好二千年史. 徐明，何燕生译. 北京：商务印书馆，1992.

[11][日]石毛直道著. 饮食文明论. 赵荣光译. 哈尔滨：黑龙江科学技术出版社，1992.

[12][日] 田中静一. 一衣带水：中国料理传来史. 东京：柴田书店. 1987.

[13][日] 筱田统. 豆腐考//风俗：第八卷第一号. 风俗史学会. 1965.

[14][日] 中村新太郎著. 日中两千年——人物往来与文化交流. 张柏霞译. 长春：吉林人民出版社，1980.

[15][日]中山时子主编. 中国饮食文化. 徐建新译. 北京：中国社会科学出版社，1992.

[16][日] 郑大声. 朝鲜食物志. 东京：柴田书店，1974.

[17][希腊] 柏拉图著. 理想国. 吴献书译. 北京：商务印书馆，1929.

后　记

笔者系一幼年识字以来就与书结缘至今年逾古稀之读书人，有时亦雅诩“书生”。叵耐远逊书生应具气质、器识，“读书人”勉为状态。子曰：“吾有知乎哉？无知也。”（《论语·子罕》）差距仍然不小，后者似更切身份。向隅之际，感慨既往，依赖因亦最有情怀者惟手中日日恭敬之书本、饭碗。无书神不得安，无饭体不得宁。时下常闻传媒“吃饱”“吃好”说，“吃饱”固不难，果腹即可，若歇后语：“黄鼠狼吞鸡毛——填饱肚子就行”，此亦笔者数十年捧碗情态。何谓“吃好”？常人以为鸡鸭鱼肉丰足，不确，此实为“好吃”，故人多“好（hào）吃”。“吃好”之准确、全面意当有五层解：临案食材好、味福口；美食丰足常态；优游享乐情态；营养结构、荣养效果；修为斯文优雅。故“吃好”应寓“吃到好”“吃出好”意。“烹饪”，无论传统“外婆味”，抑或现代“妈妈味”之中馈；还是酒楼饭店各种丰盛皇华适时行为，均难能完全兑现“吃好”之五层面需求。“吃好”是个人的状态与感觉，首先要“好好吃”，即笔者一直秉持的“好好吃饭”“认真吃饭”理念与主张。此一理念主张，即西方时下流行之Mindful Eating“正念饮食”或“全心饮食”说，不过后进于我。然亦印证食事有地域、食理无障碍，文化研究饮食，食学思维审视，为食学家国际视野之势所必然。

笔者自幼既感知饥饿之痛苦、寻常百姓维生之艰难，长而渐知“衣食忧”“稻粱谋”感慨充斥典籍，“开门七件事”“宁为太平犬”千百年为大众信奉人生铁律之所以然。人生一世“不愁饭”，系美满人生；苍生“食果腹”，君王“天下平”；一部中华民族饮食史，讲的就是这既往一万年炎黄先祖们世世代代汗水与泪水交融的食生产与食生活经历之林林总总。

读书兴趣，饥饿驱使，让笔者思考人生即关注民生食事。翻览故纸，逢食则录；触目现实，日知于纸。20世纪80年代伊始，余职直属省人民政府之黑龙江省财政贸易经济研究所，餐饮市场、居民口腹供应、民食政策乃调研责属。继之被引进黑龙江商学院开授“中国饮食文化”课，同时为全国餐饮企业各级管理人员、商业部属院校在职教师及师资生员讲授烹饪文化、餐饮文化、饮食文化、中国饮食文化典籍、饮食民俗学等食学研究相关之诸多课目。余之食学路径伊始，即基于昔日文学、历史、哲学、政经、律法、地理、战史等诸多领域涉猎之感染熏育，典献、出土、田野、实验、异文化交互参证，教学、研究同轨齐行，于饮食史、饮食文化、餐饮文化一路干枝并茂，其灵脉始终者，食学思维一以贯之。

由个人饥饿困苦挣扎至社会大众民食忧虑，冥冥中应了天生我材必用于民族食事关注思考。中国俗谚詈人无能不为而嗜食贪嘴者为“吃货”，时下竟成自诩桂冠。余则反是，香烟不吸，美酒疏远；知非年前，佳肴临案，略有情怀，耳顺以来则外食公宴厌烦逐年而增。应邀宣讲，所临往往盘簋丰盛，而内心则以嗜食贪嘴律戒。雌雄皆被“美女”“帅哥”的意淫时代，讲席、餐桌、揖晤间，人多以“大师”“泰斗”虚嘘，闻之，内心惊悸，毛骨悚然。不得已，余调侃：“狮非中华物产，老夫固不是；去豸旁，脱兽皮，愧为人师。泰者大也，斗者谷量也，在下饭桶，年虽垂暮，幸尚能饭。”毕生吃饭不了缘。

昔元勋张公（1933—2013）绝笔之际落泪感言：“诚公荣光先生，从教四十余载，帷下侍坐者岂止七十！仆驭者何止三千！”（张元勋．兴观群怨，风雅遗响——浅论荣光教授诚公先生之诗家情怀//谢定源，王斯主编．书生本色——赵荣光先生治学授业纪事．昆明：云南人民出版社，2013：405—410。）自披犁开授食学以来，余主讲饮食文化四十年，演讲、报告遍及全国大半省区，若以临听者数概计，当逾十倍矣。此尚不及海外会议演讲临听并数千对语求闻者。要之，余以报效民族、服务社会，进而影响世界同道为己任，倾心竭力、义务奉献更甚于此，许多公立、私办学校之招生、教学、报告亦本此。如《饮食文化研究》杂志之创办谋划及多年编务维系，皆余义务为之；又若“三拒”倡议之“泰山宣言”，乃余力排众议终得一力推行成功；凡此种种，不可胜计。广且勿论，即餐饮业界闻我言而能按图宣科者，得我益而尚能数典者，夥矣。子曰“朝闻道，夕死可矣”（《论语·里仁》），则吾“既闻道传，即死足矣！”余曾一再致函业界协会力求推动民族与社会饮食文明进步：“餐桌文明倡导30年，勠力示范推行20年，从幼儿园到小学、中学、大学校园，直到中央党校研究生院，到政府机关，我义务演讲了近百场，场场掌声雷动，热泪飞涌。我在呕心沥血、赴汤蹈火，以精卫、夸父、愚公精神博取中华民族文明崛起的盘古功业。”（2019.7.24“致中国饭店协会领导”）中国中、高等烹饪教育理论研究与队伍组训，烹饪、旅游统编教材编写与教学研究，餐桌仪礼文化普及提高，烹饪、餐饮与食学研究引导，余皆勠力率导推进，虽经百难，毫不馁退。

余之食事教学与思考，伊始即文献、田野、实验三叉结合；饮食文化、饮食史、餐饮文化三元叠架；古今中外、世上地下、实虚是否，皆在“食学”二字视阈中。“北赵南季”切磋推勘三十年，余忘年交契友鸿崑季老（1931—2017）廿年前即多场合郑重言：“当今中国，能担‘食学专著’者唯赵先生一人。”盖余之“食学”初稿虽成，然百不自信，面壁未果。2015年第五届亚洲食学论坛期间，季老大会发言中又郑重言：“赵先生首倡‘食学’，他的饮食文化研究一直明确秉持食学思维，但他说‘火候未到’，仅成《纲要》，我当生前看到。”先生弥留之际，仍念念系此。然，余终因国内外食学责无旁贷之务积压肩背，更兼诸葛晚境内外交困、身心俱疲，虽思虑不辍，终不敢熔金出炉。不意，季老突忽驾鹤，霹雳晴空，憾恨无及！年届知天命以来，倒计时念日紧迫，而古人“读天下书未遍”诫训在耳，如临如履，慎言慎行，万不敢羞己误人。而更早在曼谷的第二届亚洲食学论坛期间，周鸿承博士就热切表达余之“食学专著”即将问世信息。其间，文稿曾先后拜呈学界多位友人并名分门下生求赐挑剔毛病，其最当特别志念鸣谢者俞研究员为洁先生。俞先生理论剖析、概念辩驳，余深得益。烹饪专业学养之陈教授学智亦多字句点正，有益隐患调理、面瘢却涤。2020年系余创举亚洲食学论坛之第十届，数十国食学同道期待敦促，余虽十病不全，诸疾缠身，亦只能勉为付梓、羞讥后来于瞑目前。当此告慰季老，呈卷食学界同仁之际，读书人扪心顿首，恳请审读者指正教喻。付梓之际，对王斯博士协助图片编辑与文献核正的付出予以感谢。感谢艺术家陈兰教授的创意设计，感谢朱莹设计师的精心协助。同时感谢中国轻工业出版社副总编辑李亦兵先生，正是他对民族食学研究的独到理解和深深期待，促成了这本尚不成熟小册子的出版，给了我接受更多读者批评指正的机会。

二〇二〇年二月于寄寓纽约长岛友人Dr. Jacqueline Newman工作室

二〇二一年三月又识于杭州诚公斋书寓